全国高等院校测绘专业规划教材

U0289873

AutoCAD 基础与应用

主 编 王 岩

副主编　刘茂华　李　鹏

　　　　仲晓雷　王延霞

清华大学出版社

北京

内 容 简 介

本书主要面向测绘、地信、水利、农业、土木、建筑等专业的本科和专科学生，低起点、零基础，以 AutoCAD 入门技能培训为主，让读者掌握基本的二维图形和三维图形的绘制与编辑方法。在此基础上，介绍 AutoCAD 二次开发的基本方法，满足读者深层次的需求，并以 AutoCAD 二次开发和 BIM 为例，对基于 AutoCAD 的相关衍生软件及应用领域进行介绍，便于学生全面了解 AutoCAD。

本书由沈阳建筑大学、滁州学院、大连理工大学城市学院、沈阳工学院四所高校联合编写，结合了多年来 AutoCAD 相关课程及专业相关课程教学中的需求，使本书更具有针对性。本书既可以用作相关专业的教材，也可供工程技术人员和设计、绘图人员阅读及参考。

图书在版编目(CIP)数据

AutoCAD 基础与应用/王岩主编. —北京：清华大学出版社，2016（2022.8重印）
(全国高等院校测绘专业规划教材)
ISBN 978-7-302-45637-7

Ⅰ．①A… Ⅱ．①王… Ⅲ．①AutoCAD 软件—高等学校—教材 Ⅳ．①TP391.72

中国版本图书馆 CIP 数据核字(2016)第 270210 号

责任编辑：桑任松
装帧设计：杨玉兰
责任校对：周剑云
责任印制：刘海龙
出版发行：清华大学出版社
       网　　　址：http://www.tup.com.cn, http://www.wqbook.com
       地　　　址：北京清华大学学研大厦 A 座　　　邮　　编：100084
       社 总 机：010-83470000　　　　　　　　邮　　购：010-62786544
       投稿与读者服务：010-62776969, c-service@tup.tsinghua.edu.cn
       质量反馈：010-62772015, zhiliang@tup.tsinghua.edu.cn
       课件下载：http://www.tup.com.cn, 010-62791865
印 装 者：三河市金元印装有限公司
经　　销：全国新华书店
开　　本：185mm×260mm　　印　张：18　　字　数：438 千字
版　　次：2016 年 10 月第 1 版　　印　次：2022 年 8 月第 6 次印刷
定　　价：48.00 元

产品编号：070397-02

前　　言

AutoCAD 是目前市场占有率最高的计算机辅助绘图软件之一，历经几十年的发展，软件性能越来越稳定，功能越来越强大，已经成为工程技术人员和相关设计人员必不可少的强大工具。而且，在建筑、水利、测绘、机械等领域中，还基于 AutoCAD 二次开发了一系列的专业软件，在相关行业中发挥着重要的作用。

本书重点面向 AutoCAD 零基础的读者，特别是工科专业的在校本科和专科学生及工程技术从业人员。书中以 AutoCAD 的基本操作为主，重点介绍 AutoCAD 的基本知识、二维图形的绘制与编辑、绘图的辅助功能、三维绘图的基础等知识，并结合相关专业的需求，加入了 AutoCAD 二次开发、BIM 基础等内容。既具备 AutoCAD 基础知识的普遍性，又具备各行业的针对性，能够满足不同专业、不同层次人员的需求。

本书按照 AutoCAD 入门与提高的顺序分为五大部分，共 12 章。

第一部分为第 1~3 章，重点介绍 AutoCAD 的基础知识，包括 AutoCAD 的安装与运行、绘图基础、精确绘图方式等。

第二部分为第 4~5 章，重点介绍利用 AutoCAD 绘制二维图形的方法，包括平面图形的绘制和平面图形的编辑。

第三部分为第 6~9 章，重点介绍二维绘图的辅助功能，包括文字、表格、面域、填充、标注、块等。

第四部分为第 10 章，重点介绍 AutoCAD 绘制三维图形的基本方法。

第五部分为第 11~12 章，为 AutoCAD 在相关专业的应用内容，包括 AutoCAD 的二次开发、建筑领域的 BIM 模型等。

本书由沈阳建筑大学、大连理工大学城市学院、沈阳工学院、滁州学院四所高校联合编写，结合多年来 AutoCAD 相关课程以及专业相关课程教学中的需求编写此书，使本书更具有针对性。各章编写人员如下。第 1 章由滁州学院的谷双喜老师编写；第 2 章由滁州学院的王延霞老师编写；第 3 章由沈阳建筑大学的王岩老师编写；第 4 章由沈阳工学院的仲晓雷老师编写；第 5 章由沈阳建筑大学的王岩老师编写；第 6 章由沈阳工学院的李佳维老师和孙惠老师共同编写；第 7 章由沈阳建筑大学的孙立双老师编写；第 8 章由沈阳建筑大学的由迎春老师和王欣老师共同编写；第 9 章由大连理工大学城市学院的文晔老师编写；第 10 章由沈阳建筑大学的刘茂华老师编写；第 11 章由大连理工大学城市学院的李鹏老师编写；第 12 章由沈阳建筑大学的王井利老师编写。全书由王岩负责整体组织工作，刘茂华负责统稿工作，王延霞和仲晓雷负责核对工作。

本书在编写过程中参考了已有的书籍、文献、规范、AutoCAD 帮助文件等文献资料，已在参考文献中详细列出，但是，在网络上公开的部分高校的精品课程、网络上容易查找而无准确出处的资料等没有详细列出，谨在此对所有参考资料的作者表示衷心的感谢。

本书可作为普通高等院校测绘、地信、水利、农业、土木、建筑等工科专业学生的教材使用，也可供相关工程技术人员和设计、绘图人员阅读和参考。由于编者水平有限，本书中难免会存在错误和不足之处，希望读者批评指正。

目 录

第 1 章　AutoCAD 的安装与运行

计算机辅助设计(Computer Aided Design，CAD)是计算机技术中的一个重要分支，它是指利用计算机及其图形设备帮助设计人员进行设计工作。在诸多 CAD 软件中，AutoCAD 是最为成熟、应用最为广泛的软件，市场占有率居世界第一。

AutoCAD 是美国 Autodesk 公司的重要产品之一，它为设计人员提供了强有力的二维绘图功能和三维设计功能，采用可视化绘图方式，为用户提供直观、高效的绘图环境，因此，AutoCAD 广泛应用于机械、土木、建筑、电子、航空、航天、测绘、水利等诸多领域。

Autodesk 公司于 1982 年推出了首个版本 AutoCAD v1.0；1992 年首次推出了能够在 Windows 操作环境中使用的 AutoCAD R12；1999 年，推出了 AutoCAD 2000，提供了更加开放的二次开发环境，出现了 Vlisp 独立编程环境；2009 年推出了 AutoCAD 2010；2015 年，Autodesk 公司推出了最新版本 AutoCAD 2016。

本书中，将以较为成熟的、市面普及率较高的 AutoCAD 2010 版本为例进行讲解。

1.1　AutoCAD 的安装

1.1.1　AutoCAD 对计算机系统的要求

为了确保软件的顺利运行，AutoCAD 2010 对用户计算机系统提出了最低配置要求。

1. 系统的配置要求(32 位系统)

(1) 操作系统：Windows 7 旗舰版、Windows 7 专业版、Windows 7 家庭旗舰版、具有 Service Pack1 的 Windows Vista、具有 Service Pack2 的 Windows XP。

(2) 浏览器：Internet Explorer 7.0。

(3) CPU：Windows Vista 系统——Intel Pentium 4 或采用 SSE2 技术的 AMD Athlon 双核处理器，3.0GHz 以上；Windows XP 系统——Intel Pentium 4 或采用 SSE2 技术的 AMD Athlon 双核处理器，1.6GHz 以上。

(4) 内存：2GB。

(5) 显卡：支持 1024×768 真彩色显示器。

(6) 硬盘：1GB 空闲磁盘空间。

2. 三维绘图的附加要求(32 位系统)

(1) CPU：Intel Pentium 4 或 AMD Athlon 3.0GHz 以上；Intel 或 AMD 双核 2.0GHz 以上。

(2) 内存：2GB 以上。

(3) 硬盘：2GB 空闲磁盘空间，并且不包含安装所需要的空间。

(4) 显卡：支持 1280×1024 分辨率的 32 位真彩色显示器，128MB 显存，支持 Direct 3D 的工作站级图形卡。

3. 系统的配置要求(64 位系统)

(1) 操作系统：Windows 7 旗舰版、Windows 7 专业版、Windows 7 家庭旗舰版、具有 Service Pack1 的 Windows Vista、具有 Service Pack2 的 Windows XP 专业版 64 位版本。

(2) 浏览器：Internet Explorer 7.0。

(3) CPU：采用 SSE2 技术的 AMD Athlon 64 位处理器、采用 SSE2 技术的 AMD Opteron 处理器、采用 SSE2 技术和 Intel EM64T 的英特尔至强处理器、支持 SSE2 技术和 Intel EM64T 的 Intel Pentium 4 处理器。

(4) 内存：2GB。

(5) 显卡：支持 1024×768 分辨率真彩色显示器的显卡。

(6) 硬盘：1.5GB 空闲磁盘空间。

4. 三维绘图的附加要求(64 位系统)

(1) CPU：Intel Pentium 4 处理器、AMD Athlon 3.0GHz 及以上处理器、Intel 或 AMD 双核 2.0GHz 及以上的处理器。

(2) 内存：2GB。

(3) 硬盘：2GB 空闲磁盘空间，并且不包含安装所需要的空间。

(4) 显卡：支持 1280×1024 分辨率 32 位真彩色显示器，128MB 显存，支持 Direct 3D 的工作站级图形卡。

1.1.2 AutoCAD 2010 的安装方法

AutoCAD 2010 采用向导式安装方法，仅需根据提示选择必要的选项即可。

将 AutoCAD 2010 安装光盘放入光驱，自动运行后，进入安装主界面，如图 1-1 所示。

图 1-1　安装主界面

选择语言后，单击"安装产品"开始安装，系统将提示选择所需安装的产品，如图 1-2 所示。可供选择的产品包括 AutoCAD 2010 和 Autodesk Design Review 2010。

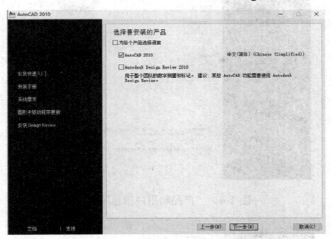

图 1-2　选择要安装的产品

勾选要安装的产品后，单击"下一步"按钮，进入许可协议界面，如图 1-3 所示。

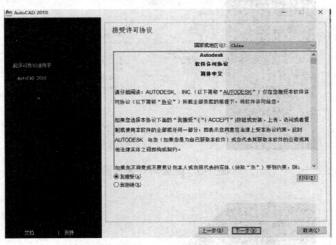

图 1-3　许可协议界面

选择"我接受"单选按钮后，单击"下一步"按钮，进入"产品和用户信息"界面，如图 1-4 所示。

输入 AutoCAD 的序列号和产品密钥，并输入个人信息后，单击"下一步"按钮，进入产品配置与安装界面，如图 1-5 所示。

查看已有的配置信息，确认准确无误后，单击"安装"按钮，开始 AutoCAD 2010 的安装，安装界面如图 1-6 所示。

安装过程中，界面左侧会提示正在安装的组件，同时下方的进度条会提示安装进度，如果想取消安装，可以随时单击"取消"按钮。

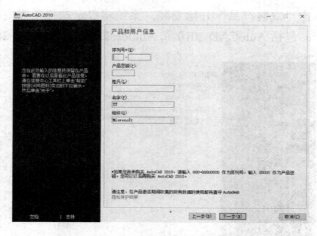

图 1-4 "产品和用户信息"界面

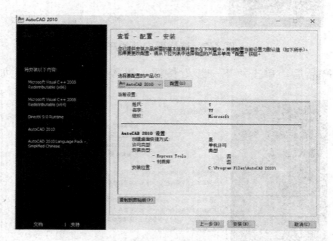

图 1-5 配置与安装界面

图 1-6 显示 AutoCAD 的安装进度

全部安装完成后，系统将提示"安装完成"，如图 1-7 所示。

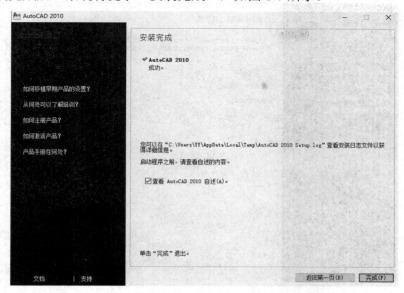

图 1-7　安装完成

安装完成后，用户可以根据自己的需要进行初始化设置。

初始化设置主要包括"所从事的行业"、"默认工作空间"和"指定图形样板文件"三个方面，分别如图 1-8~1-10 所示。

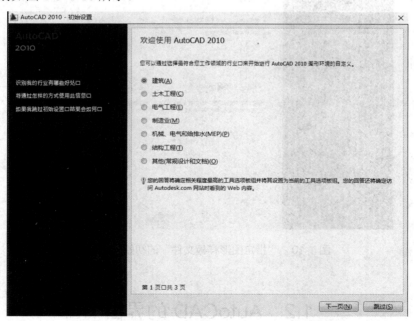

图 1-8　"所从事的行业"的初始化设置

AutoCAD 基础与应用

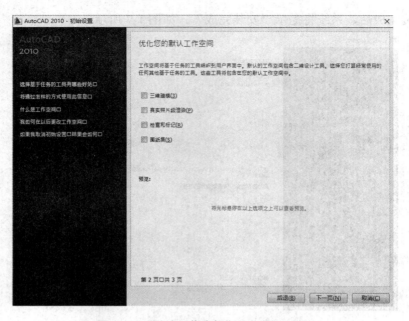

图 1-9   "默认工作空间"的初始化设置

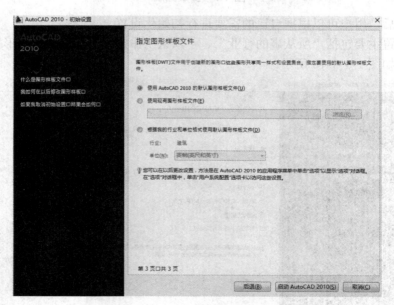

图 1-10   "指定图形样板文件"的初始化设置

1.2   AutoCAD 的界面

AutoCAD 2010 安装完成后，双击桌面上的启动图标，或选择"开始"→"程序"→
"Autodesk"→"AutoCAD 2010-Simplified Chinese"→"AutoCAD 2010"菜单命令，均可

启动 AutoCAD 2010 软件。启动后，直接进入 AutoCAD 2010 的工作界面，如图 1-11 所示。

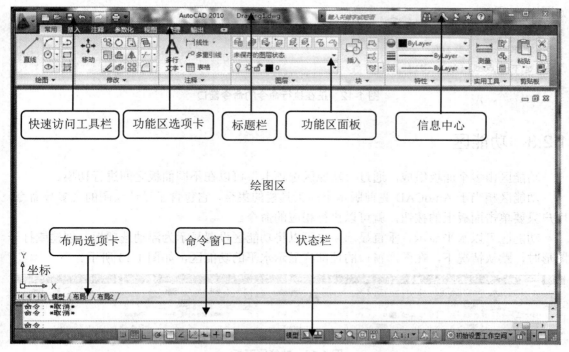

图 1-11　AutoCAD 2010 软件的主工作界面

AutoCAD 2010 的主界面中包含绘图区、坐标、快速访问工具栏、功能区面板、标题栏、信息中心、命令窗口、状态栏等几部分。

1.2.1　绘图区

绘图区相当于手工绘图的图纸，可以直接在绘图区绘制图形，并能直观地看到设计的效果。绘图区没有边界，可以随意扩展，屏幕上可以显示所绘图形的全部或部分，并可通过缩放、平移等命令来控制图形的显示。绘图区默认的背景颜色是黑色，用户可以更改背景颜色。

在没有执行任何命令时，在绘图区内的鼠标以十字光标形式显示，称为图形光标。绘制图形时，图形光标显示为十字形"＋"，拾取编辑对象时，图形光标显示为拾取框"□"。

绘图窗口左下角是 AutoCAD 的坐标系显示标志，用于指示图形设计的平面或空间。窗口底部有一个模型标签和若干个布局标签，在 AutoCAD 中，"模型"代表模型空间，"布局"代表图纸空间，单击相应的标签，可以在这两种空间中切换。

1.2.2　命令窗口

命令窗口是用来输入命令和反馈命令参数提示的区域，默认设置为显示三行命令，但用户可以根据需要和习惯，调整命令窗口的大小。

AutoCAD 中，所有的命令都可以在命令行实现，同时，命令执行过程中，所有的人机交互都通过命令窗口完成，即通过命令窗口输入待执行的命令，命令执行过程中，在命令窗口内提示用户每一步所需要的操作和参数，用户根据提示在命令窗口或绘图区域内给予响应，如图 1-12 所示。

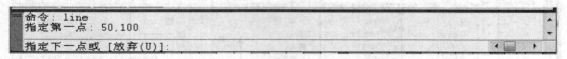

图 1-12　正在执行命令的命令窗口

1.2.3　功能区

功能区由多个面板组成，通过"功能区选项卡"可以在不同面板之间进行切换。

功能区相当于 AutoCAD 先前版本中的工具栏的集合，它包含了设计绘图的大多数命令，用户只要单击面板上的按钮，就可以执行相应的命令。

功能区可以水平显示、垂直显示，也可以将功能区设置显示为浮动选项板。创建或打开图形时，默认情况下，在图形窗口的顶部将显示水平的功能区，如图 1-13 所示。

图 1-13　功能区面板

1.2.4　快速访问工具栏

快速访问工具栏位于应用程序顶部的左侧，如图 1-14 所示。

图 1-14　快速访问工具栏

快速访问工具栏提供了对定义的命令集的直接访问功能。默认状态下，快速访问工具栏包含新建、打开、保存、撤消、重做和打印命令，用户可以根据需要，对命令和控件进行添加、删除和重新定位。

1.2.5　标题栏

标题栏如图 1-15 所示，与 Windows 中的其他应用软件相同，界面的最上方是标题栏，用以显示软件的名称和当前打开的文件名称，最右侧是标准 Windows 程序的最小化/最大化、恢复窗口大小和关闭按钮。在 AutoCAD 2010 标题栏的右侧，集成了 AutoCAD 2010 的"信息中心"，其中包括搜索、速博应用中心、通信中心、收藏夹和帮助等工具。

图 1-15　标题栏

1.2.6　状态栏

状态栏位于 AutoCAD 2010 的底部，如图 1-16 所示。

图 1-16　状态栏

最左侧为光标的坐标位置显示，然后是绘图的辅助工具、导航工具、注释工具等，右侧是工作空间切换菜单，如图 1-17 所示。

图 1-17　工作空间切换菜单

点击工作空间切换菜单后，可以在二维草图与注释、三维建模、AutoCAD 经典和初始设置工作空间模式间进行切换，不同的工作空间显示的图形界面有所不同。

1.2.7　菜单栏

在"二维草图与注释"、"三维建模"和"初始设置工作空间"三种工作空间下，单击标题栏最左侧的▲按钮，可以出现如图 1-18 所示的"应用程序菜单"。

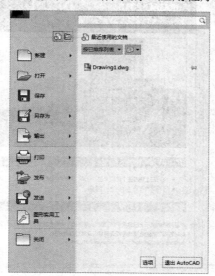

图 1-18　应用程序菜单

在此菜单中，可以执行的操作包括新建图形、打开已有图形、保存图形、另存图像、输出图形、打印图形、发布图形、发送图形、打开图形实用工具、关闭图形、AutoCAD 选项配

AutoCAD 基础与应用

置、退出软件等，同时，在菜单右侧还会显示出最近使用的文档。

在"AutoCAD 经典"工作空间中，其菜单如图 1-19 所示，包括"文件"、"编辑"、"视图"、"插入"、"格式"、"工具"、"绘图"、"标注"、"修改"、"参数"、"窗口"和"帮助"等，每个菜单均包含有一级或多级子菜单，用来实现各种功能。

文件(F) 编辑(E) 视图(V) 插入(I) 格式(O) 工具(T) 绘图(D) 标注(N) 修改(M) 参数(P) 窗口(W) 帮助(H) 数据视图

图 1-19　"AutoCAD 经典"工作空间中的菜单

1.3　在 AutoCAD 中获取帮助

AutoCAD 2010 提供了强大的帮助功能，用户在绘图或开发过程中遇到任何问题时，都可以随时通过此功能获取帮助。

调取帮助文件有以下三种方法：

● 标题栏上"信息中心"中的 图标。

● 快捷键 F1。

● 命令：Help。

帮助界面如图 1-20 所示，左侧有"目录"、"索引"和"搜索"三个选项卡，用户可以根据需要，通过这三种方式获取帮助。

图 1-20　AutoCAD 2010 的帮助界面

同时，也可以在标题栏上的"信息中心"中的搜索框 内输入问题的关键词，直接寻找问题的解决方案。

　　另外，在命令使用过程中，或者将鼠标放在命令按钮上稍作停留，再按 F1 键，将会出现"帮助"文件，并将直接打开到该命令的帮助文件处，如图 1-21 所示。

图 1-21　特定命令的帮助文件

第 2 章 AutoCAD 的绘图基础

2.1 绘图的基本操作

在 AutoCAD 中，所有图形的绘制与编辑都是依靠鼠标和命令相结合而进行的，因此，在绘图之前，必须了解 AutoCAD 中命令的执行方式和鼠标的控制方法。

2.1.1 绘图命令的执行方式

在 AutoCAD 2010 中，命令的执行方式非常灵活，常用的命令执行方式主要有三种：

- 通过菜单栏或鼠标右键快捷菜单执行相应的命令。
- 通过工具栏按钮或功能区按钮执行相应的命令。
- 在命令行或浮动窗口中直接输入命令。

在这三种方法中，通过菜单和工具栏相对较为直观，便于初学者使用，但是，个别功能与命令并没有集成到菜单和工具栏中，而且这两种方式绘图速度相对较慢；而直接输入命令的方式可以执行所有的绘图与编辑功能，是更好的选择。

在 AutoCAD 中，所有的操作均可以通过命令来执行，而且大多数命令都有一个由 1~3 个字符组成的简化命令，直接输入命令或简化命令，会使绘图工作更加方便和快捷。

在使用 AutoCAD 命令时，有以下几个问题需要注意。

(1) 在命令执行过程中，要注意光标处或命令行内的提示，应当根据提示，输入对应的选项或参数。

(2) 绘图时，在绘图区内单击鼠标右键，会根据不同的绘图命令，提供不同的快捷菜单。对于不同的命令，快捷菜单内显示的内容也不相同。

(3) 除了在绘图区单击鼠标右键可以弹出快捷菜单外，在状态栏、命令行、工具栏、模型和布局标签等处单击鼠标右键，也会根据所在位置出现不同的快捷菜单，用户可以根据需要，去选择相应的内容，或进行相应的设置。

(4) 如果要重复执行某个命令，直接按 Enter 键或空格键即可。

(5) 如果要终止命令的执行，一般可以按 Esc 键。对于某些命令，按一次 Esc 键只能取消命令中的某一个选项，此时，需要多按几次，才能全部取消该命令的执行。

2.1.2 AutoCAD 中的鼠标操作

鼠标是 AutoCAD 在绘图时必不可少的工具，鼠标的不同按键和不同操作方式发挥着不同的作用。

　　鼠标的左键是拾取键，它可以用于指定位置、指定编辑对象，选择菜单项、对话框按钮和字段等；鼠标的右键是属性键，它的操作取决于前一步的操作，它可以结束正在执行的命令、重复执行命令、显示快捷菜单、显示属性窗口等；鼠标的滚轮可以对图形进行缩放和平移显示，滚轮向前滚动则对图形进行放大显示、滚轮向后滚动则对图形进行缩小显示、按下滚轮并拖动鼠标则对图形进行平移显示、双击滚轮则将图形缩放到当前范围进行显示。

　　对图形进行编辑操作时，鼠标起到选取的作用，选取时分为点选和框选两种。

　　点选是指单击鼠标左键，每次单击只能选择一个绘图对象。点选的速度较慢，但可以精确地选择指定的对象。

　　框选时，AutoCAD 根据鼠标两次点击的点构造一个矩形范围，选中范围内的绘图对象。

　　框选时，根据选择的方向不同，会出现不同的选择效果。

　　当从左向右进行框选时，选择区域呈现蓝色，只有当制图对象全部位于框选区域内时，才会被选中，如图 2-1 所示，图中的两条直线段被选中，而圆形部分没有被选中。

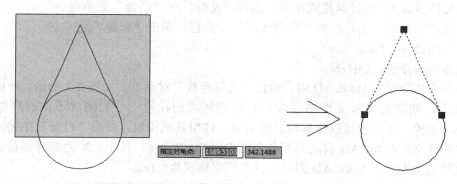

图 2-1　从左向右框选

　　而当从右向左进行框选时，选择区域呈现绿色，当制图对象全部位于选择区域内，或者制图对象与选择区域相交时，对象均会被选中，如图 2-2 所示，图中的两条直线段和圆形部分均被选中。

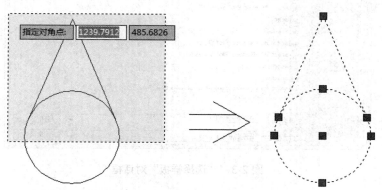

图 2-2　从右向左框选

　　用户在绘图时，可以根据自己的要求，采用相应的选择方式。

2.2 文 件 管 理

在 AutoCAD 中，文件的管理主要包括新建图形文件、打开图形文件、保存图形文件、输入与输出图形文件和关闭图形文件等。

2.2.1 新建 AutoCAD 图形文件

新建 AutoCAD 图形文件是指新建一个绘图空间，以绘制新的图形。在 AutoCAD 中新建图形文件有如下几种方法。

- 使用菜单：选择"新建"→"图形"菜单命令。
- 使用 AutoCAD 经典模式菜单：选择"文件"→"新建"菜单命令。
- 使用"标准"工具栏或"快速访问"工具栏：单击"新建"  按钮。
- 使用命令：New。
- 使用快捷键：Ctrl+N。

(2) 命令执行后，AutoCAD 将会弹出"选择样板"对话框，如图 2-3 所示。样板文件是绘图的模板，通常在样板文件中包含一些绘图环境的设置。一般情况下，程序默认选择 acadiso.dwt 模板，用户也可以根据自己的需要，选用其他模板，单击"打开"按钮，完成新图形文件的建立。AutoCAD 自动为其命名为 DrawingX.dwg，其中，X 为按照当前进程新建文件个数的自动编号，AutoCAD 图形文件的后缀格式为*.dwg。

图 2-3 "选择样板"对话框

2.2.2 打开 AutoCAD 图形文件

在 AutoCAD 中，打开已有的图形文件有如下几种方法。

- 使用菜单：选择"打开"→"图形"菜单命令。

- 使用"标准"工具栏或"快速访问"工具栏：单击"打开" 按钮。
- 使用 AutoCAD 经典模式菜单：选择"文件"→"打开"菜单命令。
- 使用命令：Open。
- 使用快捷键：Ctrl+O。

执行命令后，弹出"选择文件"对话框，如图 2-4 所示。

图 2-4　"选择文件"对话框

选择相应的目录，单击文件后，在右侧的预览窗口可以预览图形，单击"打开"按钮或双击选中文件即可打开该文件。

AutoCAD 提供了"局部打开"功能，当处理大型图形文件时，为了避免打开速度过慢，可以在打开图形时尽可能少地加载图形，而仅仅打开指定的图层。如图 2-5 所示，选中指定文件后，单击"打开"按钮旁边的三角形箭头 ，然后选择"局部打开"命令，将弹出"局部打开"对话框，如图 2-6 所示。在此对话框中，选择要加载的图层后，单击"打开"按钮，则仅打开指定的图层，大大提高了运行速度。

图 2-5　选择"局部打开"命令

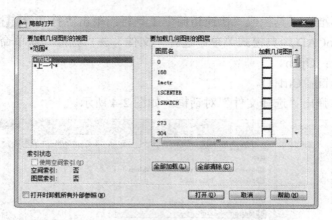

图 2-6 "局部打开"对话框

AutoCAD 还提供了"以只读方式打开"的功能，执行"打开"命令，选中需要打开的文件，单击"打开"按钮旁边的三角形箭头 ▾，然后选择"以只读方式打开"命令，则文件被以只读方式打开。此时，图形仅可浏览，即使被修改，也将无法保存。

2.2.3 保存 AutoCAD 图形文件

图形绘制完成后，需要对图形进行保存，在 AutoCAD 中，对图形文件进行保存有以下几种方法。

- 使用菜单：选择"保存"命令。
- 使用菜单：选择"另存为"命令。
- 使用"标准"工具栏或"快速访问"工具栏：单击"保存" ▣ 按钮。
- 使用 AutoCAD 经典模式菜单：选择"文件"→"保存"命令。
- 使用 AutoCAD 经典模式菜单：选择"文件"→"另存为"命令。
- 使用命令：Save。
- 使用命令：Qsave。
- 使用命令：Saveas。
- 使用快捷键：Ctrl+S。
- 使用快捷键：Ctrl+Shift+S。

如果新建的图形未经保存过，则执行上述所有命令时，均会出现"图形另存为"对话框，如图 2-7 所示。在"文件类型"下拉列表框中选择文件类型，然后单击"保存"按钮，完成图形文件的保存。

如果图形已经保存并命名过，在执行上述命令时，便会出现差异，主要差别如下。

(1) 命令 Qsave、快捷键 Ctrl+S、"保存" ▣ 按钮、菜单"保存"这四种方式等效，是对已命名的图形文件及时存盘，并继续处于当前的图形文件状态下。

(2) 命令 Saveas、快捷键 Ctrl+Shift+S、菜单"另存为"这三种方式等效，是将已命名的图形文件另外存储在一个新的文件中，并把新的图形文件作为当前的图形文件。

(3) 命令 Save 是将已命名的图形文件另外存贮在一个新的文件中，但不改变当前所在的图形文件。

图 2-7 "图形另存为"对话框

2.2.4 输入与输出 AutoCAD 图形文件

AutoCAD 除了可以打开、保存*.dwg 格式的图形文件外，还提供了图形的输入与输出接口，可以将其他应用程序中处理好的数据传送给 AutoCAD，以显示图形，还可以将在 AutoCAD 中绘制好的图形传送给其他应用程序。

1. 输入图形文件

使用"输入图形文件"功能，可以将用其他应用程序创建的非*.dwg 的数据文件输入到当前图形中，输入过程可以将数据转换为相应的*.dwg 文件数据。"输入图形文件"命令的执行方式有如下几种。

● 在功能区：单击"插入"选项卡中的 按钮。
● 使用命令：Import。
● 使用简化命令：Imp。

命令执行后，将会弹出"输入文件"对话框，如图 2-8 所示。在"文件类型"下拉列表框中，选择要输入的文件格式，然后选择要输入的文件，单击"打开"按钮，则该文件就会被输入到当前图形中。

图 2-8 "输入文件"对话框

可以输入到 AutoCAD 中的文件格式主要有以下几种。

(1) 图元文件(*.wmf)：Microsoft Windows 图元文件。

(2) ACIS(*.sat)：ACIS 实体对象文件。

(3) 3D Studio(*.3ds)：3D Studio 文件。

(4) MicroStation DGN(*.dgn)：MicroStation DGN 文件。

(5) 所有 DGN 文件(*.*)：具有用户指定的文件扩展名的 DGN 文件。

2. 输出图形文件

用"输出图形文件"功能，可将绘制的图形以其他文件格式保存，命令执行方式如下。

● 使用菜单：选择"输出"菜单命令。

● 在功能区：单击"输出"选项卡中的 按钮。

● 使用 AutoCAD 经典模式菜单：选择"文件"→"输出"菜单命令。

● 使用命令：Export。

● 使用简化命令：Exp。

命令执行后，弹出"输出数据"对话框，如图 2-9 所示。在"文件类型"下拉列表框中选择要输出的文件格式，指定保存路径和文件名后，单击"保存"按钮，完成图形的输出。AutoCAD 会记录上一次使用的文件输出格式的选择。

图 2-9 "输出数据"对话框

AutoCAD 2010 中可以输出的文件格式有以下几种。

(1) 三维 DWF(*.dwf)/三维 DWFx(*.dwfx)：Autodesk 三维 DWF/DWFX 文件。

(2) 图元文件(*.wmf)：Microsoft Windows 图元文件。

(3) ACIS(*.sat)：ACIS 实体对象文件。

(4) 平板印刷(*.stl)：实体对象光固化快速成型文件。

(5) 封装 PS(*.eps)：封装的 PostScript 文件。

(6) DXX 提取(*.dxx)：属性提取 DXF 文件。

(7) 位图(*.bmp)：位图文件。

(8) 块(*.dwg)：AutoCAD 块图形文件。

(9) V7 DGN(*.dgn)/V8 DGN(*.dgn)：MicroStation DGN 文件。

2.2.5   关闭图形文件

关闭图形文件的命令执行方式如下。

- 使用菜单：选择"关闭"→"当前图形"菜单命令。
- 使用菜单：选择"关闭"→"所有图形"命令。
- 使用 AutoCAD 经典模式菜单：选择"文件"→"关闭"菜单命令。
- 单击标题栏中的 ⊠ 按钮。
- 使用命令：Close。
- 使用命令：Closeall。

其中，选择"关闭"→"当前图形"菜单命令、单击标题栏中的 ⊠ 按钮、使用 Close 命令是等效的，仅关闭当前显示的图形；而选择"关闭"→"所有图形"菜单命令、使用 Closeall 命令是等效的，将关闭 AutoCAD 中打开的所有图形文件。

如果有图形未保存，AutoCAD 将弹出对话框，询问是否保存，如图 2-10 所示。

图 2-10   提示是否保存的对话框

2.3   绘图环境的设置

在开始绘图前，需要对 AutoCAD 中的一些必要参数进行设置，例如图形单位、绘图界限、线型格式、文字样式、选项参数等，这个过程称为绘图环境的设置。同时，为了规范系列图纸的样式，减少重复性劳动，统一绘图标准，提高绘图的效率，可以将设置好绘图环境的图纸保存为样板图，在相同要求的绘图工作中，可以直接打开样板图。

2.3.1   设置图形单位

图形单位是绘图中所采用的单位，创建的所有对象都是根据图形单位进行测量的，绘图前，必须确定一个图形单位所代表的实际尺寸，然后根据此标准创建实际大小的图形。图形单位设置包括长度单位、角度单位、精度、方向等方面的设置。

设置图形单位命令的执行方式有以下几种。

- 使用菜单：选择"图形实用工具"→"单位"菜单命令。
- 使用 AutoCAD 经典模式菜单：选择"格式"→"单位"菜单命令。
- 使用命令：Units。
- 使用简化命令：Un。

命令执行后，弹出"图形单位"对话框，如图 2-11 所示。

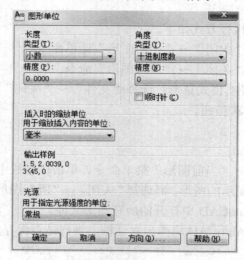

图 2-11　"图形单位"对话框

在"图形单位"对话框中，包含长度单位与精度、角度单位与精度、坐标方向等参数。

1. 长度单位的设置

AutoCAD 提供了五种长度单位类型供用户选择，即"建筑"、"小数"、"工程"、"分数"和"科学"。其中，"工程"和"建筑"格式提供英尺和英寸显示，并假定每个图形单位表示一英寸。其他格式可表示任何真实世界单位。

图形单位是设置了一种数据的计量格式，AutoCAD 的绘图单位本身是无量纲的，用户在绘图时可以自己将单位视为绘制图形的实际单位，如毫米、米等。

在"长度"选项区域的"精度"下拉列表框中，可以选择长度单位的精度，根据需要选择小数点后保留的位数，例如"0.00"代表精确至小数点后两位。

选项区域"插入时的缩放单位"用来控制插入到当前图形中的块和图形的测量单位。如果块或图形创建时使用的单位与该选项指定的单位不同，则在插入这些块或图形时，将对其按比例缩放。插入比例是源块或图形使用的单位与目标图形使用的单位之比，如果插入块时不按指定单位缩放，应选择"无单位"。

选项区域"输出样例"用来显示用当前单位和角度设置的例子。

选项区域"光源"用来选择当前图形中的光源强度测量单位。为创建和使用光度控制光源，必须从选项列表中指定非"常规"的单位。如果插入比例设置为"无单位"，则将显示警告信息，通知用户渲染输出可能不正确。

2. 角度单位的设置

AutoCAD 提供了五种类型的角度单位供用户选择，即"十进制度数"、"百分度"、"度/分/秒"、"弧度"和"勘测单位"。

● 十进制度数：以十进制数表示。

● 百分度：附带一个小写字母"g"后缀，例如 20.35g。

● 弧度：附带一个小写"r"后缀，例如 3.14r。

● 度/分/秒：用"d"表示度，用"'"表示分，用"""表示秒，例如 123d45'56.7"。

● 勘测单位：以方位表示角度：N 表示正北，S 表示正南，"度/分/秒"表示从正北或正南开始的偏角的大小，E 表示正东，W 表示正西，例如 N 45d0'0" E，此形式只使用度/分/秒格式来表示角度大小，且角度值始终小于 90 度。如果角度正好是正北、正南、正东或正西，则只显示表示方向的单个字母。

在"角度"选项区的"精度"下拉列表框中，可以选择角度单位的精度，通常选择"0"。而"顺时针"复选框用来指定角度的测量正方向，默认情况下采用逆时针方向为正方向。

3. 方向的设置

方向的设置是定义角度 0 并指定测量角度的方向。在"图形单位"对话框内单击"方向"按钮 方向(D)... ，将会弹出"方向控制"对话框，如图 2-12 所示。

图 2-12　"方向控制"对话框

在对话框中定义起始角(即 0°角)的方位，通常将"东"作为 0°角的方位，也可以根据自己的需要，在"方向控制"对话框中以其他方向或任意角度作为 0°角的方位，单击"确定"按钮，完成方向的设置。

2.3.2　设置图形界限

AutoCAD 的绘图区域是无限大的空间，即模型空间。在实际工作中，为了确保各工作环节之间的协同，需要对图形界限进行设置。

设置图形界限命令的执行方式有以下两种。

● 使用 AutoCAD 经典模式菜单：选择"格式"→"图形界限"菜单命令。

● 使用命令：Limits。

命令执行步骤如下。

(1) 调用命令。

(2) 命令行提示"指定左下角点或[开(ON)/关(OFF)]<0.0000, 0.0000>"：指定界限的左下角点。

(3) 命令行提示"指定右上角点<420.0000, 297.0000>"：指定界限的右上角点。

图形界限通过设置左下角点和右上角点坐标而确定，左下角点坐标默认为(0, 0)，一般不改变，只须根据需求给出右上角点坐标，AutoCAD 默认设置为 A3 图幅 420mm×297mm，即右上角点坐标为(420.0000, 297.0000)。命令行尖括号内为系统默认参数，如果采用此参数，直接按 Enter 键或空格键即可，如果需要更改，则输入新值后按 Enter 键或空格键。

当图形界限设置完毕后，需要单击功能区的"视图"→"导航"→"全部"按钮，才可观察整个图形。该界限与打印图纸时的"图形界限"选项，以及绘图栅格显示的区域是相同的，只要关闭绘图界限检查，AutoCAD 并不限制将图形绘制到界限之外。

2.3.3　选项设置

为了适应不同用户的使用习惯，AutoCAD 提供了功能全面的设置选项，可以对 AutoCAD 使用过程中的各类参数进行设置，例如文件选项、绘图区背景颜色、自动保存、三维建模等方面，所有设置选项均集成在"选项"对话框上。

调用"选项"对话框的方法有以下几种。

● 使用菜单：选择"选项"菜单命令。
● 使用 AutoCAD 经典模式菜单：选择"工具"→"选项"菜单命令。
● 在绘图区域单击鼠标右键：从快捷菜单中选择"选项"命令。
● 使用命令：Options。
● 使用简化命令：Op。

执行命令后，将调出"选项"对话框，如图 2-13 所示。"选项"对话框包含"文件"、"显示"、"打开和保存"、"打印和发布"、"系统"、"用户系统配置"、"草图"、"三维建模"、"选择集"和"配置"十个选项卡。

图 2-13　"选项"对话框

1. "文件"选项卡

"文件"选项卡如图 2-13 所示，选项卡中列出了 AutoCAD 搜索支持文件、驱动程序文件、菜单文件和其他文件的文件夹，还列出了用户定义的可选设置。

2. "显示"选项卡

"显示"选项卡主要用来对绘图环境中有关"显示"的各个选项进行设置，如图 2-14 所示，选项卡中主要包括窗口元素、布局元素、显示精度、显示性能、十字光标大小、淡入度控制等方面的内容。

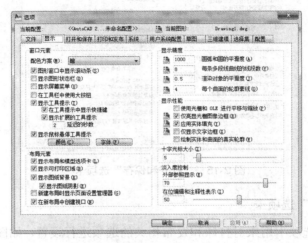

图 2-14　"显示"选项卡

- 窗口元素：包括配色方案、绘图窗口中的滚动条、状态栏、屏幕菜单的显示、鼠标悬停工具提示等方面的配置，也可以通过"颜色"按钮对背景颜色进行修改，通过"字体"按钮对命令行的字体进行修改。

- 布局元素：用来对窗口布局进行设置，包括布局/模型选项卡的显示、可打印区域的显示、图纸背景的显示、布局中创建视口等方面。

- 显示精度：用来控制对象的显示质量，包括圆弧和圆的平滑度、每条多段线曲线的线段数、渲染对象的平滑度、每个曲面的轮廓素线等方面。一般来说，不同数值对图形的显示和软件性能有不同的影响，显示效果越好，曲面越平滑，对性能的影响就越大。

- 显示性能：用来控制影响性能的显示设置，包括使用光栅和 OLE 的平移与缩放、光栅图像边框显示、实体填充的显示、文字边框的显示、绘制实体和曲面的真实轮廓等方面。

- 十字光标大小：用来控制十字光标的尺寸。有效值的范围从全屏幕的 1%到 100%。在设定为 100%时，看不到十字光标的末端。当尺寸减为 99%或更小时，十字光标才有有限的尺寸，当光标的末端位于图形区域的边界时可见，默认尺寸为 5%。

- 淡入度控制：用来控制 DWG 外部参照和参照编辑的淡入度的值，包括外部参照显示和在位编辑与注释性表示两部分。

3. "打开和保存"选项卡

"打开和保存"选项卡用来对打开和保存文件的相关选项进行设置，如图 2-15 所示。选项卡主要包括文件保存类型、文件安全措施、最近文件打开的数量、应用程序菜单、外部参照、ObjectARX 应用程序等选项。

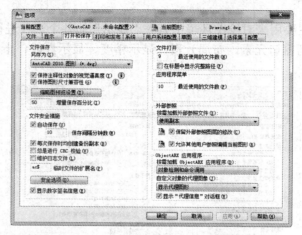

图 2-15   "打开和保存"选项卡

4. "打印和发布"选项卡

"打印和发布"选项卡用来对打印和发布相关的选项进行设置，如图 2-16 所示。选项卡主要包括新图形的默认打印设置、打印到文件、后台处理选项、打印和发布日志文件、自动发布、常规打印选项、指定打印偏移时相对于、打印戳记设置、打印样式表设置等要素的设置选项。

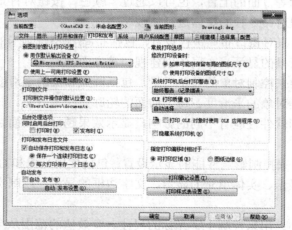

图 2-16   "打印和发布"选项卡

5. "系统"选项卡

"系统"选项卡用来控制 AutoCAD 的系统设置，如图 2-17 所示，主要包括三维性能、当前定点设备、布局重生成选项、数据库连接选项、常规选项、Live Enabler 选项等。

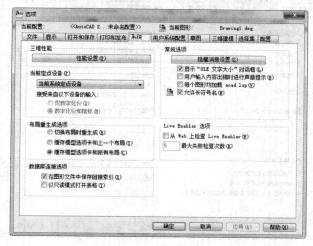

图 2-17　"系统"选项卡

6.　"用户系统配置"选项卡

"用户系统配置"选项卡用来对优化工作方式的相关选项进行设置，如图 2-18 所示，主要包括 Windows 标准操作、插入比例、字段、坐标数据输入的优先级、关联标注、超链接、放弃/重做、块编辑器设置、初始设置、线宽设置、编辑比例列表等选项。

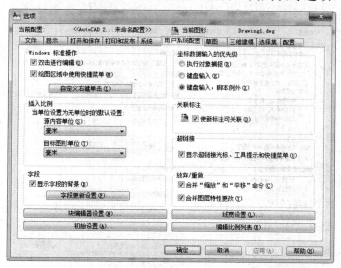

图 2-18　"用户系统配置"选项卡

7.　"草图"选项卡

"草图"选项卡用来对自动捕捉、自动追踪、靶框大小等编辑功能进行设置，如图 2-19 所示，选项卡主要包括自动捕捉设置、自动捕捉标记大小、对象捕捉选项、AutoTrack 设置、对齐点获取、靶框大小、设计工具提示设置、光线轮廓设置、相机轮廓设置等选项。

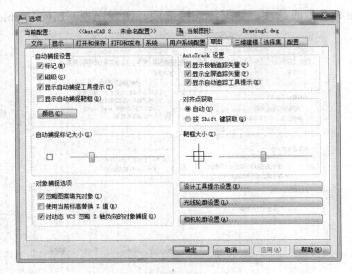

图 2-19　"草图"选项卡

8. "三维建模"选项卡

"三维建模"选项卡用来对三维建模中的相关选项进行设置，如图 2-20 所示，选项卡主要包括三维十字光标、显示 ViewCube 或 UCS 图标、动态输入、三维对象、三维导航等设置选项。

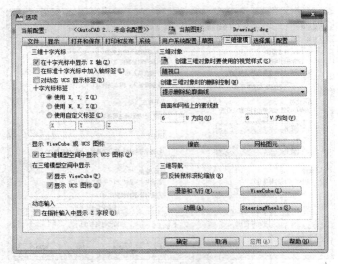

图 2-20　"三维建模"选项卡

9. "选择集"选项卡

"选择集"选项卡用来对绘图过程中与选择对象相关的选项进行设置，如图 2-21 所示，选项卡主要包括拾取框大小、选择集预览、选择集模式、功能区选项、夹点大小、夹点颜色等选项。

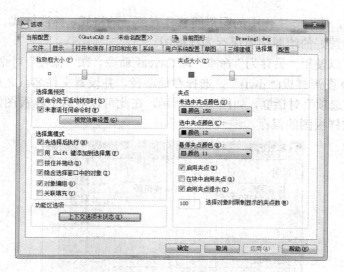

图 2-21　"选择集"选项卡

10．"配置"选项卡

"配置"选项卡用来对 AutoCAD 软件及相关软件的配置进行设置，如图 2-22 所示，配置是根据用户需要自定义的，在左侧列出了"可用配置"，根据用户的需要对各配置进行相应的操作。

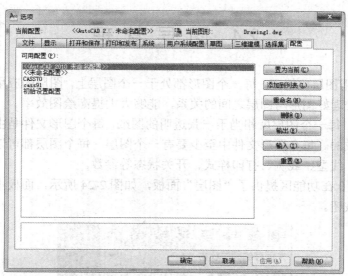

图 2-22　"配置"选项卡

2.3.4　将设置好的图形保存为样板图

在完成绘图环境的相关设置后，可以正式开始绘图。为了避免每次绘图前重复设置绘图环境，同时，也为了确保相关绘图人员能够采用同样的绘图环境，能够按照规范统一设置图形，提高绘图效率，使同一工作中的图形能够具有统一的格式、标注样式、文字样式、图层、布局等，可以将设置好的绘图环境保存为样板图。

保存样板图可以使用"另存为"命令，即 Saveas 命令，在"保存"对话框的"文件类型"中选择"AutoCAD 图形样板(*.dwt)"，选择存储路径，并设置文件名，之后单击"确定"按钮，会弹出"样板选项"对话框，如图 2-23 所示，在此可以对这个样板图做一些说明，单击"确定"按钮完成样板图的保存。

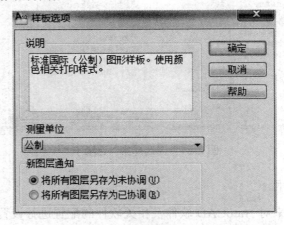

图 2-23　"样板选项"对话框

2.4　图 层 管 理

AutoCAD 采用图层化管理，每一个图形都处于一个图层上，图层的应用有助于管理图形对象，绘图时，处理好图形与图层之间的关系，能够大大提高绘图效率。

AutoCAD 中，每一个图层就相当于一张透明的图纸，每个图形文件是由若干张透明的图纸叠加在一起形成的。每个图形文件中至少要有一个图层，每个图层都可以单独管理，可以设置相应的颜色、线型、线宽、打印样式、开关状态等参数。

AutoCAD 2010 在功能区提供了"图层"面板，如图 2-24 所示，面板中集成了图层管理的大部分功能的按钮。

图 2-24　"图层"面板

2.4.1　创建图层

新建一个图形文件时，AutoCAD 自动创建一个名为"0"的图层，该图层不能被删除，也不能重命名。除了"0"图层外，如需要其他图层，则需要用户自己创建。

新建图层、修改图层特性、设置当前图层、选择图层和管理图层等有关图层的操作均通过"图层特性管理器"来完成。调用"图层特性管理器"的方法如下。

- 在功能区：选择"常用"标签→选择"图层"面板→单击"图层特性" 按钮。
- 使用 AutoCAD 经典模式菜单：选择"格式"→"图层"菜单命令。
- 使用命令：Layer。
- 使用简化命令：La。

执行命令后，将调出"图层特性管理器"，如图 2-25 所示。

图 2-25　"图层特性管理器"

在"图层特性管理器"中，单击"新建图层" 按钮，新建的图层以临时名字"图层 1"显示在列表中，并采用默认设置的特性，如图 2-26 所示。根据用户的需要，可以对新建的图层命名，更改颜色、线型、线宽等特性。需要创建多个图层时，则重复上述操作。

图 2-26　新建图层

2.4.2　图层特性

在"图层特性管理器"中，有关图层特性有多个按钮，分别用来控制"新建图层"、"在

所有视口中都被冻结的新图层视口"、"删除选定图层"、"置为当前图层"、"刷新图层"、
"设置"等图层的相关操作。

(1) 按钮：新建图层。即创建一个新的图层。

(2) 按钮：在所有视口中都被冻结的新图层视口。即创建一个新图层，然后在所有现有布局视口中将其冻结。

(3) 按钮：删除选定图层。即把选中的图层删除，注意，只能删除未被参照的空图层，而且"0"层不能被删除，否则系统将弹出"未删除"的提示，如图 2-27 所示。

(4) 按钮：置为当前图层。即把选中的图层设为当前图层，AutoCAD 中只能在当前图层中绘制图形。

(5) 按钮：刷新图层。即通过扫描图形中的所有图元来刷新图层使用信息。

(6) 按钮：设置。即调用"图层设置"对话框，如图 2-28 所示，从中可以对新图层通知、隔离图层、图层过滤器是否应用于图层工具栏等方面进行设置。

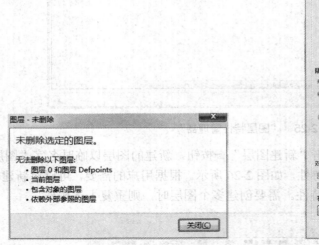

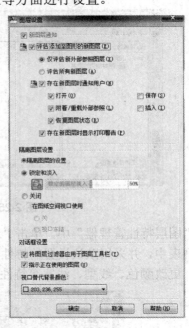

图 2-27　图层无法删除　　　　图 2-28　"图层设置"对话框

对于已经创建好的图层，还可以通过点击图层列表中的相应图标，对相应图层的状态、名称、开/关、冻结/解冻、锁定/解锁、默认颜色、默认线型、默认线宽、打印样式、打印/不打印、新窗口冻结等属性进行修改，修改时，直接在待修改图层的对应属性处点击图标即可。各属性的说明如下。

● 状态：用于指示图层的类型和状态，当其为 图标时，表示该图层为当前图层。

● 名称：图层的名称，点击图层的当前名称，即可对图层重命名。

● 开/关：控制图层的"打开"和"关闭"状态，当其图标为 时，代表图层处于"打开"状态，当其图标为 时，代表图层处于"关闭"状态。当图层打开时，此图层可见，而且可打印，当图层关闭时，此图层不可见，图层上的图形不再显示，也无法打印，但仍然可在该图层上绘制新的图形对象，不过，新绘制的对象也是不可见

的。注意：被关闭图层中的对象是可以编辑修改的。例如执行删除、镜像等命令，选择对象时输入 all 或 Ctrl+A，那么，被关闭图层中的对象也会被选中，并被删除或镜像。

- 冻结/解冻：控制图层的"冻结"与"解冻"状态，当其图标为❀时，代表图层处于"冻结"状态，当其图标为☼时，代表图层处于"解冻"状态。冻结图层后，该图层将不可见，而且不能在该层上绘制新的图形，也无法选择该图层上的图形，冻结图层上的任何图形都不能被编辑和修改。
- 锁定/解锁：控制图层的"锁定"与"解锁"状态，当其图标为🔒时，代表图层处于"锁定"状态，当其图标为🔓时，代表图层处于"解锁"状态。当图层被锁定后，图层上的图形依然可见，但不能对这些图形进行修改，尽管可以在此图层上继续新增对象，可是，新增的图形对象也是不可以被修改的。
- 颜色：用来更改与选定图层关联的颜色，单击相应的颜色名，可以打开"选择颜色"对话框。
- 线型：用来更改与选定图层关联的线型，单击相应的线型名称，可以打开"选择线型"对话框。
- 线宽：用来更改与选定图层关联的线宽，单击相应的线宽名，可以打开"线宽"对话框。
- 打印样式：用来更改与选定图层关联的打印样式。
- 打印/不打印：用来控制选定图层的图形对象是否打印，当其图标为🖨时，图层上的内容会被正常打印，当其图标为🚫时，图层上的内容将不被打印。值得注意的是，无论处于"打印"状态还是"不打印"状态，都不会打印已关闭或冻结的图层。
- 新视口冻结：用来控制在新布局视口中冻结选定图层。

上述这些参数的设置，除了可以在"图层特性管理器"中进行，还可以通过命令和功能区快捷按钮进行，同时，还有相关的图层设置命令，如表 2-1 所示。

表 2-1　图层属性设置的相关命令

功　能	功能区图标	命　令
设置当前图层		Laymcur
匹配		Laymch
放弃上一次图层设置		Layerp
隔离图层		Layiso
取消隔离图层		Layuniso
冻结图层		Layfrz
解冻所有图层		Laythw
关闭图层		Layoff
打开所有图层		Layon
锁定图层		Laylck
解锁图层		Layulk
更改为当前图层		Laycur
将对象复制到新图层		Copytolayer

功　能	功能区图标	命　令
图层漫游		Laywalk
隔离到当前视口		Layvpi
合并图层		Laymrg
删除图层		Laydel
锁定的图层淡入		Laylockfadectl

2.4.3　图层特性过滤器

当一张图纸中图层比较多时，利用图层过滤器设置过滤条件，可以只在图层管理器中显示满足条件的图层，缩短查找和修改图层设置的时间。

在"图层特性管理器"中，左侧面板即为"图层特性过滤器"，其中有三个按钮。

- 　按钮：新建特性过滤器。可以从弹出的"图层过滤器特性"对话框中根据图层的一个或多个特性创建图层过滤器，在"图层特性管理器"右侧的窗口内，将仅显示符合图层过滤器中条件的图层。

- 　按钮：新建组过滤器。即创建一个组过滤器，选择已有的图层加入到该组过滤器中，组过滤器并没有过滤条件，只是将用户所需要的图层归为一组，当图层数较多时，选择组过滤器，则该组内的图层全部列于右侧的图层列表中。

- 　按钮：图层状态管理器。通过"图层状态管理器"，可以保存图层的状态和特性，一旦保存了图层的状态和特性，可以随时调用和恢复，还可以将图层的状态和特性输出到文件中，然后在另一幅图形中使用这些设置。

2.5　视图与视口

按照一定的比例、观察位置和角度来显示图形，称为视图。

根据设计的需要，改变视图的最常用方法是对图形进行缩放和平移，以便从局部详细地或从整体观测图形。

视口是显示模型的不同视图的区域，使用"模型"选项卡，可以将绘图区域拆分成一个或多个相邻的矩形视图，称为模型空间视口。

在大型或复杂的图形中，通过显示不同的视图，可以缩短在单一视图中缩放或平移的时间，而且在一个视图中出现的错误也能在其他视图中表现出来。

需要注意的是，改变视图或视口，例如缩放和平移，只能改变图形对象在当前视口中的视觉尺寸和位置，而对象的实际尺寸和坐标位置并不改变。

常用的视图控制功能主要包括平移、缩放等，这些功能的快捷按钮集成在"视图"选项卡的"导航"面板中，如图 2-29 所示。

常用的视口控制功能主要包括视口的拆分与合并，这些功能的快捷按钮集成在"视图"选项卡中的"视口"面板中，如图 2-30 所示。

图 2-29　"导航"面板　　　　图 2-30　"视口"面板

2.5.1　平移视图

平移视图可以重新定位图形，此操作不会改变图形对象的位置或比例，只对视图进行改变。执行平移视图的方法如下。

- 在功能区：选择"视图"选项卡→选择"导航"面板→单击 平移 按钮。
- 利用 AutoCAD 经典模式菜单：选择"视图"→"平移"菜单命令。
- 利用命令：Pan。
- 利用简化命令：P。
- 利用鼠标操作：按下鼠标滚轮并移动鼠标。

2.5.2　缩放视图

缩放视图可以对图形显示比例进行放大或缩小，此操作并不会改变图形对象的尺寸和位置，只对视图进行改变。"缩放视图"命令的执行方法如下。

- 在功能区：选择"视图"选项卡→选择"导航"面板→单击 范围 按钮。
- 利用 AutoCAD 经典模式菜单：选择"视图"→"缩放"菜单命令。
- 利用命令：Zoom。
- 利用简化命令：Z。
- 利用鼠标操作：向前滚动滚轮——放大，向后滚动滚轮——缩小。

前三种方式执行缩放命令后，存在多种选项和子命令。

- 范围：将整个图形显示在屏幕上，使图形充满屏幕。
- 窗口：利用设定的两角点定义一个缩放的范围。
- 上一个：显示上一个缩放视图，最多可恢复此前的 10 个窗口。
- 实时：利用定点设备，在逻辑范围内交互缩放。
- 全部：按照图形界限或以图形的范围尺寸来显示图形。
- 动态：缩放显示在视图框中的部分图形，视图框表示视口，可以改变它的大小，或在图形中移动，移动视图框或调整它的大小，将其中的图像平移或缩放，以充满整个视口。
- 缩放：按照指定的比例对图形进行缩放。
- 中心：显示由圆心和缩放比例所定义的窗口。
- 对象：放大或缩小所选择的对象，使之充满屏幕。
- 放大：使整个图形放大 1 倍。

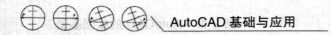

● 缩小 _{缩小}：使整个图形缩小 1/2。

2.5.3　视口

新建视口的命令执行方式如下。

● 在功能区：选择"视图"选项卡→选择"视口"面板→单击 新建 按钮。
● 利用 AutoCAD 经典模式菜单：选择"视图"→"视口"菜单命令。
● 利用命令：Vports 或 Viewports。

命令执行后，系统将弹出"视口"对话框，如图 2-31 所示。

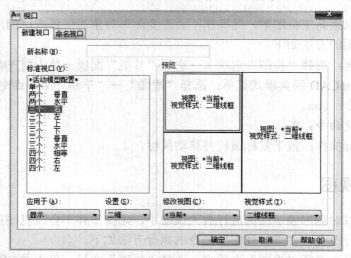

图 2-31　"视口"对话框

AutoCAD 中，最多可以将屏幕分为四个视口，同时，提供了多种视口模式，选定视口模式后，单击"确定"按钮，完成视口的设置，如图 2-32 所示。

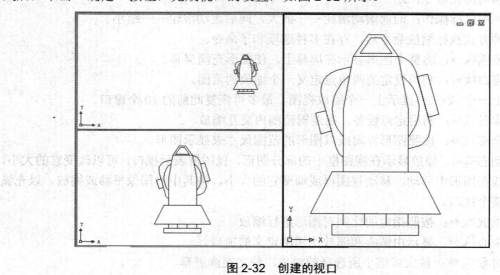

图 2-32　创建的视口

2.6　重画和重生成

在绘图和编辑过程中，屏幕上常常留下对象的拾取标记，这些临时标记并不是图形中的对象，有时会使当前图形画面显得混乱，这时，就可以使用 AutoCAD 的"重画"与"重生成"图形功能来清除这些临时标记。

2.6.1　重画

使用"重画"命令系统，将在显示内存中更新屏幕，消除编辑命令留下的临时标记，进而更新用户使用的当前视口。命令执行方式如下。

- 利用 AutoCAD 经典模式菜单：选择"视图"→"重画"菜单命令。
- 利用命令：Redraw。
- 利用简化命令：R。

当存在多个视口时，可以使用"全部重画"功能更新所有视口，命令执行方式如下。

- 使用命令：Redrawall。
- 使用简化命令：Ra。

2.6.2　重生成

"重生成"与"重画"在本质上是不同的。利用"重生成"命令可重生成屏幕，此时，系统从磁盘中调用当前图形的数据，比"重画"命令执行速度慢，更新屏幕花费的时间较长。

在 AutoCAD 中，某些操作只有在使用"重生成"命令后才生效，如改变点的格式等。如果一直使用某个命令修改编辑图形，但该图形似乎看不出发生什么变化，此时可使用"重生成"命令来更新屏幕显示。

"重生成"命令的执行方式如下。

- 利用 AutoCAD 经典模式菜单：选择"视图"→"重生成"菜单命令。
- 利用命令：Regen。
- 利用简化命令：Re。

"重生成"命令仅能更新当前视口，如果对所有视口进行更新，则需要执行"全部重生成"命令，其执行方式如下。

- 利用 AutoCAD 经典模式菜单：选择"视图"→"全部重生成"菜单命令。
- 利用命令：Regenall。
- 利用简化命令：Rea。

2.7　对　象　特　性

AutoCAD 中，每一个图形对象都有自己的特性，有些特性属于基本特性，即所有对象都

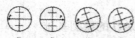

存在的特性，例如图层、颜色、线型、线宽等；有些特性属于专有特性，即仅有特定的对象才存在的特性，例如圆的半径、点的坐标、直线的长度等。

设置对象的特性是绘图的基本工作之一，常用的对象基本特性的设置功能集成在功能区"常用"选项卡的"特性"面板中，如图 2-33 所示。

图 2-33　"特性"面板

"特性"面板中包含四个下拉列表，分别控制对象的颜色、线宽、线型和打印样式，其默认值均为 ByLayer，即"随层"，表示当前的对象特性随图层而定，不单独设置。对象的特性值为 ByLayer 时，当改变图层特性的设置时，对象的特性也随之改变。

2.7.1　设置颜色

设置颜色后，创建的对象全部采用此颜色，如果要改变颜色，则需要重新设置，或单独修改某个对象的颜色。设置颜色的方法如下。

- 在功能区：选择"常用"选项卡→选择"特性"面板→单击"颜色"下拉列表 ByLayer。
- 利用 AutoCAD 经典模式菜单：选择"格式"→"颜色"菜单命令。
- 利用命令：Color。
- 利用简化命令：Col。

在"颜色"下拉列表中列出了常用的基本颜色，可以直接选择相应的颜色，如图 2-34 所示。下拉列表中的 ByBlock 表示"随块"，即颜色随图块而定。有关图块的概念，将在本书第 9 章进行介绍。如果下拉列表中的颜色无法满足用户的需要，则可以利用命令或在下拉列表中单击"选择颜色"，系统将弹出"选择颜色"对话框，如图 2-35 所示。

图 2-34　"颜色"下拉列表

图 2-35　"选择颜色"对话框

2.7.2　设置线型

设置线型后，创建的对象将全部采用此线型，如果要改变线型，则需要重新设置，或单独修改某个对象的线型。设置线型的方法如下。

- 在功能区：选择"常用"选项卡→选择"特性"面板→单击"线型"下拉列表
  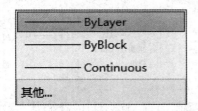。
- 利用 AutoCAD 经典模式菜单：选择"格式"→"线型"菜单命令。
- 利用命令：Linetype 或 Ltype。
- 利用简化命令：Lt。

在"线型"下拉列表中显示出了已经加载的所有线型，如图 2-36 所示，用户可以直接选择。如果下拉列表中的线型无法满足用户的需要，则可以利用命令或在下拉列表中单击"其他…"，系统将弹出"线型管理器"对话框，如图 2-37 所示。单击"加载"按钮，将出现"加载或重载线型"对话框，如图 2-38 所示，可以从中选择其他所需的线型。

图 2-36　"线型"下拉列表　　　　　　　　图 2-37　"线型管理器"对话框

图 2-38　"加载或重载线型"对话框

有时，由于线型的比例不合适，绘制的线条不能正确反映线型，如虚线、中心线等显示成为实线，可以通过调整线型比例来解决此问题。在"线型管理器"对话框中的"全局比例因子"文本框中，可以设置整个图形中所有对象的线型比例，"当前对象缩放比例"文本框可以设置当前新创建对象的线型比例。

2.7.3 设置线宽

线宽是指线条在打印输出时的宽度，这种宽度可以显示在屏幕上，并输出到图纸中。

设置线宽之后，创建的对象将全部采用此线宽，如果要改变线宽，则需要重新设置，或单独修改某个对象的线宽。设置线宽的方法如下。

- 在功能区：选择"常用"选项卡→选择"特性"面板→单击"线宽"下拉列表 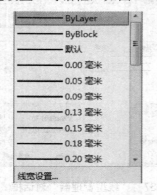。
- 利用 AutoCAD 经典模式菜单：选择"格式"→"线宽"菜单命令。
- 利用命令：Lineweight 或 Lweight。
- 利用简化命令：Lw。

用户可以直接在"线宽"下拉列表中选择线宽，如图 2-39 所示，也可以利用线宽命令调出"线宽设置"对话框，如图 2-40 所示。

图 2-39　"线宽"下拉列表　　　　图 2-40　"线宽设置"对话框

在"线宽设置"对话框中，可以设置对象的线宽，并可以选择是否在屏幕上"显示线宽"，如果在复选框内选择"显示线宽"，则屏幕上将按照设置的线宽进行显示。在状态栏内的"显示/隐藏线宽"按钮 ➕ 是用来控制屏幕上是否显示线宽的快捷按钮。

2.7.4 显示与修改已有对象的特性

对于已经创建的对象，在 AutoCAD 中可以显示其特性，并对其进行修改，主要可以使用功能区"特性"面板、对象特征管理器、特性匹配工具和快捷特性等来进行修改。

1. 使用功能区"特性"面板显示和修改对象特性

选中已有的图形对象后，功能区"常用"选项卡中的"特性"面板内的"颜色"、"线型"和"线宽"下拉列表中将显示对象现有的特性，同时，可以在相应的下拉列表中选择选项，对象将被赋予新的属性。

2. 使用"对象特征管理器"显示与修改对象特性

使用功能区的"特性"面板，仅能显示并修改对象的颜色、线型、线宽等基本特征，而"对象特征管理器"不仅可以显示基本特征，还可以显示对象的专有特征，如圆的半径、点的坐标等。

调用"对象特征管理器"的方法如下。

● 在功能区：选择"常用"选项卡→选择"特性"面板→单击 ◢ 按钮。
● 利用 AutoCAD 经典模式菜单：选择"修改"→"特性"命令。
● 利用命令：Properties。
● 利用简化命令：Pr。
● 利用快捷键：Ctrl+1。
● 选中对象后，通过鼠标右键：选择"特性"菜单命令。

以某个圆为例，执行上述命令后，弹出"对象特征管理器"，如图 2-41 所示。

在"对象特征管理器"中显示了所选对象的所有特性，如需更改属性，直接在对应的文本框或下拉列表中输入或选择即可。

3. 使用"快捷特性"选项板显示与修改对象特性

AutoCAD 中提供了"快捷特性"选项板，利用它，可以在图形中显示和更改任何对象的当前特性。

使用此功能，首先需要激活状态栏中的"快捷特性"的按钮 ▣，然后选择对象，AutoCAD 将自动弹出"快捷特性"选项板，如图 2-42 所示。在"快捷特性"选项板上可以直接修改对象的相关特性。

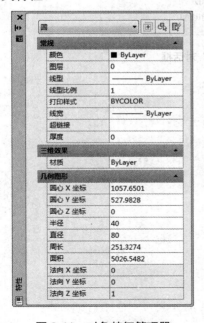

图 2-41 对象特征管理器   图 2-42 "快捷特性"选项板

4. 使用"特性匹配"工具修改对象特性

使用"特性匹配"工具，可以将一个对象的某些或所有特性复制到其他对象，可以复制的特性类型包括颜色、图层、线型、线型比例、线宽、打印样式和厚度等。

"特性匹配"命令的执行方式如下。

● 在功能区：选择"常用"选项卡→选择"剪贴板"面板→单击 按钮。

● 利用 AutoCAD 经典模式菜单：选择"修改"→"特性匹配"菜单命令。

● 利用命令：Matchprop。

● 利用简化命令：Ma。

执行命令后，根据命令行的提示，依次选择源对象和目标对象，系统默认是将源对象的所有属性均复制到目标对象中。如果要控制传递某些特性，则当命令行提示"选择目标对象或[设置(S)]："时，输入"S"，将弹出"特性设置"对话框，如图 2-43 所示。在对话框中清除不需要复制的项目即可。

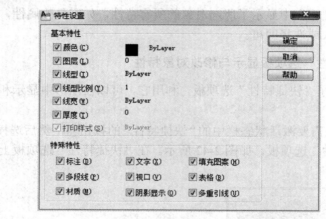

图 2-43　"特性设置"对话框

第 3 章 AutoCAD 的精确绘图

AutoCAD 具有强大的绘图功能，能够按照用户的要求根据指定的尺寸和位置精确绘制任何图形。AutoCAD 中的坐标系统、对象捕捉、对象追踪、极轴等功能为其能够精确绘图提供了基础和保障。

3.1 坐 标 系 统

任意物体在空间中的位置都是通过一个坐标系来定位的。在 AutoCAD 的图形绘制中，也是通过坐标系来确定相应图形对象的位置的，坐标系是确定对象位置的基本手段。

坐标系按照定义方式的不同，可分为世界坐标系(WCS)和用户坐标系(UCS)；按坐标值参考点的不同，可以分为绝对坐标系和相对坐标系；按照坐标轴的不同，还可以分为直角坐标系、极坐标系。

3.1.1 世界坐标系和用户坐标系

世界坐标系，是 AutoCAD 中固定的坐标系，在二维绘图环境中，其 X 轴是横轴，Y 轴是纵轴，其交点是坐标原点。在默认情况下，AutoCAD 中的当前坐标系为世界坐标系，即 WCS，此时，绘图界面中坐标系的图标如图 3-1 所示。

用户坐标系，即 UCS，是可移动的坐标系，是用户参照世界坐标系自行定义的坐标系。用户坐标系的坐标原点和 X 轴、Y 轴方向是用户根据绘图需要而定义的。当采用 UCS 时，绘图界面中坐标系的图标如图 3-2 所示。

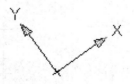

图 3-1 世界坐标系的图标   图 3-2 用户坐标系的图标

在绘制图形时，世界坐标系和用户坐标系是同时存在的，用户所输入的坐标值均为用户坐标系下的坐标值。在默认情况下，当前的 UCS 与 WCS 是重合的，在绘图过程中，用户可以根据需要，随时自定义用户坐标系。

定义用户坐标系 UCS 的方法如下。

- 在功能区：选择"视图"选项卡→选择"坐标"面板→单击 L 按钮。
- 利用 AutoCAD 经典模式菜单：选择"工具"→"新建 UCS"菜单命令。

● 利用命令：UCS。

UCS 命令在二维和三维绘图环境中同样适用，在本章中，仅对二维绘图环境中的使用方法进行介绍。

【命令执行步骤】

(1) 调用命令。

(2) 命令行提示"指定 UCS 的原点或[面(F)/命名(NA)/对象(OB)/上一个(P)/视图(V)/世界(W)/X/Y/Z/Z 轴(ZA)]"。其中，各选项的含义如下。

● 指定 UCS 的原点：使用一点或两点定义一个新的 UCS；如果指定单个点，当前 UCS 的原点将会移动而不会更改 X、Y 轴的方向；如果指定第二点，UCS 将绕先前指定的原点旋转，以使 UCS 的 X 轴正半轴通过该点。

● 命名：按名称保存并恢复通常使用的 UCS 方向。

● 对象：将用户坐标系与选定的对象对齐。

● 上一个：恢复上一个 UCS。

● 视图：将用户坐标系的 XY 平面与垂直于观察方向的平面对齐。原点保持不变，但 X 轴和 Y 轴分别变为水平和垂直。

● 世界：将当前 UCS 切换至 WCS。

● X/Y/Z 轴：绕指定轴旋转当前 UCS。

3.1.2 笛卡尔坐标系与极坐标系

笛卡尔坐标系，即直角坐标系，由 X、Y、Z 三个坐标轴构成。如图 3-3 所示，笛卡尔坐标系以坐标原点(0, 0, 0)为基点进行定位。创建的图形都基于 XY 平面，笛卡尔坐标的 X 值为点距 Y 轴的垂直距离，Y 值为点距 X 轴的垂直距离，平面中的点都用(X,Y)坐标值来指定。空间中的任何一个点都可以在 XYZ 坐标系中表示出来。在 AutoCAD 中，笛卡儿坐标系的三个坐标值之间采用逗号来分隔。在二维 XY 平面中输入坐标时，由于 Z 轴坐标为 0，可以省略 Z 值。

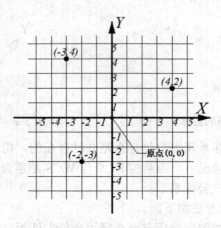

图 3-3　二维笛卡尔坐标系

极坐标基于原点(0, 0)，使用距离和角度表示定位点，角度计量以水平向右为 0°方向，逆时针计量角度，如图 3-4 所示。极坐标的表示方法为(距离<角度)，距离和角度之间用小于号(<)分隔。例如，坐标(4<30)表示该点距离原点 4 个单位且该点与原点连线与 0° 方向的夹角为 30°。

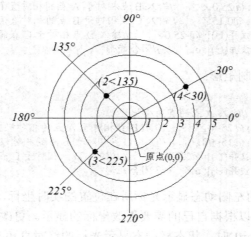

图 3-4　极坐标系

3.1.3　绝对坐标与相对坐标

绝对坐标是以原点为基点定位所有的点，绘图时，直接输入相对于坐标原点的笛卡尔坐标系或极坐标系下的坐标值，例如"30,40"或"20<150"。

相对坐标是相对上一点各轴向的距离或角度，即相对于前一点的坐标增量，绘图时，需要在输入的相对坐标值前加上符号"@"，例如"@10,25"或"@15>30"。

例 3-1：利用绝对坐标和相对坐标绘图。

分别利用绝对直角坐标和相对直角坐标、相对极坐标绘制如图 3-5 所示的矩形。

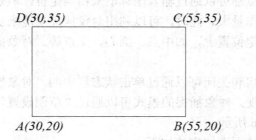

图 3-5　用不同坐标绘制图形

① 用绝对直角坐标绘制矩形：

```
命令: line↙      //输入"直线"命令
指定第一点: 30,20↙      //输入 A 点的直角坐标
指定下一点或 [放弃(U)]: 55,20↙      //输入 B 点坐标
指定下一点或 [放弃(U)]: 55,35↙      //输入 C 点坐标
指定下一点或 [闭合(C)/放弃(U)]: 30,35↙      //输入 D 点坐标
指定下一点或 [闭合(C)/放弃(U)]: c↙      //闭合矩形
```

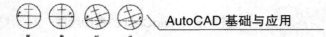

② 用相对直角坐标绘制矩形：

```
命令: line✓      //输入"直线"命令
指定第一点: 30,20✓      //输入 A 点坐标
指定下一点或 [放弃(U)]: @25,0✓      //输入 B 点相对于 A 点的相对直角坐标
指定下一点或 [放弃(U)]: @0,15✓      //输入 C 点相对于 B 点的相对直角坐标
指定下一点或 [闭合(C)/放弃(U)]: @-25,0✓      //输入 D 点相对于 C 点的相对直角坐标
指定下一点或 [闭合(C)/放弃(U)]: c✓      //闭合矩形
```

③ 用相对极坐标绘制矩形：

```
命令: line✓      //输入"直线"命令
指定第一点: 30,20✓      //输入 A 点的直角坐标
指定下一点或 [放弃(U)]: @25<0✓      //输入 B 点相对于 A 点的相对极坐标
指定下一点或 [放弃(U)]: @15<90✓      //输入 C 点相对于 B 点的相对极坐标
指定下一点或 [闭合(C)/放弃(U)]: @25<180✓      //输入 D 点相对于 C 点的相对极坐标
指定下一点或 [闭合(C)/放弃(U)]: c✓      //闭合矩形
```

AutoCAD 在状态栏的左侧动态显示光标所在位置的实时坐标，默认情况下，显示的坐标为绝对直角坐标，用户可以根据自己的需要更改坐标的显示。更改坐标显示形式由系统变量 Coords 来控制，当 Coords=1 时，状态栏动态显示光标的绝对直角坐标；当 Coords=2 时，未执行命令时，动态显示光标的绝对直角坐标，执行命令时，动态显示与上一点的相对极坐标；当 Coords=0 时，坐标灰显，仅当指定点时才会更新定点设备的绝对坐标。

直接单击状态栏的坐标，Coords 将在 0 和 2 之间切换，也可以在命令行中利用 Coords 命令修改系统变量值。

3.2　对　象　捕　捉

在绘图过程中，常常需要在一些特殊的几何点之间连线，例如通过圆心、线段中点或端点等。理论上，所有的点都可以通过输入坐标值来精确定位，但是，对于大多数点来说，计算其坐标工作繁琐、工作量大。此时，可以利用对象捕捉功能来实现。对象捕捉是将指定的点限制在现有对象的特定位置上，如中点、圆心、交点等。对象捕捉的前提，是必须有已经绘制好的图形对象。

对象捕捉功能的开启和关闭可以通过单击状态栏中的"对象捕捉"按钮□来实现，也可以通过快捷键 F3 来实现。对象捕捉的模式可以通过"草图设置"对话框中的"对象捕捉"选项卡来设置，如图 3-6 所示。

打开"对象捕捉"选项卡的方法如下。

- 状态栏：在"对象捕捉"按钮上单击鼠标右键，从快捷菜单中选择"设置"命令。
- 命令：Osnap。
- 简化命令：Os。
- 命令：Dsettings，选择"对象捕捉"选项卡。
- 简化命令：Ds，选择"对象捕捉"选项卡。

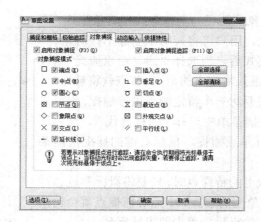

图 3-6　对象捕捉的设置

在"对象捕捉"选项卡中，可以设置的捕捉类型如下。

● 端点：捕捉到圆弧、椭圆弧、直线、多行、多段线线段、样条曲线、面域或射线最近的端点，或捕捉宽线、实体或三维面域的最近角点。

● 中点：捕捉到圆弧、椭圆、椭圆弧、直线、多行、多段线线段、面域、实体、样条曲线或参照线的中点。

● 圆心：捕捉到圆弧、圆、椭圆或椭圆弧的中心。

● 节点：捕捉到点对象、标注定义点或标注文字原点。

● 象限点：捕捉到圆弧、圆、椭圆或椭圆弧的象限点。

● 交点：捕捉到圆弧、圆、椭圆、椭圆弧、直线、多行、多段线、射线、面域、样条曲线或参照线的交点；如果同时打开"交点"和"外观交点"执行对象捕捉，可能会得到不同的结果；"交点"和"延伸交点"不能与三维实体的边或角点一起使用。

● 延长线：当光标经过对象的端点时，显示临时延长线或圆弧，以便用户在延长线或圆弧上指定点；在透视视图中进行操作时，不能沿圆弧或椭圆弧的延伸线进行追踪。

● 插入点：捕捉到属性、块、形或文字的插入点。

● 垂足：捕捉圆弧、圆、椭圆、椭圆弧、直线、多线、多段线、射线、面域、实体、样条曲线或构造线的垂足；当正在绘制的对象需要捕捉多个垂足时，将自动打开"递延垂足"捕捉模式。

● 切点：捕捉到圆弧、圆、椭圆、椭圆弧或样条曲线的切点。当正在绘制的对象需要捕捉多个垂足时，将自动打开"递延垂足"捕捉模式。可以使用"递延切点"来绘制与圆弧、多段线圆弧或圆相切的直线或构造线。

● 最近点：捕捉到圆弧、圆、椭圆、椭圆弧、直线、多行、点、多段线、射线、样条曲线或参照线的最近点。

● 外观交点：捕捉不在同一平面，但在当前视图中看起来可能相交的两个对象的视觉交点。

● 平行线：将直线段、多段线线段、射线或构造线限制为与其他线性对象平行。指定线性对象的第一点后，再指定平行对象捕捉。与在其他对象捕捉模式中不同，用户可以将光标和悬停移至其他线性对象，直到获得角度。然后，将光标移回正在创建的对象。如果对象的路径与上一个线性对象平行，则会显示对齐路径，用户可将其用于创建平行对象。

设置完成对象捕捉模式后，当选择"启动对象捕捉"后，在绘制图形时，一旦光标进入特定点的范围，该点就将被捕捉。

如果绘图过程中仅需要对一个特定的点进行捕捉，也可以通过单击鼠标右键，在快捷菜单中选择"捕捉替代"，然后选择相应的捕捉功能，进行单点捕捉。鼠标右键的捕捉快捷菜单如图 3-7 所示。

当需要捕捉一个对象上的特殊点时，只要将鼠标靠近该对象，不断按 Tab 键，该对象上的端点、中点等捕捉点就会轮换进行显示，出现需要捕捉的点后，单击即可捕捉到。

图 3-7　"捕捉替代"快捷菜单

3.3　正交与极轴

正交和极轴都是为了准确追踪一定的角度而使用的绘图工具，不同之处在于，"正交"仅能追踪到水平和竖直方向的角度，而极轴可以追踪任意方向的角度。

3.3.1　正交

在 AutoCAD 中，开启正交模式后，光标将仅能在水平和竖直方向上移动。移动光标时，AutoCAD 将就近捕捉到 X 轴或 Y 轴。在同样的位置上，开启正交模式和未开启正交模式所绘制图形的区别如图 3-8 所示。

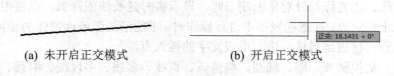

(a) 未开启正交模式　　　　　　　(b) 开启正交模式

图 3-8　正交模式

控制正交模式的开启与关闭的方法如下。

- 状态栏：以鼠标单击"正交"按钮 。
- 快捷键：F8 键。
- 命令：Ortho。

3.3.2　极轴

开启"极轴"功能后，在绘图命令执行过程中，当光标接近设置好的极轴角度时，AutoCAD将捕捉至该极轴角度，并出现极轴角度方向线，如图 3-9 所示。

控制极轴功能开启与关闭的方法如下。

- 状态栏：以鼠标单击"极轴"按钮 。

● 快捷键：F10 键。

极轴的角度可以在"草图设置"对话框内的"极轴追踪"选项卡中进行设置，如图 3-10 所示。

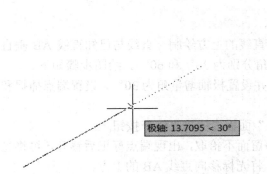

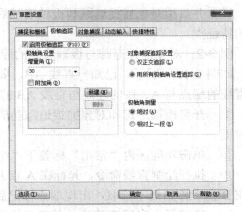

图 3-9　使用"极轴"功能　　　　　　图 3-10　极轴追踪的设置

调用"极轴追踪"选项卡的方法如下。

● 在状态栏的"极轴"按钮 上单击鼠标右键，从快捷菜单中选择"设置"命令。

● 命令：Dsettings，选择"极轴追踪"选项卡。

● 简化命令：Ds，选择"极轴追踪"选项卡。

在"极轴追踪"选项卡中，在"极轴角设置"选项区域内的"增量角"下拉列表中，选择一个极轴追踪增量角后，AutoCAD 将在增量角的整数倍处显示极轴追踪线。对于列表中不存在的增量角，也可以直接在下拉列表框内输入。如果极轴增量角度无法满足绘图需要，也可以以附加角的形式来设置单独的极轴角。勾选"附加角"复选框后，单击"新建"按钮，在列表框内输入角度值即可。附加角与增量角不同，只有被设置的单个附加角才会被追踪，而附加角的整数倍的角度处将不会被追踪。

在"对象捕捉追踪设置"选项区域内，有"仅正交追踪"和"用所有极轴角设置追踪"两个选项，其中，前者代表当对象捕捉追踪打开时，仅显示已获得的对象捕捉点的正交(水平/垂直)对象捕捉追踪路径；后者代表将极轴追踪设置应用于对象捕捉追踪。使用对象捕捉追踪时，光标将从获取的对象捕捉点起，沿极轴对齐角度进行追踪。

在"极轴角测量"选项区域内，有"绝对"和"相对上一级"两个选项，其中，前者代表根据当前用户坐标系(UCS)确定极轴追踪角度；后者代表根据上一个绘制线段确定极轴追踪角度。

3.4　对 象 追 踪

对象追踪指的是沿着基于对象捕捉点的对齐路径进行追踪，已获取的点将显示一个小加号"+"，一次最多可以获取 7 个追踪点，可以按住 Shift 键，单击鼠标右键，来选取临时追踪点。获取点之后，沿追踪方向移动鼠标时，可以看到一条虚线，即追踪路径，捕捉点就位于追踪路径上。

对象追踪功能的开启和关闭可以通过单击状态栏中的"对象捕捉追踪"按钮☑来实现，也可以通过快捷键 F11 来实现。对象追踪路线的角度可以通过"极轴追踪"选项卡设置。

设置并启用对象捕捉追踪和极轴追踪后，在绘制图形时，可以不做辅助线，直接生成相关的特征点。

例 3-2：对象捕捉追踪与极轴追踪的应用。

如图 3-11(a)所示，已知一直线 AB，要在直线的上方绘制一直线与已知直线 AB 垂直，且直线的端点与 A、B 的连线与直线 AB 的夹角分别为 30°和 60°。绘图步骤如下。

① 开启极轴追踪和对象捕捉追踪功能，并设置极轴增量角为 30°，设置端点捕捉和垂足捕捉。

② 单击功能区内"常用"标签下"绘图"面板内的"直线"按钮╱。

③ 执行绘制直线命令，光标在 A 点上停留而不拾取，出现端点标记后移开，再将光标放在 B 点上停留而不拾取，出现端点标记后，将光标移向直线 AB 的上方。

④ 待屏幕上出现追踪线，并在光标附近的工具栏中显示交点的坐标为"端点<30°，端点<120°"时，如图 3-11(b)所示，拾取该点作为直线的起点。

⑤ 向直线 AB 方向移动光标，以捕捉垂足点，作为直线的端点，完成直线的绘制，如图 3-11(c)所示。

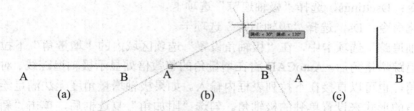

图 3-11 对象捕捉追踪与极轴追踪的应用

3.5 捕捉模式与栅格显示

捕捉工具和栅格工具是 AutoCAD 中常用的绘图辅助工具，用来辅助进行点的选择，以提高绘图的准确性。

3.5.1 栅格显示

栅格是点或线的矩阵，遍布在用户定义的图形界限内，使用栅格类似于在图形下放置一张坐标纸，利用栅格，可以对齐对象并直观显示对象之间的距离。

栅格显示功能的开启和关闭可以通过单击状态栏中的"栅格显示"按钮▦来实现，也可以通过快捷键 F7 来实现。"栅格显示"后的绘图界面如图 3-12 所示。

栅格的捕捉间距和栅格间距可以由用户根据绘图需要进行相关的设置，栅格的设置在"草图设置"对话框中的"捕捉和栅格"选项卡内完成。用户可以在状态栏内的"栅格显示"

按钮▦上单击鼠标右键，选择"设置"命令，将会出现栅格设置界面，如图 3-13 所示。

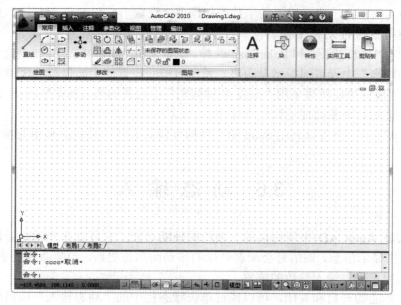

图 3-12　栅格显示

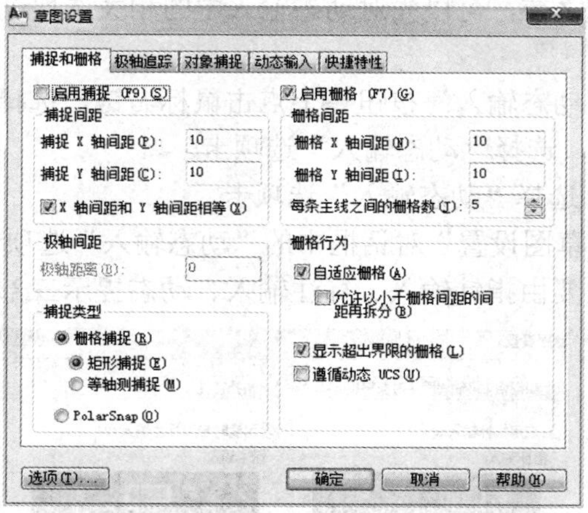

图 3-13　栅格显示的设置界面

在"栅格 X 轴间距"和"栅格 Y 轴间距"框中输入栅格间距。默认情况下，X、Y 方向的栅格间距会自动设置成相同的数值，用户可以根据需要去更改。

在 AutoCAD 中，也可以利用 Grid 命令对栅格显示的开、关状态和相关参数进行设置。

3.5.2　捕捉模式

捕捉工具的作用是准确地定位到设置的捕捉间距点上，捕捉工具的开启和关闭可以通过单击状态栏中的"捕捉模式"按钮▦来实现，也可以通过快捷键 F9 或 Ctrl+B 来实现。

捕捉设置与栅格设置，同样位于"草图设置"对话框中的"捕捉和栅格"选项卡内，如

图 3-13 所示。选取"启用捕捉"复选框打开捕捉工具，在"捕捉 X 轴间距"和"捕捉 Y 轴间距"框中输入间距，一般是栅格的倍数或相同值；选取"X 和 Y 间距相等"复选框，将强制捕捉间距使用相同的 X 和 Y 值。

捕捉类型有"栅格捕捉"和 PolarSnap 两种，默认采用"栅格捕捉"。如果选中 PolarSnap，需要在"极轴距离"中设置捕捉增量距离，系统将按照设置的距离倍数沿极轴方向捕捉。如果该值为 0，则极轴捕捉距离采用"捕捉 X 轴间距"中设置的值。通常情况下，"极轴距离"设置与极坐标追踪和对象捕捉追踪结合使用。

在 AutoCAD 中，也可以利用 Snap 命令对捕捉模式的开、关状态和相关参数进行设置。

3.6 动 态 输 入

动态输入是 AutoCAD 中所提供的一项绘图辅助功能，它可以在光标附近提供一个工具提示窗口，用来显示信息，该信息会随着光标的移动而动态更新，当某命令处于活动状态时，工具提示将为用户提供输入参数的位置。

动态输入功能的开启和关闭，可以通过单击状态栏中的"动态输入"按钮 ✛ 来实现，也可以通过快捷键 F12 来实现。

在启动动态输入功能之前，可以先对动态输入中的相关选项进行设置，设置动态输入功能的方法如下。

● 从状态栏：在"动态输入"按钮 ✛ 上点击鼠标右键，选择"设置"菜单命令。
● 命令：Dsettings，选择"动态输入"选项卡。
● 简化命令：Ds，选择"动态输入"选项卡。

执行命令后，弹出"草图设置"对话框中的"动态输入"选项卡，如图 3-14 所示，从图中可以看出，动态输入主要由指针输入、标注输入、动态提示三部分组成。

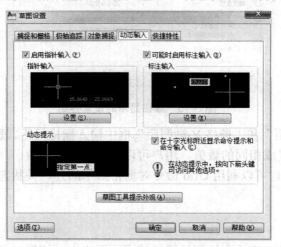

图 3-14 "动态输入"的设置

1．指针输入

当启用指针输入并且有命令在执行时，十字光标的位置将在光标附近的工具提示框中显示坐标。用户可以直接在工具提示框中输入坐标值，而不必在命令行中输入。执行任何绘图命令后，指针输入的第一个点为绝对直角坐标，之后的点默认设置为相对极坐标，可在工具栏内直接输入相对极坐标的值，而无须输入"@"符号。如果需要使用绝对坐标，则应使用"#"符号作为前缀。

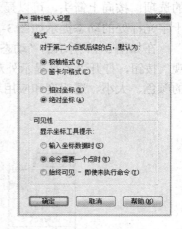

使用 Tab 键或逗号，可以在多个工具栏提示中切换。当提示"指定下一点"时，如果输入第一个数值后输入逗号，则接下来输入的值为 Y 坐标值；如果输入第一个数值后按下 Tab 键，则接下来输入的值为极坐标中的角度值。

在如图 3-14 所示的"动态输入"选项卡的"指针输入"选项组内单击"设置"按钮，打开"指针输入设置"对话框，如图 3-15 所示。在此对话框中，可以修改坐标的默认格式，以及控制指针输入工具的显示方式。

图 3-15　"指针输入设置"对话框

2．标注输入

启用标注输入后，当命令提示输入第二点时，工具提示框将显示距离和角度值，并且距离值和角度值将随着光标的移动而改变。可以在工具提示框内输入距离或角度值，按 Tab 键可以移动到需要更改的值。

标注输入可以用于绘制圆、圆弧、椭圆、直线、多段线等绘图命令，在使用夹点拉伸对象或创建新对象时，标注输入仅显示锐角，即所有角度均小于或等于 90°。创建对象时，指定的角度需要根据光标位置决定角度的正方向。

在如图 3-14 所示的"动态输入"选项卡"标注输入"选项组内单击"设置"按钮，打开"标注输入的设置"对话框，如图 3-16 所示。在此对话框中，主要可以修改夹点拉伸时每次显示的标注输入字段数。

图 3-16　"标注输入的设置"对话框

3. 动态提示

启用动态提示时，提示会显示在光标附近的工具提示框中，用户可以直接在工具提示框中输入命令的选项，而无须在命令行中查看和输入选项。按向下箭头，可以查看和选择相应的选项；按向上箭头，可以显示最近的输入。例如，在对多段线进行编辑时，执行命令后，十字光标处的动态提示如图 3-17 所示。

在如图 3-14 所示的"动态输入"选项卡的"动态提示"选项组内单击"草图工具提示外观"按钮，打开"工具提示外观"对话框，如图 3-18 所示。在此对话框中，可以对动态提示的颜色、大小、透明度和应用场合等方面进行设置。

图 3-17　动态提示

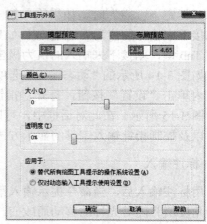

图 3-18　"工具提示外观"对话框

第4章　平面图形的绘制

AutoCAD 能够完成机械、建筑、测绘等领域所有复杂图形的绘制。无论多复杂的图形，都是由若干个图形单元所构成的，都可以将其分解为点、直线、圆、多边形等最基本的二维图形。AutoCAD 中提供了功能强大的图形绘制功能，主要绘图命令的快捷按钮集成在功能区"常用"选项卡的"绘图"面板中，如图 4-1 所示。

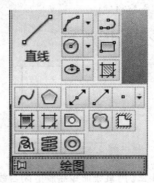

图 4-1　"绘图"面板

4.1　绘　制　直　线

"直线"命令用于绘制直线段，所绘制的直线段既可以是单一的一条直线段，也可以是连续的直线段，还可以将第一条线段和最后一条线段连接起来，形成闭合的多边形。

执行"直线"命令的方法如下。

● 功能区："常用"选项卡→"绘图"面板→ 按钮。
● AutoCAD 经典模式菜单："绘图"→"直线"。
● 命令：Line。
● 简化命令：L。

【命令执行步骤】

(1) 调用命令。

(2) 命令行提示"指定第一点"。输入直线的起点坐标或以鼠标在屏幕上选点，也可以直接按 Enter 键，此时，将从前一个操作结束的点开始绘制直线。

(3) 命令行提示"指定下一点或[放弃(U)]"。指定直线的下一个端点；输入"U"，则放弃执行命令。

(4) 命令行提示"指定下一点或[闭合(C)/放弃(U)]"。指定直线的下一个端点；输入"C"则与第一条直线段的起点连接，形成闭合的多边形；输入"U"则放弃前一段已经绘制的直线段，多次输入"U"则按绘制次序的逆序逐个删除线段。

(5) 结束命令。直接按 Enter 键或 Esc 键，或单击鼠标右键，选择"确认"菜单命令。

例 4-1：绘制闭合直线段。

```
命令: line↙        //输入"直线"命令
指定第一点: 500,400↙      //输入绝对直角坐标，指定起点
指定下一点或 [放弃(U)]: 700,400↙      //输入绝对直角坐标，给定第 2 点
指定下一点或 [放弃(U)]: @0,200↙      //输入相对直角坐标，给定第 3 点
指定下一点或 [闭合(C)/放弃(U)]: @100<180↙      //输入相对极坐标，给定第 4 点
指定下一点或 [闭合(C)/放弃(U)]: @0,-100↙      //输入相对直角坐标，给定第 5 点
指定下一点或 [闭合(C)/放弃(U)]: 100↙   //启用极轴追踪并向左拖动鼠标后，输入距离值，给定第 6 点
指定下一点或 [闭合(C)/放弃(U)]: C↙      //闭合图形
(注: 本书中"↙"代表按 Enter 键或空格键)
```

命令执行完成后，绘制的图形如图 4-2 所示。

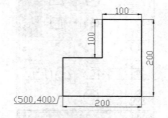

图 4-2 用直线命令绘制的闭合线段

4.2 绘 制 圆

"圆"命令用来绘制圆形，AutoCAD 中提供了多种绘制圆的模式，包括"圆心，半径"、"圆心，直径"、"两点"、"三点"、"相切，相切，半径"和"相切，相切，相切"等六种模式，这些方法是执行"圆"命令后，根据命令行的提示输入选项而实现的。

执行"画圆"命令的方法如下。

● 功能区："常用"选项卡→"绘图"面板→⊘·按钮。

● AutoCAD 经典模式菜单："绘图"→"圆"。

● 命令：Circle。

● 简化命令：C。

1. 按照"圆心，半径"方式绘制圆

系统默认的绘制方式为指定圆心和半径的方式，也可以在"绘图"面板中单击⊘圆心，半径按钮执行此命令，此方式需要首先给定圆心坐标或以鼠标选定圆心点，然后指定圆的半径。

【命令执行步骤】

(1) 调用命令。

(2) 命令行提示"指定圆的圆心或[三点(3P)/两点(2P)/切点、切点、半径(T)]"。输入圆心的坐标或以鼠标在屏幕上选点。

(3) 命令行提示"指定圆的半径或[直径(D)]"。输入圆的半径。

例 4-2： 按照"圆心，半径"方式绘制圆。

```
命令: circle✓      //输入"画圆"命令
指定圆的圆心或 [三点(3P)/两点(2P)/切点、切点、半径(T)]: 300,500✓      //输入圆心坐标
指定圆的半径或 [直径(D)] <5.0000>: 50✓      //输入半径
```

命令执行完成后，绘制的图形如图 4-3(a)所示。

2. 按照"圆心，直径"方式绘制圆

该方式通过指定圆心和直径的方式绘制圆，可以利用"绘图"面板中的 ◯圆心,直径 按钮或在绘图命令执行过程中选择"直径"选项执行该命令。

【命令执行步骤】

(1) 调用命令。

(2) 命令行提示"指定圆的圆心或[三点(3P)/两点(2P)/切点、切点、半径(T)]"。输入圆心的坐标或以鼠标在屏幕上选点。

(3) 命令行提示"指定圆的半径或[直径(D)]"。输入"D"。

(4) 命令行提示"指定圆的直径"。输入圆的直径。

例 4-3： 按照"圆心，直径"方式绘制圆。

```
命令: circle✓      //输入"画圆"命令
指定圆的圆心或 [三点(3P)/两点(2P)/切点、切点、半径(T)]: 300,500✓      //输入圆心坐标
指定圆的半径或 [直径(D)] <50.0000>: d✓      //选择"直径"方式
指定圆的直径 <100.0000>: 100✓      //输入直径
```

命令执行完成后，绘制的图形如图 4-3(b)所示。

3. 按照"两点"方式绘制圆

该方式以给定的两点为直径绘制圆，可以利用"绘图"面板中的 ◯两点 按钮或在绘图命令执行过程中选择"两点"选项执行该命令。

【命令执行步骤】

(1) 调用命令。

(2) 命令行提示"指定圆的圆心或[三点(3P)/两点(2P)/切点、切点、半径(T)]"。输入"2P"选择以"两点"模式绘制圆。

(3) 命令行提示"指定圆直径的第一个端点"。指定第一点。

(4) 命令行提示"指定圆直径的第二个端点"。指定第二点。

例 4-4： 按照"两点"方式绘制圆。

```
命令: c✓      //输入"画圆"的简化命令
CIRCLE 指定圆的圆心或 [三点(3P)/两点(2P)/切点、切点、半径(T)]: 2p✓      //选择"两点"模式
指定圆直径的第一个端点: 250,500✓      //输入第一点坐标
指定圆直径的第二个端点: 100✓      //以鼠标向右拖动输入距离值，给定第二点
```

命令执行完成后，绘制的图形如图 4-3(c)所示。

4. 按照"三点"方式绘制圆

该方式是通过给定圆周上的三个点来绘制圆形，可以利用"绘图"面板中的 ⬭ 三点按钮或在绘图命令执行过程中选择"三点"选项执行该命令。

【命令执行步骤】

(1) 调用命令。

(2) 命令行提示"指定圆的圆心或[三点(3P)/两点(2P)/切点、切点、半径(T)]"。输入"3P"选择"三点"模式绘制圆。

(3) 命令行提示"指定圆上的第一个点"。指定第一点。

(4) 命令行提示"指定圆上的第二个点"。指定第二点。

(5) 命令行提示"指定圆上的第三个点"。指定第三点。

如果指定的三个点位于同一条直线上，即三点共线，则 AutoCAD 会提示"圆不存在"。

例 4-5：按照"三点"方式绘制圆。

```
命令: c↙      //输入"画圆"的简化命令
CIRCLE 指定圆的圆心或 [三点(3P)/两点(2P)/切点、切点、半径(T)]: 3p↙      //选择"三点"模式
指定圆上的第一个点:      //以鼠标定点
指定圆上的第二个点:      //以鼠标定点
指定圆上的第三个点:      //以鼠标定点
```

命令执行完成后，绘制的图形如图 4-3(d)所示。

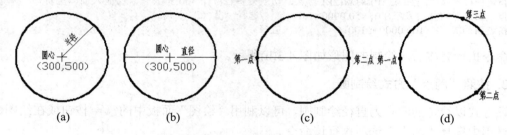

图 4-3　用不同方式绘制圆

5. 按照"相切，相切，半径"方式绘制圆

该方式是通过指定两个相切对象和半径来绘制圆，绘制的圆与指定对象的切点位置有关，有时会有多个圆符合指定的相切条件，此时，AutoCAD 会按照就近原则绘制符合条件的圆，使其切点与选定的距离最近。可以利用"绘图"面板中的 ⬭ 相切，相切，半径按钮或在绘图命令执行过程中选择"切点、切点、半径"选项来执行该命令。

【命令执行步骤】

(1) 调用命令。

(2) 命令行提示"指定圆的圆心或[三点(3P)/两点(2P)/切点、切点、半径(T)]"。输入"T"选择以"切点、切点、半径"模式绘制圆。

(3) 命令行提示"指定对象与圆的第一个切点"。在已有的对象上需要的切点位置用鼠标定点。

(4) 命令行提示"指定对象与圆的第二个切点"。在另一个对象上需要的切点位置用鼠

标定点。

(5) 命令行提示"指定圆的半径"。输入所绘圆的半径。

如果按照指定的切点位置和圆的半径无法绘制满足条件的圆，则 AutoCAD 会提示"圆不存在"。

例 4-6：按照"相切，相切，半径"方式绘制圆。

```
命令: c↙      //输入"画圆"的简化命令
CIRCLE 指定圆的圆心或 [三点(3P)/两点(2P)/切点、切点、半径(T)]: t↙ //选择"切点、切点、半径"
模式
指定对象与圆的第一个切点:      //在图 4-4 三角形右侧边的适当位置用鼠标定点
指定对象与圆的第二个切点:      //在图 4-4 小圆形左侧弧线的适当位置用鼠标定点
指定圆的半径 <50.0000>: 50↙    //输入圆的半径
```

命令执行完成后，绘制的图形如图 4-4 所示。

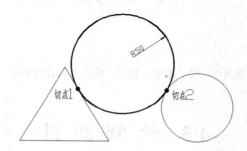

图 4-4　用"相切，相切，半径"方式绘制圆

6. 按照"相切，相切，相切"方式绘制圆

该方式是通过指定三个对象来创建与这三个对象均相切的圆，当不止一个圆符合指定的条件时，系统会根据就近原则绘制其切点与选定点距离最近的相切圆。可以利用"绘图"面板中的 ⊙ 相切, 相切, 相切 按钮，或在绘制圆命令执行过程中选择"三点"选项然后指定三个切点来执行该命令。

当利用 ⊙ 相切, 相切, 相切 按钮来执行命令时，AutoCAD 会直接提示选择切点；而当选择"三点"选项来绘制圆时，在每次指定点之前，需要先输入"tan"然后再指定切点位置。在 AutoCAD中，指定点之前输入"tan"，系统将自动捕捉切点。tan 不仅用于以"相切，相切，相切"模式绘制圆，同样适用于绘制圆、圆弧、椭圆等对象的切线。

【命令执行步骤】

(1) 调用命令。

(2) 命令行提示"指定圆的圆心或[三点(3P)/两点(2P)/切点、切点、半径(T)]"：输入"3P"以选择"三点"模式绘制圆。

(3) 命令行提示"指定圆上的第一个点"。输入"tan"，然后指定第一点。

(4) 命令行提示"指定圆上的第二个点"。输入"tan"，然后指定第二点。

(5) 命令行提示"指定圆上的第三个点"：输入"tan"，然后指定第三点。

如果按照指定的三个切点无法绘制满足条件的圆，则 AutoCAD 会提示"圆不存在"。

例 4-7：按照"相切，相切，相切"方式绘制圆。

命令: c↙　　//输入"画圆"的简化命令
CIRCLE 指定圆的圆心或 [三点(3P)/两点(2P)/切点、切点、半径(T)]: 3p↙　　//选择"三点"模式
指定圆上的第一个点: tan↙　　//切换至输入切点模式
到　　//在图 4-5 三角形右侧边的适当位置用鼠标定点
指定圆上的第二个点: tan↙　　//切换至输入切点模式
到　　//在图 4-5 小圆形左侧弧的适当位置用鼠标定点
指定圆上的第三个点: tan↙　　//切换至输入切点模式
到　　//在图 4-5 直线的适当位置用鼠标定点

命令执行完成后，绘制的图形如图 4-5 所示。

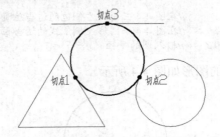

图 4-5　用"相切，相切，相切"方式绘制圆

4.3　绘　制　圆　弧

　　"圆弧"命令用来绘制圆弧，AutoCAD 中提供了多种绘制圆弧的模式，包括"三点"、"起点，圆心，端点"、"起点，圆心，角度"、"起点，圆心，长度"、"起点，端点，角度"、"起点，端点，方向"、"起点，端点，半径"、"圆心，起点，端点"、"圆心，起点，角度"、"圆心，起点，长度"和"连续"等 11 种模式，这些模式可以通过在"圆弧"命令执行过程中根据命令行的提示输入选项而实现，也可以通过功能区"圆弧"按钮 的下拉列表选择相应模式而实现。"圆弧"按钮的下拉列表如图 4-6 所示，用户可以根据需要，在下拉列表中选择相应的绘制圆弧的方式。

　　执行"圆弧"命令的方法如下。

- 功能区："常用"选项卡→"绘图"面板→ 按钮。
- AutoCAD 经典模式菜单：绘图→圆弧。
- 命令：Arc。
- 简化命令：A。

　　以下以采用"圆弧"命令绘制圆弧的方法为例，介绍各种绘制圆弧的操作方法。

图 4-6　"圆弧"按钮的下拉列表

1. 以"三点"方式绘制圆弧

"三点"方式通过指定圆弧上的三个点来绘制圆弧，其中，第一个点作为圆弧的起点，第二个点作为圆弧上的任意一点，第三个点作为圆弧的端点。

【命令执行步骤】

(1) 调用命令。

(2) 命令行提示"指定圆弧的起点或[圆心(C)]"。输入圆弧起点的坐标或以鼠标选点。

(3) 命令行提示"指定圆弧的第二个点或[圆心(C)/端点(E)]"。输入圆弧上任意一点的坐标或以鼠标选点。

(4) 命令行提示"指定圆弧的端点"。输入圆弧端点的坐标或以鼠标选点。

2. 以"起点，圆心，端点"方式绘制圆弧

"起点，圆心，端点"方式通过指定圆弧起点、圆心和端点来绘制圆弧，圆弧的半径利用起点和圆心来确定，而端点仅确定圆弧结束的方向，即圆弧大多数的情况下并不通过端点。生成的圆弧默认是从起点开始按逆时针方向顺序来绘制。

【命令执行步骤】

(1) 调用命令。

(2) 命令行提示"指定圆弧的起点或[圆心(C)]"。输入圆弧起点的坐标或以鼠标选点。

(3) 命令行提示"指定圆弧的第二个点或[圆心(C)/端点(E)]"。输入"C"选择"圆心"模式。

(4) 命令行提示"指定圆弧的圆心"。输入圆弧圆心的坐标或以鼠标选点。

(5) 命令行提示"指定圆弧的端点或[角度(A)/弦长(L)]"。输入圆弧端的坐标或以鼠标选点，用来确定圆弧终点的方向。

3. 以"起点，圆心，角度"方式绘制圆弧

"起点，圆心，角度"方式通过指定圆弧的起点、圆心和圆弧对应的圆心角角度，来绘制圆弧，圆弧的半径利用起点和圆心来确定，圆弧的另一个端点通过指定的圆心角来确定。角度输入值为正时，从起点开始按逆时针方向绘制圆弧；角度输入值为负时，从起点开始按顺时针方向绘制圆弧。

【命令执行步骤】

(1) 调用命令。

(2) 命令行提示"指定圆弧的起点或[圆心(C)]"。输入圆弧起点的坐标或以鼠标选点。

(3) 命令行提示"指定圆弧的第二个点或[圆心(C)/端点(E)]"。输入"C"选择"圆心"模式。

(4) 命令行提示"指定圆弧的圆心"。输入圆弧圆心的坐标或以鼠标选点。

(5) 命令行提示"指定圆弧的端点或[角度(A)/弦长(L)]"。输入"A"选择"弦角"模式。

(6) 命令行提示"指定包含角"。输入角度。

4. 以"起点，圆心，长度"方式绘制圆弧

"起点，圆心，长度"方式通过指定圆弧的起点、圆心和圆弧对应的弦长来绘制圆弧，

圆弧的半径利用起点和圆心来确定，圆弧的另一个端点通过指定的弦长来确定。

【命令执行步骤】

(1) 调用命令。

(2) 命令行提示"指定圆弧的起点或[圆心(C)]"。输入圆弧起点的坐标或以鼠标选点。

(3) 命令行提示"指定圆弧的第二个点或[圆心(C)/端点(E)]"。输入"C"选择"圆心"模式。

(4) 命令行提示"指定圆弧的圆心"。输入圆弧圆心的坐标或以鼠标选点。

(5) 命令行提示"指定圆弧的端点或[角度(A)/弦长(L)]"。输入"L"选择"弦长"模式。

(6) 命令行提示"指定弦长"。输入长度。

5. 以"起点，端点，角度"方式绘制圆弧

"起点，端点，角度"方式通过指定圆弧的起点、端点以及起点与端点的半径方向之间的夹角绘制圆弧，利用圆弧端点之间的夹角确定圆弧的圆心和半径。

【命令执行步骤】

(1) 调用命令。

(2) 命令行提示"指定圆弧的起点或[圆心(C)]"。输入圆弧起点的坐标或以鼠标选点。

(3) 命令行提示"指定圆弧的第二个点或[圆心(C)/端点(E)]"。输入"E"选择"端点"模式。

(4) 命令行提示"指定圆弧的端点"。输入圆弧端点的坐标或以鼠标选点。

(5) 命令行提示"指定圆弧的圆心或[角度(A)/方向(D)/半径(R)]"。输入"A"选择"角度"模式。

(6) 命令行提示"指定包含角"。输入起点与端点半径方向之间的夹角。

6. 以"起点，端点，方向"方式绘制圆弧

"起点，端点，方向"方式通过指定圆弧的起点、端点和起点的切向绘制圆弧，起点的切向可以通过在所需切线上指定一个点或输入角度来确定。

【命令执行步骤】

(1) 调用命令。

(2) 命令行提示"指定圆弧的起点或[圆心(C)]"。输入圆弧起点的坐标或以鼠标选点。

(3) 命令行提示"指定圆弧的第二个点或[圆心(C)/端点(E)]"。输入"E"选择"端点"模式。

(4) 命令行提示"指定圆弧的端点"。输入圆弧端点的坐标或以鼠标选点。

(5) 命令行提示"指定圆弧的圆心或[角度(A)/方向(D)/半径(R)]"。输入"D"选择"方向"模式。

(6) 命令行提示"指定圆弧的起点切向"。以鼠标确定切线方向或输入角度值。

7. 以"起点，端点，半径"方式绘制圆弧

"起点，端点，半径"方式通过指定圆弧的起点、端点和半径绘制圆弧，当输入的半径为正数时，绘制劣弧；当输入的半径为负数时，绘制优弧。

【命令执行步骤】

(1) 调用命令。

(2) 命令行提示"指定圆弧的起点或[圆心(C)]"。输入圆弧起点的坐标或以鼠标选点。

(3) 命令行提示"指定圆弧的第二个点或[圆心(C)/端点(E)]"。输入"E"选择"端点"模式。

(4) 命令行提示"指定圆弧的端点"。输入圆弧端点的坐标或以鼠标选点。

(5) 命令行提示"指定圆弧的圆心或[角度(A)/方向(D)/半径(R)]"。输入"R"选择"半径"模式。

(6) 命令行提示"指定圆弧的半径"。输入圆弧的半径。

8. 以"圆心，起点，端点"方式绘制圆弧

"圆心，起点，端点"方式通过指定圆心位置、起点位置和端点位置来绘制圆弧。圆弧将从起点开始，沿逆时针方向绘制到端点。

【命令执行步骤】

(1) 调用命令。

(2) 命令行提示"指定圆弧的起点或[圆心(C)]"。输入"C"选择"圆心"模式。

(3) 命令行提示"指定圆弧的圆心"。输入圆弧圆心的坐标或以鼠标选点。

(4) 命令行提示"指定圆弧的起点"。输入圆弧起点的坐标或以鼠标选点。

(5) 命令行提示"指定圆弧的端点或[角度(A)/弦长(L)]"。输入圆弧端点的坐标或以鼠标选点。

9. 以"圆心，起点，角度"方式绘制圆弧

"圆心，起点，角度"方式通过指定圆心位置、起点位置和圆弧所对应的圆心角来绘制圆弧。输入角度为正数时，从起点开始沿逆时针方向绘制圆弧；输入角度为负数时，从起点开始沿顺时针方向绘制圆弧。

【命令执行步骤】

(1) 调用命令。

(2) 命令行提示"指定圆弧的起点或[圆心(C)]"。输入"C"选择"圆心"模式。

(3) 命令行提示"指定圆弧的圆心"。输入圆弧圆心的坐标或以鼠标选点。

(4) 命令行提示"指定圆弧的起点"。输入圆弧起点的坐标或以鼠标选点。

(5) 命令行提示"指定圆弧的端点或[角度(A)/弦长(L)]"。输入"A"选择"角度"模式。

(6) 命令行提示"指定包含角"。输入圆心角的角度值。

10. 以"圆心，起点，长度"方式绘制圆弧

"圆心，起点，长度"方式通过指定圆心位置、起点位置和圆弧对应的弦长绘制圆弧。当输入的弦长为正数时，绘制劣弧；当输入的弦长为负数时，绘制优弧。

【命令执行步骤】

(1) 调用命令。

(2) 命令行提示"指定圆弧的起点或[圆心(C)]"。输入"C"选择"圆心"模式。

(3) 命令行提示"指定圆弧的圆心"。输入圆弧圆心的坐标或以鼠标选点。

(4) 命令行提示"指定圆弧的起点"：输入圆弧起点的坐标或以鼠标选点。

(5) 命令行提示"指定圆弧的端点或[角度(A)/弦长(L)]"：输入"L"选择"弦长"模式。

(6) 命令行提示"指定弦长"：输入弦的长度。

11. 以"连续"方式绘制圆弧

以"连续"方式绘制圆弧，是使新绘制的圆弧相切于上一次绘制的直线或圆弧。其余选项与前 10 种绘制方式相同。

例 4-8：以多种方式绘制圆弧。

```
//利用"起点，端点，半径"方式画圆弧 AbB
命令：a↙   //输入"圆弧"的简化命令
ARC 指定圆弧的起点或 [圆心(C)]：300,500↙   //输入起点坐标
指定圆弧的第二个点或 [圆心(C)/端点(E)]：e↙   //选择"端点"模式
指定圆弧的端点：100↙   //以鼠标向右拖动，输入 100，确定端点位置
指定圆弧的圆心或 [角度(A)/方向(D)/半径(R)]：r↙   //选择"半径"模式
指定圆弧的半径：80↙   //输入圆弧半径
//利用"圆心，起点，端点"方式画圆弧 AaB
命令：a↙   //输入"圆弧"的简化命令
ARC 指定圆弧的起点或 [圆心(C)]：c↙   //选择"圆心"模式
指定圆弧的圆心：350,500↙   //输入圆心坐标
指定圆弧的起点：   //以鼠标选择 A 点
指定圆弧的端点或 [角度(A)/弦长(L)]：a↙   //选择"角度"模式
指定包含角：180↙   //输入角度值
//利用"起点，端点，方向"方式画圆弧 AcB
命令：a↙   //输入"圆弧"的简化命令
ARC 指定圆弧的起点或 [圆心(C)]：   //以鼠标选择 B 点
指定圆弧的第二个点或 [圆心(C)/端点(E)]：e↙   //选择"端点"模式
指定圆弧的端点：   //以鼠标选择 A 点
指定圆弧的圆心或 [角度(A)/方向(D)/半径(R)]：d↙   //选择"方向"模式
指定圆弧的起点切向：145↙   //输入方向值
```

命令执行完成后，绘制的图形如图 4-7 所示。

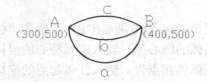

图 4-7　以多种方式绘制圆弧

4.4　绘制多段线

多段线是由多个直线段和圆弧段组成的一个独立对象，同一个多段线中的各个直线段或圆弧段可以具有不同的宽度。

执行"多段线"命令的方法如下。

- 功能区："常用"选项卡→"绘图"面板→□按钮。
- AutoCAD 经典模式菜单：绘图→多段线。
- 命令：Pline。
- 简化命令：Pl。

【命令执行步骤】

(1) 调用命令。

(2) 命令行提示"指定起点"。输入起点的坐标或以鼠标选点。

(3) 命令行提示"指定下一个点或[圆弧(A)/半宽(H)/长度(L)/放弃(U)/宽度(W)]"。根据需要，指定下一个点或输入相应的选项。

(4) 命令行提示"指定下一点或[圆弧(A)/闭合(C)/半宽(H)/长度(L)/放弃(U)/宽度(W)]"。根据需要，继续指定下一个点，或输入相应的选项。

(5) 按 Enter 键或鼠标右键或 Esc 键结束命令。

命令执行过程中，各选项的含义如下。

- 圆弧(A)：切换至"圆弧"模式，绘制圆弧段，将弧线段添加到多段线中，之后，命令行将提示绘制圆弧的选项，并可切换回"直线段"模式。
- 宽度(W)：设置多段线的宽度，可以分别输入不同的起始宽度和终止宽度。
- 半宽(H)：设置多段线的半宽度，只需要输入所需宽度的一半。
- 闭合(C)：当绘制两条以上的直线段或圆弧段之后，可以利用此选项封闭多段线。
- 长度(L)：在与前一段相同的角度方向上绘制指定长度的直线段。
- 放弃(U)：取消已经绘制的前一段直线段或弧线段，可以多次输入"U"依次取消已经绘制好的多段线。

例 4-9：利用多段线绘制图形。

```
命令: pline↙    //输入"多段线"命令
指定起点:    //以鼠标拾取 A 点
当前线宽为 0.0000    //系统提示当前线宽
指定下一个点或 [圆弧(A)/半宽(H)/长度(L)/放弃(U)/宽度(W)]: @100,0↙  //利用相对直角坐标绘制 B 点
指定下一点或 [圆弧(A)/闭合(C)/半宽(H)/长度(L)/放弃(U)/宽度(W)]: @25<90↙    //利用相对极坐标
绘制 C 点
指定下一点或 [圆弧(A)/闭合(C)/半宽(H)/长度(L)/放弃(U)/宽度(W)]: 20↙    //以鼠标向左拖动输入距
离值确定 D 点
指定下一点或 [圆弧(A)/闭合(C)/半宽(H)/长度(L)/放弃(U)/宽度(W)]: a↙    //切换至"圆弧"模式
指定圆弧的端点或[角度(A)/圆心(CE)/闭合(CL)/方向(D)/半宽(H)/直线(L)/半径(R)/第二个点(S)/放弃(U)/
宽度(W)]: r↙    //选择输入圆弧半径
指定圆弧的半径: 30↙    //指定圆弧的半径
指定圆弧的端点或 [角度(A)]: @-60,0↙    //利用相对极坐标确定圆弧的端点 E
指定圆弧的端点或[角度(A)/圆心(CE)/闭合(CL)/方向(D)/半宽(H)/直线(L)/半径(R)/第二个点(S)/放弃(U)/
宽度(W)]: L↙    //切换至"直线"模式
指定下一点或 [圆弧(A)/闭合(C)/半宽(H)/长度(L)/放弃(U)/宽度(W)]: @-20,0↙    //利用相对极坐标确
定 F 点
指定下一点或 [圆弧(A)/闭合(C)/半宽(H)/长度(L)/放弃(U)/宽度(W)]: c↙    //闭合多段线
```

绘制完成后的图形如图 4-8 所示。

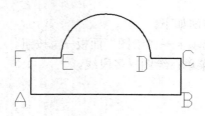

图 4-8　利用多段线绘制图形

例 4-10：利用多段线绘制带有线宽属性的图形。

```
命令: pl↙     //输入"多段线"的简化命令
PLINE 指定起点:     //以鼠标拾取 A 点
当前线宽为 0.0000     //系统提示当前线宽
指定下一个点或 [圆弧(A)/半宽(H)/长度(L)/放弃(U)/宽度(W)]: w↙     //设置线宽
指定起点宽度 <0.0000>:↙     //直接按 Enter 键,设置起点宽度为默认的 0
指定端点宽度 <0.0000>: 8↙     //设置端点宽度为 8
指定下一个点或 [圆弧(A)/半宽(H)/长度(L)/放弃(U)/宽度(W)]: 100↙     //以鼠标向左拖动输入距离
值确定 B 点
指定下一点或 [圆弧(A)/闭合(C)/半宽(H)/长度(L)/放弃(U)/宽度(W)]: w↙     //设置线宽
指定起点宽度 <8.0000>:↙     //直接按 Enter 键,设置起点宽度为默认的 8
指定端点宽度 <8.0000>: 16↙     //设置端点宽度为 16
指定下一点或 [圆弧(A)/闭合(C)/半宽(H)/长度(L)/放弃(U)/宽度(W)]: a↙     //切换至"圆弧"模式
指定圆弧的端点或[角度(A)/圆心(CE)/闭合(CL)/方向(D)/半宽(H)/直线(L)/半径(R)/第二个点(S)/放弃(U)/
宽度(W)]: @0,-60↙     //利用相对极坐标绘制圆弧,确定圆弧端点 C
指定圆弧的端点或[角度(A)/圆心(CE)/闭合(CL)/方向(D)/半宽(H)/直线(L)/半径(R)/第二个点(S)/放弃(U)/
宽度(W)]: l↙     //切换至"直线"模式
指定下一点或 [圆弧(A)/闭合(C)/半宽(H)/长度(L)/放弃(U)/宽度(W)]: w↙     //设置线宽
指定起点宽度 <5.0000>: 8↙     //设置起点宽度为 8
指定端点宽度 <8.0000>:↙     //设置端点宽度为默认的 8
指定下一点或 [圆弧(A)/闭合(C)/半宽(H)/长度(L)/放弃(U)/宽度(W)]: 25↙     //以鼠标向右拖动输入距离
值确定 D 点
指定下一点或 [圆弧(A)/闭合(C)/半宽(H)/长度(L)/放弃(U)/宽度(W)]: w↙     //设置线宽
指定起点宽度 <0.0000>: 30↙     //设置起点宽度为 30
指定端点宽度 <30.0000>: 0↙     //设置端点宽度为 0
指定下一点或 [圆弧(A)/闭合(C)/半宽(H)/长度(L)/放弃(U)/宽度(W)]: @25,0↙ //利用相对直角坐标确定
E 点
指定下一点或 [圆弧(A)/闭合(C)/半宽(H)/长度(L)/放弃(U)/宽度(W)]: ↙     //按 Enter 键结束命令
```

绘制完成后的图形如图 4-9 所示。

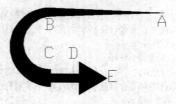

图 4-9　利用多段线绘制带有线宽属性的图形

4.5　绘　制　点

绘制"点"命令能够绘制单点。

4.5.1　设置点的样式

AutoCAD 中，默认点对象以一个极小的圆点来显示，在屏幕中，特别是在复杂的图形中无法清晰显示，因此，需要在绘图之前对点样式进行设置。

执行"设置点样式"命令的方法如下。

- 功能区："常用"选项卡→"实用工具"面板→ 📝 点样式... 按钮。
- AutoCAD 经典模式菜单：格式→点样式。
- 命令：Ddptype。

执行命令后，AutoCAD 弹出"点样式"对话框，如图 4-10 所示。在对话框中可以选择点的样式，也可以设置点的大小。设置点的大小有两种方法，即相对于屏幕设置大小和按绝对单位设置大小，如果设置为前者，当进行缩放时，点的显示大小并不改变；如果设置为后者，则点为固定尺寸，当缩放时，点的大小也会随之变化。

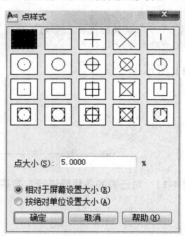

图 4-10　"点样式"对话框

4.5.2　绘制单点和多点

执行"点"命令的方法如下。

- 功能区："常用"选项卡→"绘图"面板→ ⁚ 按钮。
- AutoCAD 经典模式菜单：绘图→点。
- 命令：Point。
- 简化命令：Po。

执行命令后，输入待绘点的坐标或以鼠标定点，即可在指定位置上绘制点，"点"命令默认可以连续绘制点。

4.5.3 定数等分

定数等分是指创建沿对象的长度或周长等间隔排列的点对象或块。

执行"定数等分"命令的方法如下。

- 功能区："常用"选项卡→"绘图"面板→ 定数等分 按钮。
- AutoCAD 经典模式菜单：绘图→点→定数等分。
- 命令：Divide。
- 简化命令：Div。

【命令执行步骤】

(1) 调用命令。

(2) 命令行提示"选择要定数等分的对象"。以鼠标点选要等分的对象。

(3) 命令行提示"输入线段数目或[块(B)]"。输入等分的数目，如果选择"块(B)"，则会在等分点处插入已有的块。

定数等分命令执行后，会在等分点处绘制点，而并不会打断原有的对象。

例 4-11：对已有的多段线进行定数等分。

```
命令: div↙      //输入"定数等分"的简化命令
DIVIDE 选择要定数等分的对象：      //以鼠标选择已有的多段线
输入线段数目或 [块(B)]: 6↙      //输入等分数目
```

绘制完成后的图形如图 4-11 所示。

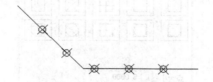

图 4-11 对已有的多段线进行定数等分

4.5.4 定距等分

定距等分，是指沿着对象的长度或周长，按指定的间隔创建点对象或块，依数目等间距地创建点。

执行"定距等分"命令的方法如下。

- 功能区："常用"选项卡→"绘图"面板→ 定距等分 按钮。
- AutoCAD 经典模式菜单：绘图→点→定距等分。
- 命令：Measure。
- 简化命令：Me。

【命令执行步骤】

(1) 调用命令。

(2) 命令行提示"选择要定距等分的对象"。以鼠标点选要等分的对象。

(3) 命令行提示"指定线段长度或[块(B)]"。输入等分的长度，如果选择"块(B)"则会在等分点处插入已有的块。

对于未封闭的对象，定距等分时，以与选择目标时拾取点较近的一端作为起始点；对于闭合的多段线，定距等分的起点就是多段线的起点；对于圆，定距等分的起点是以圆心为起点、当前捕捉角度为方向的捕捉路径与圆的交点。

与定数等分一样，定距等分命令执行后会在等分点处绘制点，而并不会打断原有的对象。

例 4-12：对已有的多段线进行定距等分。

```
命令: me↙          //输入"定距等分"的简化命令
MEASURE 选择要定距等分的对象:      //以鼠标选择已有的多段线
指定线段长度或 [块(B)]: 60↙      //输入等分距离
```

绘制完成后的图形如图 4-12 所示。

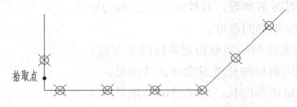

图 4-12　对已有的多段线进行定距等分

4.6　绘 制 矩 形

"矩形"命令是根据指定的矩形的两个对角点来创建矩形，也可以指定矩形的面积和长度或面积和宽度值来创建矩形。默认情况下，AutoCAD 所绘制的矩形与 X 轴和 Y 轴平行。创建矩形的过程中，还可以根据要求设置圆角、倒角、标高、厚度和宽度等，所创建的矩形是单独的一个对象。

执行"矩形"命令的方法如下。

● 功能区："常用"选项卡→"绘图"面板→□按钮。

● AutoCAD 经典模式菜单：绘图→矩形。

● 命令：Rectang。

● 简化命令：Rec。

1. 绘制标准矩形

【命令执行步骤】

(1) 调用命令。

(2) 命令行提示"指定第一个角点或[倒角(C)/标高(E)/圆角(F)/厚度(T)/宽度(W)]"。输入第一个角点的坐标或以鼠标定点。

(3) 命令行提示"指定另一个角点或[面积(A)/尺寸(D)/旋转(R)]"。输入对角点的坐标或以鼠标定点。

绘制的标准矩形如图 4-13 所示。

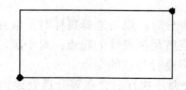

图 4-13　标准矩形

命令执行过程中，所提示的各参数含义如下。

- 倒角(C)：设置倒角参数，并绘制具有倒角的矩形。
- 标高(E)：指定矩形的标高。
- 圆角(F)：设置圆角参数，并绘制具有倒角的矩形。
- 厚度(T)：指定矩形的厚度。
- 宽度(W)：为要绘制的矩形指定多段线的宽度。
- 面积(A)：使用面积与长度或宽度创建矩形。
- 尺寸(D)：指定矩形的长、宽值绘制矩形。
- 旋转(R)：将创建的矩形旋转指定的角度。

2. 绘制具有倒角的矩形

【命令执行步骤】

(1) 调用命令。

(2) 命令行提示"指定第一个角点或[倒角(C)/标高(E)/圆角(F)/厚度(T)/宽度(W)]"。输入"C"选择"倒角"模式。

(3) 命令行提示"指定矩形的第一个倒角距离"。输入第一个倒角的距离。

(4) 命令行提示"指定矩形的第二个倒角距离"。输入第二个倒角的距离。

(5) 指定矩形的对角点，绘制具有倒角的矩形。

其中，两个倒角的距离是按照顺时针方向为序，两个倒角距离可以相同，也可以不同，但是两个倒角的距离之和不能超过矩形最小边的边长。

例 4-13：绘制具有倒角的矩形。

```
命令: rec↙      //输入"矩形"的简化命令
RECTANG 指定第一个角点或 [倒角(C)/标高(E)/圆角(F)/厚度(T)/宽度(W)]: c↙ //设置倒角
指定矩形的第一个倒角距离 <0.0000>: 3↙      //设置第一个倒角距离
指定矩形的第二个倒角距离 <3.0000>: 5↙      //设置第二个倒角距离
指定第一个角点或 [倒角(C)/标高(E)/圆角(F)/厚度(T)/宽度(W)]: //以鼠标确定矩形的第一个角点
指定另一个角点或 [面积(A)/尺寸(D)/旋转(R)]: @50,30↙ //用相对直角坐标指定矩形的对角点
```

绘制完成后的图形如图 4-14 所示。

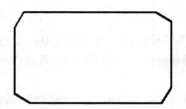

图 4-14　具有倒角的矩形

3. 绘制具有圆角的矩形

【命令执行步骤】

(1)　调用命令。

(2)　命令行提示"指定第一个角点或[倒角(C)/标高(E)/圆角(F)/厚度(T)/宽度(W)]"。输入"F"选择"圆角"模式。

(3)　命令行提示"指定矩形的圆角半径"。设置圆角的半径。

(4)　指定矩形的对角点，绘制具有圆角的矩形。

其中，圆角的半径不能超过矩形最小边的一半。

例 4-14：绘制具有圆角的矩形。

```
命令: rec↙        //输入"矩形"的简化命令
RECTANG 指定第一个角点或 [倒角(C)/标高(E)/圆角(F)/厚度(T)/宽度(W)]: f↙    //设置圆角
指定矩形的圆角半径 <0.0000>: 3↙        //设置圆角半径
指定第一个角点或 [倒角(C)/标高(E)/圆角(F)/厚度(T)/宽度(W)]: //以鼠标确定矩形的第一个角点
指定另一个角点或 [面积(A)/尺寸(D)/旋转(R)]: @15,10↙ //用相对直角坐标指定矩形的对角点
```

绘制完成后的图形如图 4-15 所示。

图 4-15　具有圆角的矩形

4. 根据面积绘制矩形

根据面积绘制矩形实质上是根据矩形的面积和一条边的长度来绘制矩形，需要注意的是，如果矩形设置了倒角或圆角，则面积为倒角矩形或圆角矩形的实际面积，即矩形原角点与倒角或圆角之间的面积不计入矩形的面积。

【命令执行步骤】

(1)　调用命令。

(2)　命令行提示"指定第一个角点或[倒角(C)/标高(E)/圆角(F)/厚度(T)/宽度(W)]"。指定矩形的角点。

(3)　命令行提示"指定另一个角点或[面积(A)/尺寸(D)/旋转(R)]"。输入"A"选择"面

积"模式。

(4) 命令行提示"输入以当前单位计算的矩形面积"。输入矩形的面积。

(5) 命令行提示"计算矩形标注时依据[长度(L)/宽度(W)]"。选择输入的距离值作为长度还是宽度。

(6) 命令行提示"输入矩形长度(或宽度)"。给定矩形的已知边长。

例 4-15：根据面积绘制矩形。

```
命令: rectang↙    //输入"矩形"命令
指定第一个角点或 [倒角(C)/标高(E)/圆角(F)/厚度(T)/宽度(W)]: f↙        //"圆角"模式
指定矩形的圆角半径 <0.0000>: 3↙        //设置圆角半径
指定第一个角点或 [倒角(C)/标高(E)/圆角(F)/厚度(T)/宽度(W)]:        //以鼠标确定矩形的角点
指定另一个角点或 [面积(A)/尺寸(D)/旋转(R)]: a↙        //根据"面积"绘制矩形
输入以当前单位计算的矩形面积 <100.0000>: 150↙        //输入矩形的面积
计算矩形标注时依据 [长度(L)/宽度(W)] <长度>:↙        //默认输入矩形的长度
输入矩形长度 <10.0000>: 15↙        //输入矩形的长度
```

绘制完成后的图形如图 4-16 所示。

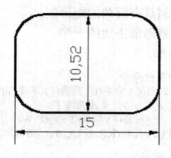

图 4-16　根据面积绘制矩形

5. 根据尺寸绘制矩形

根据尺寸绘制矩形是通过指定矩形的长和宽绘制矩形。

【命令执行步骤】

(1) 调用命令。

(2) 命令行提示"指定第一个角点或[倒角(C)/标高(E)/圆角(F)/厚度(T)/宽度(W)]"。指定矩形的角点。

(3) 命令行提示"指定另一个角点或[面积(A)/尺寸(D)/旋转(R)]"。输入"D"选择"尺寸"模式。

(4) 命令行提示"输入以当前单位计算的矩形面积"。输入矩形的面积。

(5) 命令行提示"计算矩形标注时依据[长度(L)/宽度(W)]"。选择输入的距离值作为长度还是宽度。

例 4-16：根据尺寸绘制矩形。

```
命令: rectang↙    //输入"矩形"命令
指定第一个角点或 [倒角(C)/标高(E)/圆角(F)/厚度(T)/宽度(W)]:        //以鼠标确定矩形的角点
指定另一个角点或 [面积(A)/尺寸(D)/旋转(R)]: r↙        //设置矩形的旋转角度
指定旋转角度或 [拾取点(P)] <0>: 45↙        //设置矩形的旋转角度为45°
指定另一个角点或 [面积(A)/尺寸(D)/旋转(R)]: d↙        //根据"尺寸"绘制矩形
```

指定矩形的长度 <200.0000>: 200↙　　//设定矩形长度为 200
指定矩形的宽度 <100.0000>: 100↙　　//设定矩形宽度为 100
指定另一个角点或 [面积(A)/尺寸(D)/旋转(R)]:　　//以鼠标指定矩形另一角点的方向

绘制完成后的图形如图 4-17 所示。

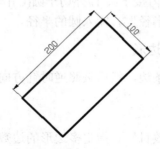

图 4-17　根据尺寸绘制矩形

4.7　绘制正多边形

AutoCAD 中可以创建正 3~1024 边形，所绘制的正多边形是一个独立对象。所绘制的多边形以圆形为参照，采用内接或外切的形式绘制，两种形式的多边形如图 4-18 所示。

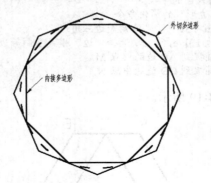

图 4-18　内接多边形与外切多边形

执行"多边形"命令的方法如下。

● 功能区："常用"选项卡→"绘图"面板→⬠按钮。
● AutoCAD 经典模式菜单：绘图→正多边形。
● 命令：Polygon。
● 简化命令：Pol。

1. 通过指定中心点和圆半径绘制正多边形

此方法需要给定多边形的中心点和内接圆或外切圆的半径。
【命令执行步骤】
(1) 调用命令。

(2) 命令行提示"输入边的数目"。指定多边形的边数。

(3) 命令行提示"指定正多边形的中心点或[边(E)]"。给定正多边形的中心点，即内接圆或外切圆的圆心。

(4) 命令行提示"输入选项[内接于圆(I)/外切于圆(C)]"。选择内接圆或外切圆模式。

(5) 命令行提示"指定圆的半径"。输入圆的半径。

2. 通过指定一条边绘制正多边形

此方法需要给定多边形的一条边，然后按照逆时针方向绘制多边形。

【命令执行步骤】

(1) 调用命令。

(2) 命令行提示"输入边的数目"。指定多边形的边数。

(3) 命令行提示"指定正多边形的中心点或[边(E)]"。输入"E"选择"边"模式。

(4) 命令行提示"指定边的第一个端点"。指定边的起点。

(5) 命令行提示"指定边的第二个端点"。指定边的第二个点。

例 4-17：绘制正六边形和等边三角形。

```
命令: polygon↙     //输入"正多边形"命令
输入边的数目 <6>:↙     //绘制正六边形
指定正多边形的中心点或 [边(E)]:     //在屏幕上指定正多边形的中心点
输入选项 [内接于圆(I)/外切于圆(C)] <I>:     //直接按 Enter 键，默认采用内接圆的模式绘制
指定圆的半径: 100↙     //输入圆的半径
命令: pol↙     //输入"正多边形"的简化命令
POLYGON 输入边的数目 <6>: 3↙     //绘制等边三角形
指定正多边形的中心点或 [边(E)]: e↙     //选择"边"模式绘制等边三角形
指定边的第一个端点:     //捕捉到 AB 边的中点 M
指定边的第二个端点:     //捕捉到 CD 边的中点 N
```

绘制完成后的图形如图 4-19 所示。

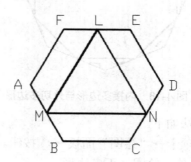

图 4-19　绘制正六边形和等边三角形

4.8　绘制椭圆和椭圆弧

在 AutoCAD 中，可利用"椭圆"命令绘制椭圆和椭圆弧，绘制椭圆和椭圆弧主要有两种方法，即"圆心"方式和"轴、端点"方式。绘制的椭圆长短轴默认与 X、Y 坐标轴平行。

执行"椭圆"命令的方法如下。

● 功能区："常用"选项卡→"绘图"面板→ ⊙· 按钮。
● AutoCAD 经典模式菜单：绘图→椭圆。
● 命令：Ellipse。
● 简化命令：El。

1. 通过"圆心"方式绘制椭圆

【命令执行步骤】

(1) 调用命令。

(2) 命令行提示"指定椭圆的中心点"。输入中心点坐标或以鼠标选点。

(3) 命令行提示"指定轴的端点"。输入椭圆任意一个轴的端点。

(4) 命令行提示"指定另一条半轴长度或[旋转(R)]"。指定给出另一个半轴的长度或指定另一个轴的端点。

选项中的"旋转(R)"是指以给定的椭圆轴为直径画圆，并将此圆在空间中绕椭圆轴旋转指定角度，旋转后的圆投影至绘图平面，即得所绘制的椭圆。

2. 通过"轴，端点"方式绘制椭圆

【命令执行步骤】

(1) 调用命令。

(2) 命令行提示"指定椭圆的轴端点"。指定椭圆任一轴的端点。

(3) 命令行提示"指定轴的另一个端点"。指定该轴的另一端点。

(4) 命令行提示"指定另一条半轴长度或[旋转(R)]"。给出另一半轴的长度。

例 4-18：绘制椭圆。

```
命令: ellipse↙      //输入"椭圆"命令，绘制虚线椭圆
指定椭圆的轴端点或 [圆弧(A)/中心点(C)]:      //以鼠标拾取虚线椭圆的轴端点 A
指定轴的另一个端点:@20<45↙      //用相对极坐标指定虚线椭圆同一轴的另一个轴端点 B
指定另一条半轴长度或 [旋转(R)]: 3↙      //指定另一半轴长度为 3
命令: ellipse↙      //输入"椭圆"命令，绘制实线椭圆
指定椭圆的轴端点或 [圆弧(A)/中心点(C)]: c↙      //输入"C"选择"中心点"模式
指定椭圆的中心点:      //以鼠标捕捉两个椭圆的公共中心"O"
指定轴的端点:@10<315↙      //利用相对极坐标指定实线椭圆的端点 C
指定另一条半轴长度或 [旋转(R)]: 3↙      //给定实线椭圆的另一半轴长度
```

绘制完成后的图形如图 4-20 所示。

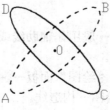

图 4-20　绘制椭圆

3. 绘制椭圆弧

利用绘制椭圆的命令也可以绘制椭圆弧，绘制椭圆弧的方法是首先根据参数绘制椭圆，然后指定起始角度和终止角度，按照逆时针方向在椭圆上截取椭圆弧。

【命令执行步骤】

(1) 调用绘制椭圆的命令。

(2) 绘制椭圆。

(3) 命令行提示"指定起始角度或[参数(P)]"。指定椭圆弧开始的位置。

(4) 命令行提示"指定终止角度或[参数(P)/包含角度(I)]"。指定椭圆弧终止的位置。

输入角度时，以绘制椭圆时首先指定的轴端点为零方向，按照逆时针方向为正。

例 4-19：绘制椭圆弧。

```
命令: ellipse↙      //输入"椭圆"命令，绘制左侧椭圆弧
指定椭圆的轴端点或 [圆弧(A)/中心点(C)]: a↙      //选择"绘制椭圆弧"模式
指定椭圆弧的轴端点或 [中心点(C)]: 500,1000↙      //给定左侧椭圆轴端点 A 的坐标
指定轴的另一个端点: @30,0↙      //用相对直角坐标确定轴的另一个端点 B
指定另一条半轴长度或 [旋转(R)]: 5↙      //指定另一个半轴的长度
指定起始角度或 [参数(P)]: 270↙      //给定椭圆弧的起始角度
指定终止角度或 [参数(P)/包含角度(I)]: 180↙      //给定椭圆弧的终止角度
命令: ellipse↙      //输入"椭圆"命令，绘制右侧椭圆弧
指定椭圆的轴端点或 [圆弧(A)/中心点(C)]: a↙      //选择"绘制椭圆弧"模式
指定椭圆弧的轴端点或 [中心点(C)]:      //以鼠标拾取 B 点，确定右侧椭圆轴的起点
指定轴的另一个端点: 30↙      //鼠标向右拖动输入距离，确定右侧椭圆轴的另一个端点 C
指定另一条半轴长度或 [旋转(R)]: 5↙      //指定另一个半轴的长度
指定起始角度或 [参数(P)]: 0↙      //给定椭圆弧的起始角度
指定终止角度或 [参数(P)/包含角度(I)]: i↙      //选择"包含角度"模式
指定弧的包含角度 <180>: 270↙      //给定椭圆弧包含的角度值
```

绘制完成后的图形如图 4-21 所示。

图 4-21　绘制椭圆弧

4.9　绘制构造线

构造线是两端无限延伸的直线，一般用作辅助线或者布置图形位置。

执行"构造线"命令的方法如下。

● 功能区："常用"选项卡→"绘图"面板→按钮。

● AutoCAD 经典模式菜单：绘图→构造线。

● 命令：Xline。

● 简化命令：Xl。

【命令执行步骤】

(1) 调用"构造线"命令。

(2) 命令行提示"指定点或[水平(H)/垂直(V)/角度(A)/二等分(B)/偏移(O)]"。根据需要选择相应的绘制构造线的方法，各种方法的含义如下。

- 指定点：即两点法，通过指定两个点来确定方向，在此方向上向两侧无限延伸，形成构造线。
- 水平(H)：通过指定点创建一条平行于 X 轴的构造线。
- 垂直(V)：通过指定点创建一条平行于 Y 轴的构造线。
- 角度(A)：以按照指定的角度和通过的点创建一条构造线，默认情况下，该角度为构造线与 X 轴之间的夹角，按逆时针方向为正，也可以以已有的构造线为参照，创建与其成指定夹角的构造线，夹角仍然以逆时针方向为正。
- 二等分(B)：指定角的顶点、起点和端点，创建一条构造线，使其通过角的顶点，并对角进行平分。
- 偏移(O)：创建平行于已有直线对象的构造线，构造线的位置利用指定的偏移距离或指定的通过点来确定。

例 4-20：用不同方法绘制构造线。

```
命令: xline↙    //输入"构造线"命令
指定点或 [水平(H)/垂直(V)/角度(A)/二等分(B)/偏移(O)]: h↙    //输入"h"，选择"水平"模式
指定通过点：    //指定 A 点，绘制出构造线 AB

命令: xline↙    //输入"构造线"命令
指定点或 [水平(H)/垂直(V)/角度(A)/二等分(B)/偏移(O)]: v↙    //输入"v"，选择"垂直"模式
指定通过点：    //指定 A 点，绘制出构造线 AC

命令: xline↙    //输入"构造线"命令
指定点或 [水平(H)/垂直(V)/角度(A)/二等分(B)/偏移(O)]: b↙    //输入"b"，选择"二等分"模式
指定角的顶点：    //指定 A 点
指定角的起点：@0,50↙    //利用相对直角坐标指定 C 点
指定角的端点：@50<0↙    //利用相对极坐标指定 B 点，绘制出构造线 AD

命令: xline↙    //输入"构造线"命令
指定点或 [水平(H)/垂直(V)/角度(A)/二等分(B)/偏移(O)]: a↙    //输入"a"，选择"角度"模式
输入构造线的角度 (0) 或 [参照(R)]: r↙    //输入"r"，选择"参照"模式
选择直线对象：    //以鼠标选择构造线 AD
输入构造线的角度 <0>: 30↙    //指定与构造线 AD 成30°夹角
指定通过点：    //以鼠标捕捉到 A 点，绘制出构造线 AE

命令: xline↙    //输入"构造线"命令
指定点或 [水平(H)/垂直(V)/角度(A)/二等分(B)/偏移(O)]: o↙    //输入"o"，选择"偏移"模式
指定偏移距离或 [通过(T)] <50.0000>: 50↙    //指定偏移距离为 50
选择直线对象：    //以鼠标选择构造线 AB
指定向哪侧偏移：    //以鼠标点击 AB 直线上方任意处，绘制出构造线 CD
选择直线对象：    //以鼠标选择构造线 AC
指定向哪侧偏移：    //以鼠标点击 AC 直线右方任意处，绘制出构造线 BD
```

绘制完成后的图形如图 4-22 所示。

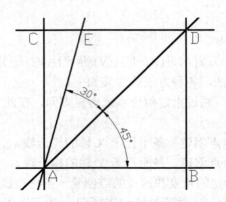

图 4-22　用不同方法绘制构造线

4.10　绘　制　射　线

射线是起始于一点并向一个方向无限延伸的直线。

执行"射线"命令的方法如下。

● 功能区："常用"选项卡→"绘图"面板→ ✐ 按钮。

● AutoCAD 经典模式菜单：绘图→射线。

● 命令：Ray。

【命令执行步骤】

(1) 调用"射线"命令。

(2) 命令行提示"指定起点"。给出射线的起点。

(3) 命令行提示"指定通过点"。给出射线方向上的任意一点。

例 4-21：绘制射线。

```
命令: ray↙        //输入"射线"命令
指定起点: 100,200↙       //输入起点 A 的坐标
指定通过点:200,200↙      //通过坐标值绘制射线 AB
指定通过点: @100<45↙     //通过相对极坐标绘制射线 AC
指定通过点: @20,100↙     //通过相对直角坐标绘制射线 AD
```

绘制完成后的图形如图 4-23 所示。

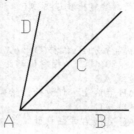

图 4-23　绘制射线

4.11　绘　制　多　线

多线是由一组平行线所构成的一个整体的对象，在 AutoCAD 中，多线可由 1~16 条平行线组成，多线中的每一条平行线被称为元素。

执行"多线"命令的方法如下。

- AutoCAD 经典模式菜单：绘图→多线。
- 命令：Mline。
- 简化命令：Ml。

1. 使用默认样式绘制多线

AutoCAD 中设置了默认的多线样式，默认的多线样式名为 STANDARD，由两条平行线组成，对正方式为"上"，比例为 20。

【命令执行步骤】

(1) 调用"多线"命令。

(2) 命令行提示"当前设置: 对正 = 上，比例 = 20.00，样式 = STANDARD"。提示默认样式的主要参数。

(3) 命令行提示"指定起点或[对正(J)/比例(S)/样式(ST)]"。给出多线的起点或对多线的样式进行修改。

(4) 命令行提示"指定下一点"。依次指定多线的转折点或端点。

对多线样式进行修改时，参数的含义如下。

- 对正(J)："对正"的类型有"上"、"无"、"下"三种，当类型为"上"时，绘图时，光标位于一组平行线中顺时针方向的最上方一条线；当类型为"下"时，绘图时，光标位于一组平行线中顺时针方向的最下方一条线；当类型为"无"时，绘图时，光标位于一组平行线的中间。
- 比例(S)："比例"用来控制多线的全局宽度，该比例不影响线型比例。多线样式中设置的宽度值与比例值相乘，即为多线的实际宽度。比例值可以为负值，负比例因子将翻转偏移线的次序。
- 样式(ST)：输入样式名称，可以调用已经设置好的多线样式。

例 4-22：利用默认样式绘制多线。

```
命令: ml↙    //输入"多线"的简化命令
MLINE 当前设置: 对正 = 上，比例 = 20.00，样式 = STANDARD    //提示当前样式设置
指定起点或 [对正(J)/比例(S)/样式(ST)]:    //以鼠标指定 A 点
指定下一点:  200↙    //以鼠标向右拖动，给出距离值，确定 B 点
指定下一点或 [放弃(U)]:  @200<120↙    //利用相对极坐标确定 B 点
指定下一点或 [闭合(C)/放弃(U)]: c↙    //闭合多线
```

绘制完成后的图形如图 4-24 所示。需要注意的是，由于按照 A→B→C→A 方向绘制此三角形，因此，内侧线条位于顺时针方向的上方，所以当"对正=上"时，光标确定内侧线条，指定的也为内侧线条的尺寸，外侧线条的尺寸根据所设置的多线宽度和比例值确定。

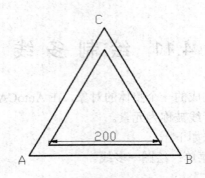

图 4-24　利用默认样式绘制多线

2. 设置多线样式

AutoCAD 默认的多线样式往往难以满足用户的需要，因此，在绘制多线之前，一般要根据需求，由用户自行对平行线数量、颜色、线型、间距、填充颜色、端点封口等多线的样式属性进行设置。

设置多线样式的方法如下。

● AutoCAD 经典模式菜单：格式→多线样式。

● 命令：Mlstyle。

执行命令后，弹出"多线样式"对话框，如图 4-25 所示。

图 4-25　"多线样式"对话框

对话框左侧列出了已有的所有多线样式，选中其中一个样式后，下方会出现该样式多线的预览。

3. 修改已有的多线样式

在图 4-25 所示的"多线样式"对话框中，选中已有的多线样式，然后单击"修改(M)"按钮，将出现"修改多线样式"对话框，如图 4-26 所示。根据需要对其中的选项进行设置。

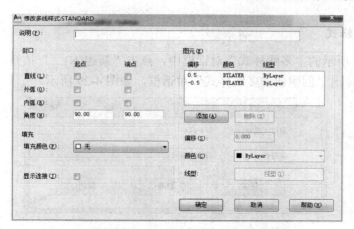

图 4-26　"修改多线样式"对话框

在"修改多线样式"对话框中，各参数的含义如下。

(1)　封口。

直线：将一组多线端点用直线连接，如图 4-27(a)所示；外弧：将多线最外端元素之间用圆弧连接，如图 4-27(b)所示；内弧：将除最外端元素外的多线其余元素以中心元素对称用圆弧顺次连接，如果元素为奇数，则不连接中心线，如图 4-27(c)所示；角度：指定端点封口的角度，例如设置为 45°，则端点封口如图 4-27(d)所示。

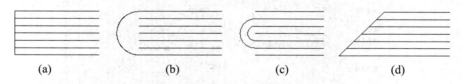

(a)　　　　　　　(b)　　　　　　　(c)　　　　　　　(d)

图 4-27　多线封口样式的设置

(2)　填充：设置多线背景填充颜色。

(3)　显示连接。选择"显示连接"后，一组多线每个转折点处将以直线的形式进行连接；未选择"显示连接"的效果如图 4-28(a)所示，选择"显示连接"的效果如图 4-28(b)所示。

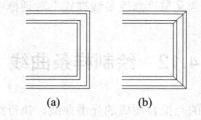

(a)　　　　　　(b)

图 4-28　多线"显示连接"设置

(4)　图元。

设置多线中每一个元素的位置、颜色和线型。

添加：在现有的元素数量上增加一个元素；删除：将选中的元素删除；偏移：设置元素的位置；颜色：设置元素的颜色；线型：设置元素的线型。

4. 新建多线样式

在如图 4-25 所示的"多线样式"对话框中，点击"新建(N)…"按钮，设置新的多线样式，系统将首先弹出"创建新的多线样式"对话框，如图 4-29 所示。

图 4-29   "创建新的多线样式"对话框

在"新样式名"文本框中输入新的样式名，例如"Example"，然后选择基础样式，单击"继续"按钮，将出现"新建多线样式"对话框，如图 4-30 所示。

图 4-30   "新建多线样式"对话框

对话框中默认的设置为先前所选择的"基础样式"设置，用户可以根据自己的需要对其进行修改与设置，其中的参数含义与"修改多线样式"对话框中的含义相同。

4.12   绘制样条曲线

样条曲线是由一系列离散的点拟合而成的光滑曲线。执行绘制"样条曲线"命令的方法如下。

- 功能区："常用"选项卡→"绘图"面板→⌇按钮。
- AutoCAD 经典模式菜单：绘图→样条曲线。
- 命令：Spline。
- 简化命令：Spl。

【命令执行步骤】

(1) 调用"样条曲线"命令。

(2) 命令行提示"指定第一个点或[对象(O)]"。给出样条曲线的起点，"对象"是指将二维或三维的二次或三次样条曲线拟合多段线转换成等效的样条曲线并删除多段线。

(3) 命令行提示"指定下一点或[闭合(C)/拟合公差(F)]<起点切向>"。给出样条曲线上的另一个点；"闭合"是指将最后绘制的点与样条曲线的起点连接，构成封闭的曲线；"拟合公差"用来修改拟合当前样条曲线的公差，根据新公差，以现有点重新定义样条曲线；"切向"用来确定样条曲线起点和终点的切线方向。

例 4-23：绘制样条曲线。

```
命令: spl↙       //输入"样条曲线"简化命令
SPLINE  指定第一个点或 [对象(O)]:        //以鼠标确定 A 点
指定下一点:       //以鼠标确定 B 点
指定下一点或 [闭合(C)/拟合公差(F)] <起点切向>:        //以鼠标确定 C 点
指定下一点或 [闭合(C)/拟合公差(F)] <起点切向>:        //以鼠标确定 D 点
指定下一点或 [闭合(C)/拟合公差(F)] <起点切向>:        //以鼠标确定 E 点
指定下一点或 [闭合(C)/拟合公差(F)] <起点切向>:        //以鼠标确定 A 点
指定起点切向:       //以鼠标选择相应的方向
指定端点切向:       //以鼠标选择相应的方向
```

绘制完成后的图形如图 4-31 所示。

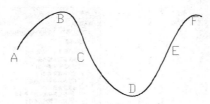

图 4-31　绘制样条曲线

4.13　绘 制 圆 环

AutoCAD 2010 中，提供了绘制圆环的功能，圆环分为"填充环"和"实体填充圆"两种，二者的区别如图 4-32 所示。

填充环　实体填充圆

图 4-32　填充环和实体填充圆

执行绘制"圆环"命令的方法如下。

● 功能区："常用"选项卡→"绘图"面板→◎按钮。

● AutoCAD 经典模式菜单：绘图→圆环。

● 命令：Donut。

● 简化命令：Do。

【命令执行步骤】

(1) 调用"圆环"命令。

(2) 命令行提示"指定圆环的内径"。给出圆环的内直径值，当内径值为 0 时，则绘制的即为实体填充圆。

(3) 命令行提示"指定圆环的外径"。给出圆环的外直径值。

(4) 命令行提示"指定圆环的中心点"：给出圆环的圆心位置。

默认情况下，绘制的圆环会进行实体填充。在 AutoCAD 中，可以利用系统变量 FILLMODE 控制圆环或其他宽多段线的填充量。当系统变量 FILLMODE=1 时，将对圆环和其他宽多段线等对象进行实体填充；当系统变量 FILLMODE=0 时，将不对圆环和其他宽多段线等对象进行实体填充。

在命令行直接输入"FILLMODE"，按 Enter 键后，将提示"输入 FILLMODE 的新值<1>:"，输入"0"，按 Enter 键，即设置为非填充。不进行实体填充的圆环如图 4-33 所示。

对实体填充的设置也可以通过"选项"对话框来进行，在"选项"对话框的"显示"选项卡中，选中"显示性能"下的"应用实体填充"复选框，表示实体填充模式处于打开状态，反之，实体填充模式则处于关闭状态，如图 4-34 所示。

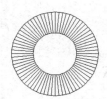

图 4-33　不进行实体填充的圆环

图 4-34　利用"选项"对话框设置实体填充

4.14　绘制修订云线

修订云线是由连续圆弧组成的多段线。用于在检查阶段提醒用户注意图形的某个部分。在检查或用红线圈阅图形时，可以使用修订云线功能亮显标记以提高工作效率。

执行"修订云线"命令的方法如下。

● 功能区："常用"选项卡→"绘图"面板→按钮。

● AutoCAD 经典模式菜单：绘图→修订云线。

● 命令：Revcloud。

【命令执行步骤】

(1) 调用"修订云线"命令。

(2) 命令行提示"指定起点或[弧长(A)/对象(O)/样式(S)]"。起点：采用默认云线设置进行绘制，并给出修订云线的起点；弧长：设置修订云线的最小弧长和最大弧长；对象：将选中的直线、多段线、圆弧等对象转换为修订云线；样式：设置修订云线的样式，有"普通"和"手绘"两种模式，如图 4-35 所示。

(3) 命令行提示"沿云线路径引导十字光标"。用鼠标控制在所需的云线路径上移动光标，AutoCAD 将按照先前设置的云线样式自动绘制修订云线，当鼠标移动到起点附近时，将自动闭合修订云线，并在命令行提示"修订云线完成"。

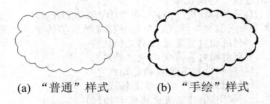

(a) "普通"样式　　　　(b) "手绘"样式

图 4-35　修订云线的样式

4.15　综 合 实 例

利用本章的绘图命令绘制如图 4-36 所示的运动场平面图。

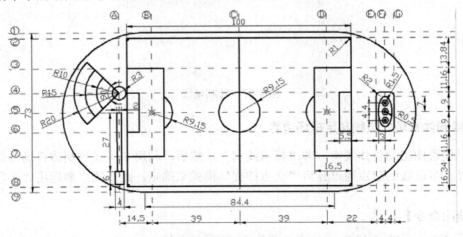

图 4-36　运动场平面图

参考绘图步骤如下。

1. 绘制轴线

根据尺寸绘制"九横五纵"轴线，并更改线型。此步骤主要运用"构造线"绘图命令。

【绘图命令】

```
命令: xl↙      //输入"构造线"的简化命令
XLINE 指定点或 [水平(H)/垂直(V)/角度(A)/二等分(B)/偏移(O)]: h↙      //选择"水平"模式
指定通过点:      //鼠标在屏幕上选点,确定轴线①
指定通过点: @0,-2.5↙      //利用相对直角坐标确定轴线②
指定通过点: @0,-13.84↙      //利用相对直角坐标确定轴线③
指定通过点: @0,-11.16↙      //利用相对直角坐标确定轴线④
指定通过点: @0,-9↙      //利用相对直角坐标确定轴线⑤
指定通过点: @0,-9↙      //利用相对直角坐标确定轴线⑥
指定通过点: @0,-11.16↙      //利用相对直角坐标确定轴线⑦
指定通过点: @0,-13.84↙      //利用相对直角坐标确定轴线⑧
指定通过点: @0,-2.5↙      //利用相对直角坐标确定轴线⑨
命令: xl↙      //输入"构造线"的简化命令
XLINE 指定点或 [水平(H)/垂直(V)/角度(A)/二等分(B)/偏移(O)]: v↙      //选择"垂直"模式
指定通过点:      //开启"中点捕捉"模式,用鼠标捕捉轴线⑤的中点,确定轴线ⓒ
指定通过点: @39,0↙      //利用相对直角坐标确定轴线ⓓ
指定通过点: @22,0↙      //利用相对直角坐标确定轴线ⓔ
指定通过点: @4,0↙      //利用相对直角坐标确定轴线ⓕ
指定通过点: @4,0↙      //利用相对直角坐标确定轴线ⓖ
指定通过点: @-108,0↙      //利用相对直角坐标确定轴线ⓑ
指定通过点: @-14.5,0↙      //利用相对直角坐标确定轴线ⓐ
```

绘制完成后,修改线型,绘制成果如图 4-37 所示。

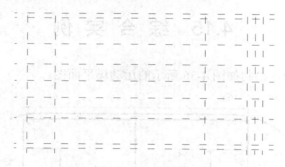

图 4-37   绘制轴线

2. 绘制体育场外边线和足球场边界

首先设置图层的整体线宽,并"显示线宽",然后,利用多段线绘制体育场外边线和足球场边界,多段线的起点通过开启"交点捕捉"模式来确定。此步骤主要运用"多段线"绘图命令。

【绘图命令】

```
命令: pl↙      //输入"多段线"的简化命令
PLINE 指定起点:      //开启"交点捕捉"模式,用鼠标捕捉轴线⑨和ⓒ的交点
指定下一个点或 [圆弧(A)/半宽(H)/长度(L)/放弃(U)/宽度(W)]: 42.2↙      //以鼠标水平向右确定方向,
输入距离,确定下方外边界的直线段终点
指定下一点或 [圆弧(A)/闭合(C)/半宽(H)/长度(L)/放弃(U)/宽度(W)]: a↙      //选择"圆弧"模式
指定圆弧的端点或[角度(A)/圆心(CE)/闭合(CL)/方向(D)/半宽(H)/直线(L)/半径(R)/第二个点(S)/放弃(U)/
宽度(W)]: @0,73↙      //利用相对直角坐标确定右侧圆弧的端点
指定圆弧的端点或[角度(A)/圆心(CE)/闭合(CL)/方向(D)/半宽(H)/直线(L)/半径(R)/第二个点(S)/放弃(U)/
宽度(W)]: l↙      //选择"直线"模式
```

指定下一点或 [圆弧(A)/闭合(C)/半宽(H)/长度(L)/放弃(U)/宽度(W)]: 84.4✓　　//以鼠标水平向左确定
方向，输入距离确定上方外边界的直线段终点
指定下一点或 [圆弧(A)/闭合(C)/半宽(H)/长度(L)/放弃(U)/宽度(W)]: a✓　　//选择"圆弧"模式
指定圆弧的端点或[角度(A)/圆心(CE)/闭合(CL)/方向(D)/半宽(H)/直线(L)/半径(R)/第二个点(S)/放弃(U)/
宽度(W)]: @0,-73✓　　//利用相对直角坐标确定左侧圆弧的端点
指定圆弧的端点或[角度(A)/圆心(CE)/闭合(CL)/方向(D)/半宽(H)/直线(L)/半径(R)/第二个点(S)/放弃(U)/
宽度(W)]: l✓　　//选择"直线"模式
指定下一点或 [圆弧(A)/闭合(C)/半宽(H)/长度(L)/放弃(U)/宽度(W)]: c✓　　//闭合多段线，完成体育场
外边界的绘制
命令: pl✓　　//输入"多段线"的简化命令
PLINE 指定起点:　　//开启"交点捕捉"模式，用鼠标捕捉轴线⑧和ⓒ的交点
指定下一个点或 [圆弧(A)/半宽(H)/长度(L)/放弃(U)/宽度(W)]: 50✓　　//以鼠标水平向右确定方向，输
入距离，确定足球场右下角点
指定下一点或 [圆弧(A)/闭合(C)/半宽(H)/长度(L)/放弃(U)/宽度(W)]: 68✓　　//以鼠标竖直向上确定方
向，输入距离，确定足球场右上角点
指定下一点或 [圆弧(A)/闭合(C)/半宽(H)/长度(L)/放弃(U)/宽度(W)]: 100✓　　//以鼠标水平向左确定
方向，输入距离，确定足球场左上角点
指定下一点或 [圆弧(A)/闭合(C)/半宽(H)/长度(L)/放弃(U)/宽度(W)]: 68✓　　//以鼠标竖直向下确定方
向，输入距离，确定足球场左下角点
指定下一点或 [圆弧(A)/闭合(C)/半宽(H)/长度(L)/放弃(U)/宽度(W)]: c✓　　//闭合多段线，完成足球场
边界的绘制

绘制完成后的成果如图 4-38 所示。

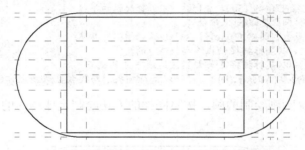

图 4-38　运动场外边界和足球场边界的绘制

3. 绘制足球场的内标线

此步骤要完成足球场内各标线的绘制，主要运用"圆"、"多段线"、"点"、"直线"、
"多段线"、"圆弧"等绘图命令。

【绘图命令】

命令: c✓　　//输入"圆"的简化命令
CIRCLE 指定圆的圆心或 [三点(3P)/两点(2P)/切点、切点、半径(T)]:　　//用鼠标捕捉轴线⑤和轴线ⓒ
的交点作为圆心
指定圆的半径或 [直径(D)]: 9.15✓　　//输入圆的半径
命令: l✓　　//输入"直线"的简化命令
LINE 指定第一点:　　//用鼠标捕捉轴线⑨和轴线ⓒ的交点
指定下一点或 [放弃(U)]:　　//用鼠标捕捉轴线①和轴线ⓒ的交点
命令: pl✓　　//输入"多段线"的简化命令
PLINE 指定起点:　　//用鼠标捕捉轴线③和足球场左边界的交点
指定下一个点或 [圆弧(A)/半宽(H)/长度(L)/放弃(U)/宽度(W)]: 16.5✓　　//以鼠标水平向右确定方向，
输入距离
指定下一点或 [圆弧(A)/闭合(C)/半宽(H)/长度(L)/放弃(U)/宽度(W)]:　　//以鼠标竖直向下捕捉与轴线
⑦的交点

指定下一点或 [圆弧(A)/闭合(C)/半宽(H)/长度(L)/放弃(U)/宽度(W)]：　　//以鼠标捕捉轴线⑦与足球场左边界的交点

命令：pl↙　　//输入"多段线"的简化命令

PLINE 指定起点：　　//用鼠标捕捉轴④和足球场左边界的交点

指定下一个点或 [圆弧(A)/半宽(H)/长度(L)/放弃(U)/宽度(W)]：5.5↙　　//以鼠标水平向右确定方向，输入距离

指定下一点或 [圆弧(A)/闭合(C)/半宽(H)/长度(L)/放弃(U)/宽度(W)]：　　//以鼠标竖直向下捕捉与轴线⑥的交点

指定下一点或 [圆弧(A)/闭合(C)/半宽(H)/长度(L)/放弃(U)/宽度(W)]：　　//以鼠标捕捉轴线⑥与足球场左边界的交点

命令：a↙　　//输入"圆弧"的简化命令

ARC 指定圆弧的起点或 [圆心(C)]：1↙　　//以鼠标放在足球场边界左上角点上稍作停留，出现虚线后，竖直向下拉动鼠标，输入"1"指定圆弧的起点

指定圆弧的第二个点或 [圆心(C)/端点(E)]：c↙　　//选择"圆心"模式

指定圆弧的圆心：　　//捕捉足球场边界左上角点

指定圆弧的端点或 [角度(A)/弦长(L)]：　　//以鼠标水平向右拖动，在适当位置点击左键，确定圆弧的终点方向

命令：po↙　　//输入"绘制点"的简化命令

POINT 当前点模式：　PDMODE=0　PDSIZE=0.0000　　//系统提示点的属性

指定点：　　//以鼠标捕捉轴线⑤和轴线⑬的交点

命令：c↙　　//输入"圆"的简化命令

CIRCLE 指定圆的圆心或 [三点(3P)/两点(2P)/切点、切点、半径(T)]：　　//以鼠标捕捉轴线⑤和轴线⑬的交点

指定圆的半径或 [直径(D)] <9.1500>：9.15↙　　//输入圆的半径

命令：a↙　　//输入"圆弧"的简化命令

ARC 指定圆弧的起点或 [圆心(C)]：c↙　　//选择"圆心"模式

指定圆弧的圆心：　　//以鼠标捕捉轴线⑤和轴线⑬的交点

指定圆弧的起点：　　//以鼠标捕捉圆与大禁区边线下方的交点

指定圆弧的端点或 [角度(A)/弦长(L)]：　　//以鼠标捕捉圆与大禁区边线上方的交点

绘制完成后，删除刚刚绘制的圆，按照同样的方法绘制足球场内的其余标线，绘制完成后成果如图 4-39 所示。

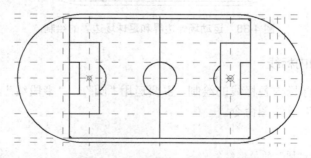

图 4-39　足球场内部标线的绘制

4. 绘制铅球场区域的标线

绘制铅球场区域标线需要开启极轴追踪模式，并将极轴增量角设置为 45°。此步骤主要运用"圆"、"圆弧"、"直线"等绘图命令。

【绘图命令】

命令：c↙　　//输入"圆"的简化命令

CIRCLE 指定圆的圆心或 [三点(3P)/两点(2P)/切点、切点、半径(T)]：　　//用鼠标捕捉轴线④和Ⓐ的交点

指定圆的半径或 [直径(D)] <3.0000>：3↙　　//输入圆的半径

```
命令:1↙        //输入"直线"的简化命令
LINE 指定第一点:       //用鼠标捕捉轴线④和Ⓐ的交点
指定下一点或 [放弃(U)]: 20↙    //以鼠标向左上方拖动，出现 135° 极轴追踪线时输入"20"确定边线
命令:1↙        //输入"直线"的简化命令
LINE 指定第一点:       //用鼠标捕捉轴线④和Ⓐ的交点
指定下一点或 [放弃(U)]: 20↙    //以鼠标向左下方拖动，出现 225° 极轴追踪线时输入"20"确定边线
命令:a↙        //输入"圆弧"的简化命令
ARC 指定圆弧的起点或 [圆心(C)]: c↙       //选择"圆心"模式
指定圆弧的圆心:       //用鼠标捕捉轴线④和Ⓐ的交点
指定圆弧的起点: 10↙      //鼠标向左上方拖动，出现 135° 极轴追踪线时输入"10"确定圆弧起点
指定圆弧的端点或 [角度(A)/弦长(L)]:       //以鼠标捕捉圆弧和下方边线的交点确定圆弧端点
命令:a↙        //输入"圆弧"的简化命令
ARC 指定圆弧的起点或 [圆心(C)]: c↙       //选择"圆心"模式
指定圆弧的圆心:       //用鼠标捕捉轴线④和Ⓐ的交点
指定圆弧的起点: 15↙      //以鼠标向左上方拖动，出现 135° 极轴追踪线时输入"15"确定圆弧起点
指定圆弧的端点或 [角度(A)/弦长(L)]:       //以鼠标捕捉圆弧和下方边线的交点确定圆弧端点
命令:a↙        //输入"圆弧"的简化命令
ARC 指定圆弧的起点或 [圆心(C)]: c↙       //选择"圆心"模式
指定圆弧的圆心:       //用鼠标捕捉轴线④和Ⓐ的交点
指定圆弧的起点: 20↙      //以鼠标向左上方拖动，出现 135° 极轴追踪线时输入"20"确定圆弧起点
指定圆弧的端点或 [角度(A)/弦长(L)]:       //以鼠标捕捉圆弧和下方边线的交点确定圆弧端点
```

绘制完成后的成果如图 4-40 所示。

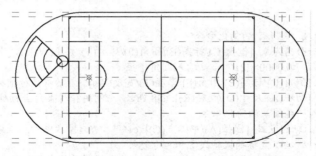

图 4-40　铅球场地标线的绘制

5. 绘制跳远场地的标线

绘制跳远场地标线主要运用"直线"或"多段线"绘图命令。

【绘图命令】

```
命令: pl↙     //输入"多段线"的简化命令
PLINE 指定起点:     //用鼠标捕捉轴线⑤和Ⓐ的交点
指定下一个点或 [圆弧(A)/半宽(H)/长度(L)/放弃(U)/宽度(W)]: 1↙     //以鼠标水平向右拖动，输入距离
指定下一点或 [圆弧(A)/闭合(C)/半宽(H)/长度(L)/放弃(U)/宽度(W)]: 27↙ //鼠标竖直向下拖动，输入距离
指定下一点或 [圆弧(A)/闭合(C)/半宽(H)/长度(L)/放弃(U)/宽度(W)]: 2↙ //鼠标水平向左拖动，输入距离
指定下一点或 [圆弧(A)/闭合(C)/半宽(H)/长度(L)/放弃(U)/宽度(W)]: 27↙     //以鼠标竖直向上拖动，
输入距离
指定下一点或 [圆弧(A)/闭合(C)/半宽(H)/长度(L)/放弃(U)/宽度(W)]: c↙     //闭合多段线
命令: pl↙     //输入"多段线"的简化命令
PLINE 指定起点:     //以鼠标捕捉绘制完成的跳远场地跑道的右下角点
指定下一个点或 [圆弧(A)/半宽(H)/长度(L)/放弃(U)/宽度(W)]: 1↙     //以鼠标水平向右拖动，输入距离
```

指定下一点或 [圆弧(A)/闭合(C)/半宽(H)/长度(L)/放弃(U)/宽度(W)]: 6↙ //鼠标竖直向下拖动，输入距离
指定下一点或 [圆弧(A)/闭合(C)/半宽(H)/长度(L)/放弃(U)/宽度(W)]: 4↙ //鼠标水平向左拖动，输入距离
指定下一点或 [圆弧(A)/闭合(C)/半宽(H)/长度(L)/放弃(U)/宽度(W)]: 6↙ //鼠标竖直向上拖动，输入距离
指定下一点或 [圆弧(A)/闭合(C)/半宽(H)/长度(L)/放弃(U)/宽度(W)]: c↙ //闭合多段线

绘制完成后，成果如图 4-41 所示。

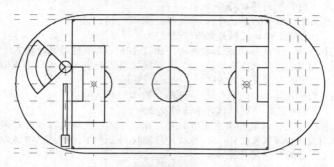

图 4-41　跳远场地标线的绘制

6. 旗台的绘制

旗台的绘制主要依靠"矩形"、"椭圆"、"圆"、"正多边形"等命令。

【绘图命令】

命令: rec↙　　//输入"矩形"的简化命令
RECTANG 指定第一个角点或 [倒角(C)/标高(E)/圆角(F)/厚度(T)/宽度(W)]: f↙　　//进入设置圆角模式
指定矩形的圆角半径 <0.0000>: 2↙　　//输入圆角半径
指定第一个角点或 [倒角(C)/标高(E)/圆角(F)/厚度(T)/宽度(W)]:　　//以鼠标捕捉轴线⑥和ⓔ的交点
指定另一个角点或 [面积(A)/尺寸(D)/旋转(R)]: @8,18↙　　//利用相对直角坐标确定矩形的另一个角点
命令: el↙　　//输入"椭圆"的简化命令
ELLIPSE 指定椭圆的轴端点或 [圆弧(A)/中心点(C)]: c↙　　//选择"中心点"模式
指定椭圆的中心点:　　//以鼠标捕捉轴线⑤和ⓕ的交点
指定轴的端点: 7↙　　//以鼠标向上拖动，输入距离，确定椭圆的长半轴长度
指定另一条半轴长度或 [旋转(R)]: 3↙　　//输入椭圆的短半轴长度
命令: c↙　　//输入"圆"的简化命令
CIRCLE 指定圆的圆心或 [三点(3P)/两点(2P)/切点、切点、半径(T)]:　　//以鼠标捕捉轴线⑤和ⓕ的交点
指定圆的半径或 [直径(D)] <3.0000>: 0.5↙　　//输入圆的半径
命令: c↙　　//输入"圆"的简化命令
CIRCLE 指定圆的圆心或 [三点(3P)/两点(2P)/切点、切点、半径(T)]: 4↙　　//以鼠标放在第一个圆的圆心上，稍作停留，然后竖直向上拖动，输入距离，确定上方的圆心
指定圆的半径或 [直径(D)] <0.5000>:↙　　//输入圆的半径
命令: c↙　　//输入"圆"的简化命令
CIRCLE 指定圆的圆心或 [三点(3P)/两点(2P)/切点、切点、半径(T)]: 4↙　　//以鼠标放在第一个圆的圆心上，稍作停留，然后竖直向下拖动，输入距离，确定上方的圆心
指定圆的半径或 [直径(D)] <0.5000>:↙　　//输入圆的半径
命令: pol↙　　//输入"正多边形"的简化命令
POLYGON 输入边的数目 <4>: 6↙　　//绘制六边形
指定正多边形的中心点或 [边(E)]:　　//以鼠标捕捉第一个圆的圆心
输入选项 [内接于圆(I)/外切于圆(C)] <I>:↙　　//直接按 Enter 键，默认采用"内接于圆"模式
指定圆的半径: 1.5↙　　//输入圆的半径

其余两个六边形均采用同样的方法绘制，完整图形绘制完成。绘制完成后，成果如图 4-42 所示。

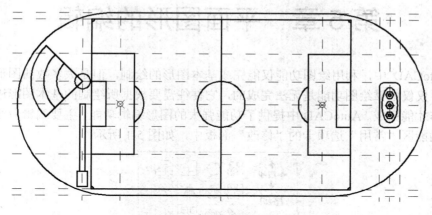

图 4-42　旗台的绘制

第5章 平面图形的编辑

在 AutoCAD 中，利用绘图功能仅能完成基本图形的绘制，但是大多数的图形，特别是复杂图形，仅仅依靠绘图功能是无法完成的，它往往需要根据所绘制的基本图形进行一系列的编辑操作才能完成。AutoCAD 中提供了功能强大的图形编辑功能，主要编辑命令的快捷按钮集成在功能区"常用"选项卡的"修改"面板中，如图 5-1 所示。

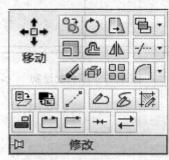

图 5-1 "修改"面板

5.1 复 制 对 象

复制对象是将现有的对象以指定的角度和方向创建副本，即在不同的位置创建与现有对象相同的对象，复制得到的对象完全独立于源对象。

执行"复制"命令的方法如下。

- 功能区："常用"选项卡→"修改"面板→ 按钮。
- AutoCAD 经典模式菜单：修改→复制。
- 命令：Copy。
- 简化命令：co 或 cp。
- Windows 快捷键：Ctrl+C 和 Ctrl+V。
- 鼠标右键菜单：复制、粘贴。
- 鼠标右键菜单：带基点复制、粘贴。

【命令执行步骤】

(1) 调用命令。

(2) 命令行提示"选择对象"。选择要复制的对象，可以利用鼠标点选或框选目标，也可以在命令行中输入"all"选中全部对象。

(3) 命令行提示"指定基点或[位移(D)/模式(O)]"。三个选项的含义如下。

- 基点：指定图形对象中的一点或图形对象外的一点作为基点，复制后的对象将以基点作为定位点插入目标图形中。

- 位移：使用坐标来指定相对距离和方向，即根据直角坐标或者极坐标，指定生成对象的方向。.
- 模式：控制是否自动重复该命令。进入模式设置后，命令行提示"输入复制模式选项[单个(S)/多个(M)]"，其中"单个"表示每执行一次复制命令仅复制一次对象，复制完成后，自动退出命令的运行；"多个"表示在用户中断命令执行前，可以连续复制多次对象。

(4) 若前一步指定了基点，则将提示"指定第二个点或<使用第一个点作为位移>"，此时给出第二个点，将在此点上复制先前选中的对象，如果直接按 Enter 键，将以第一点的坐标值作为位移值复制生成图形；若前一步选择了"位移"模式，则命令行将提示"指定位移"，此时，需要给出对象的位移值。

例 5-1：根据图 5-2(a)中的图形复制生成图 5-2(b)中的图形。

```
命令: co↙       //输入"复制"简化命令
COPY 选择对象: all↙       //选择全部对象
找到 5 个       //系统提示所选中的图形对象数目
选择对象: ↙       //直接按 Enter 键，结束对象的选择
当前设置: 复制模式 = 多个       //提示当前复制模式
指定基点或 [位移(D)/模式(O)] <位移>: d↙       //选择"位移"模式
指定位移 <20.0000, 50.0000, 0.0000>: 60,50↙       //输入位移值，完成图 5-2(b)中上方图形的绘制
命令: co↙       //输入"复制"的简化命令
COPY 选择对象: 指定对角点: 找到 5 个       //用鼠标选择源对象
选择对象:↙       //直接按 Enter 键，结束对象的选择
当前设置: 复制模式 = 多个       //提示当前复制模式
指定基点或 [位移(D)/模式(O)] <位移>:       //鼠标捕捉路灯符号中下方圆形符号的圆心作为基点
指定第二个点或 <使用第一个点作为位移>: @60<0↙       //用相对极坐标确定新生成图形的基点位置
指定第二个点或 [退出(E)/放弃(U)] <退出>:↙       //直接按 Enter 键退出命令
```

命令执行后的图形如图 5-2 所示(图中的箭头是为了说明命令执行过程而绘制的，复制图形时并不生成箭头)。

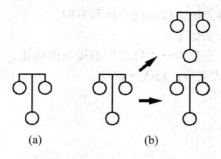

(a)　　　　　　　(b)

图 5-2　复制图形

Windows 操作系统中的复制功能快捷键 Ctrl+C 在 AutoCAD 中同样适用，当使用该快捷键时，或者使用鼠标右键快捷菜单中的"复制"、"粘贴"选项时，需要先选中待复制的源对象，AutoCAD 将以所选图形中的最小 X 坐标和最小 Y 坐标构成基点坐标，当使用粘贴功能快捷键 Ctrl+V 时，将以该基点作为插入点粘贴至指定的位置。

5.2 删 除 对 象

对于绘图过程中所绘制的临时辅助线、图形修剪后残留的对象、绘图过程中绘制错误的线条或图形等内容要予以删除，此项功能可以通过 AutoCAD 中的"删除"命令来实现。

执行"删除"命令的方法如下。

- 功能区："常用"选项卡→"修改"面板→ 按钮。
- AutoCAD 经典模式菜单：修改→删除。
- 命令：Erase。
- 简化命令：E。
- 键盘：Delete 键。
- 鼠标右键：删除。

【命令执行步骤】

(1) 调用命令。

(2) 命令行提示"选择对象"。选择要删除的对象，可以利用鼠标点选或框选目标，也可以在命令行中输入"all"选中全部对象。

当利用键盘上的 Delete 键和鼠标右键快捷菜单执行删除命令时，需要先选中对象，然后再执行操作。

5.3 移 动 对 象

"移动"命令可以将图形对象整体移动到指定位置，移动对象仅仅是改变图形对象的位置，并不会改变对象的方向和大小。要精确地移动对象，可以使用对象捕捉模式，也可以通过指定位移矢量的基点和终点确定位移的距离和方向。

执行"移动"命令的方法如下。

- 功能区："常用"选项卡→"修改"面板→ 按钮。
- AutoCAD 经典模式菜单：修改→移动。
- 命令：Move。
- 简化命令：M。
- 鼠标右键：移动。

【命令执行步骤】

(1) 调用命令。

(2) 命令行提示"选择对象"。选择要移动的对象，可以利用鼠标点选或框选目标，也可以在命令行中输入"all"选中全部对象。

(3) 命令行提示"指定基点或[位移(D)]"。基点：移动对象的基准点；位移：按照指定的坐标值对图形进行移动。

(4) 若前一步指定了基点，则命令行将提示"指定第二个点或<使用第一个点作为位

移>"，此时给出第二个点，将选中的图形以基点定位移动到该点；若前一步选择了"位移"模式，则命令行将提示"指定位移"，此时需要给出对象移动的位移值，位移值可以是直角坐标形式，也可以是极坐标形式，如果只输入了单一数值，则表示源图形将沿坐标原点与光标连线方向移动指定距离值。

例 5-2：移动对象。

将图 5-3(a)中餐桌左下角的餐具，以餐具圆心为基点移动至右下角的 A 点，操作的成果如图 5-3(b)所示。

```
命令: m↙      //输入"移动"的简化命令
MOVE 选择对象:   //以鼠标框选源图形
指定对角点: 找到 10 个     //选择后，系统提示选中的图形数量
选择对象: ↙     //直接按 Enter 键表示结束选择
指定基点或 [位移(D)] <位移>:     //开启"圆心捕捉"模式，以鼠标捕捉到圆心
指定第二个点或 <使用第一个点作为位移>:     //开启"节点捕捉"模式，以鼠标捕捉到 A 点
```

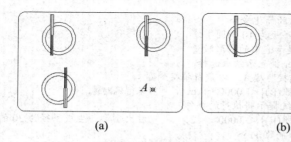

(a)　　　　　　　　　　(b)

图 5-3　移动对象

5.4　缩 放 对 象

AutoCAD 中可以对已经绘制好的图形进行缩放操作，执行缩放操作后，源图形将按照一定的比例放大或缩小，缩放后，图形仅大小发生变化，而图形内部的相对结构、图形单元之间的相对比例、图形的方向等均不发生变化。缩放后，对源图形既可以选择保留，也可以选择删除。

执行"移动"命令的方法如下。

● 功能区："常用"选项卡→"修改"面板→ 📐 按钮。

● AutoCAD 经典模式菜单：修改→缩放。

● 命令：Scale。

● 简化命令：Sc。

● 鼠标右键：缩放。

执行命令后，对源图形进行缩放有两种方法，即"指定比例因子"缩放和"参照距离"缩放，用户可以根据自己的需要灵活选择。

1. 指定比例因子缩放对象

指定比例因子缩放对象是通过给定比例因子，将源对象按照此比例放大或缩小。

【命令执行步骤】

(1) 调用命令。

(2) 命令行提示"选择对象"。选择要缩放的对象，可以利用鼠标点选或框选目标，也可以在命令行中输入"all"选中全部对象。

(3) 命令行提示"指定基点"。给出图形缩放的基点，执行命令后，图形将以基点为中心，按指定的比例缩放。

(4) 命令行提示"指定比例因子或[复制(C)/参照(R)]"。输入比例因子，当比例因子大于 1 时，则放大图形；当比例因子介于 0 和 1 之间时，则缩小图形；当比例因子等于 1 时，图形大小不发生变化；如果输入选项"C"，则缩放图形后，源图形仍然保留。

例 5-3：按比例因子缩放对象。

根据图 5-4 中半径为 10 的圆，利用比例缩放功能生成半径为 5 和半径为 20 的圆，形成一组同心圆。

```
命令: sc↙    //输入"缩放"的简化命令
SCALE 选择对象:    //选择半径为 10 的圆
找到 1 个    //选择后系统提示选中的图形数量
选择对象:↙    //直接按 Enter 键表示结束选择
指定基点:    //开启"圆心捕捉"模式，以鼠标捕捉到圆心
指定比例因子或 [复制(C)/参照(R)] <1.0000>: c↙    //保留源对象
缩放一组选定对象。    //系统提示将执行的操作
指定比例因子或 [复制(C)/参照(R)] <1.0000>: 2↙    //放大圆形，生成半径为 20 的圆
命令: sc↙    //输入"缩放"简化命令
SCALE 选择对象:    //选择半径为 10 的圆
找到 1 个    //选择后系统提示选中的图形数量
选择对象:↙    //直接按 Enter 键表示结束选择
指定基点:    //开启"圆心捕捉"模式，以鼠标捕捉到圆心
指定比例因子或 [复制(C)/参照(R)] <1.0000>: c↙    //保留源对象
缩放一组选定对象。    //系统提示将执行的操作
指定比例因子或 [复制(C)/参照(R)] <2.0000>: 0.5↙    //缩小圆形，生成半径为 5 的圆
```

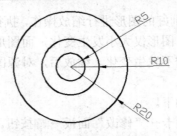

图 5-4　按比例因子缩放图形

2. 根据参照距离缩放对象

根据参照距离缩放对象是指将选定的线段给定新的长度，整体图形都将按照此线段的缩放比例进行缩放。

【命令执行步骤】

(1) 调用命令。

(2) 命令行提示"选择对象"。选择要缩放的对象，同样，可以利用鼠标点选或框选目

标，还可以在命令行中输入"all"选中全部对象。

(3) 命令行提示"指定基点"。给出图形缩放的基点，执行命令后，图形将以基点为中心进行缩放。

(4) 命令行提示"指定比例因子或[复制(C)/参照(R)]"。输入"R"选择"参照"模式。

(5) 命令行提示"指定参照长度"。给出源对象的长度，也可以用鼠标先后选择源对象的两个端点。

(6) 命令行提示"指定新的长度或[点(P)]"。给出缩放后参照边的新长度，也可以选择"点"模式，在屏幕上选择两个点，确定新的长度。

例 5-4：绘制边长为 20 的正五边形。

绘图思路：先绘制任意边长的正五边形，然后按照"参照距离缩放"的方式，指定正五边形边长为 20。

```
命令: pol✓      //输入"正多边形"的简化命令
POLYGON 输入边的数目 <4>: 5✓      //绘制正五边形
指定正多边形的中心点或 [边(E)]:      //以鼠标在屏幕上指定中心点
输入选项 [内接于圆(I)/外切于圆(C)] <I>:✓      //直接按 Enter 键，采用内接圆的方式绘制正五边形
指定圆的半径:      //用鼠标在屏幕上任意指定半径
命令: sc✓      //输入"缩放"的简化命令
SCALE 选择对象:      //选择所绘制的正五边形
找到 1 个      //选择后，系统提示选中的图形数量
选择对象:✓      //直接按 Enter 键表示结束选择
指定基点:      //打开"端点捕捉"，以鼠标捕捉 A 点
指定比例因子或 [复制(C)/参照(R)] <1.0000>:  r✓      //选择"参照"模式
指定参照长度 <1.0000>:      //以鼠标捕捉 A 点
指定第二点:      //以鼠标捕捉 B 点
指定新的长度或 [点(P)] <1.0000>:  20✓      //给出 AB 边的新长度
```

绘制后的成果如图 5-5 所示。

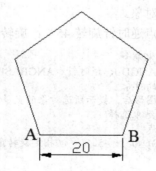

图 5-5　利用"参照"缩放模式绘制正五边形

5.5　旋 转 对 象

在 AutoCAD 中，可以对已有图形绕基点旋转指定的角度，旋转后的图形尺寸、内部结构等并不发生变化，仅仅是图形的方向发生改变。

旋转后，源图形既可以选择保留也可以选择删除。

执行"旋转"命令的方法如下。

- 功能区："常用"选项卡→"修改"面板→⟳按钮。
- AutoCAD 经典模式菜单：修改→旋转。
- 命令：Rotate。
- 简化命令：Ro。
- 鼠标右键：旋转。

执行命令后，对源图形进行选择有两种方法，即"指定旋转角度"旋转和"参照方向"旋转，用户可以根据自己的需要灵活选择。

1. 按指定角度旋转对象

按指定角度旋转对象，是指给定对象具体的旋转角度值后，对象将围绕基点，旋转相应的角度。

【命令执行步骤】

(1) 调用命令。

(2) 命令行提示"选择对象"。选择要旋转的对象，可以利用鼠标点选或框选目标，也可以在命令行中输入"all"选中全部对象。

(3) 命令行提示"指定基点"。给出图形旋转的基点，执行命令后，图形将以基点作为旋转中心。

(4) 命令行提示"指定旋转角度，或[复制(C)/参照(R)]"。输入旋转角度值，AutoCAD 将按照此角度绕基点旋转选定的对象。AutoCAD 中默认绕基点进行逆时针旋转，因此，输入的角度值为"+"时，选定的对象将逆时针旋转指定角度；输入的角度值为"−"时，选定的对象将顺时针旋转指定的角度；如果输入选项"C"，则旋转图形后，源图形将仍然保留。

例 5-5： 按照指定的角度旋转对象。

将图 5-6(a)中的椅子绕左下角点逆时针旋转 45°，旋转后的图形如图 5-6(b)所示。

```
命令: ro↙     //输入"旋转"的简化命令
ROTATE UCS 当前的正角方向：ANGDIR=逆时针  ANGBASE=0     //系统提示当前属性状态
选择对象:     //以鼠标选择要旋转的对象
指定对角点: 找到 4 个     //选定图形后，提示所选对象的数量
选择对象: ↙     //直接按 Enter 键结束选择
指定基点:     //以鼠标捕捉左下角点
指定旋转角度，或[复制(C)/参照(R)] <0>:  45↙     //指定旋转角度
```

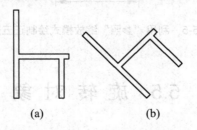

(a)   (b)

图 5-6 按照指定角度旋转对象

2. 按参照方向旋转对象

按参照方向旋转对象是指将对象从原有位置旋转到指定的新的方向。

【命令执行步骤】

(1)　调用命令。

(2)　命令行提示"选择对象"。选择要旋转的对象，同样可以利用鼠标点选或框选目标，也可以在命令行中输入"all"选中全部对象。

(3)　命令行提示"指定基点"。给出图形旋转的基点，执行命令后，图形将绕基点进行旋转。

(4)　命令行提示"指定旋转角度，或[复制(C)/参照(R)]"：输入"R"选择"参照"模式。

(5)　命令行提示"指定参照角"。给出源对象的方向值，也可以用鼠标先后选择源对象的两个端点。

(6)　命令行提示"指定新角度或[点(P)]"。给出缩放后参照边的新方向，也可以选择"点"模式，在屏幕上选择两个点，确定新的长度。

例 5-6：按照指定的角度旋转对象。

将图 5-7(a)中的房屋绕 1 点旋转至 1-2 边与旁边道路边界平行，如图 5-7(b)所示。

```
命令: ro↙      //输入"旋转"的简化命令
ROTATE UCS 当前的正角方向：ANGDIR=逆时针  ANGBASE=0    //系统提示当前属性状态
选择对象：//以鼠标选择要旋转的对象
指定对角点: 找到 4 个   //选定图形后，提示所选对象的数量
选择对象: ↙    //直接按 Enter 键结束选择
指定基点: //以鼠标捕捉左下角点
指定旋转角度，或 [复制(C)/参照(R)] <0>：r↙    //选择"参照"模式
指定参照角 <0>:↙     //直接按 Enter 键，默认为指定源方向为 0°方向
指定新角度或 [点(P)] <315>：-45↙    //给出源方向旋转之后的方向，输入负值代表为顺时针方向
```

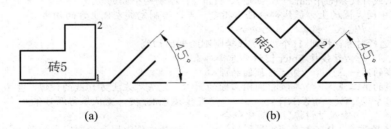

(a)　　　　　　　　　　　　　　(b)

图 5-7　按照指定的角度旋转对象

5.6　镜　像　对　象

镜像对象是指绕指定的轴线翻转对象，生成与源对象相对称的对象。

执行"镜像"命令的方法如下。

● 功能区："常用"选项卡→"修改"面板→ ⚊ 按钮。

● AutoCAD 经典模式菜单：修改→镜像。

● 命令：Mirror。

● 简化命令：Mi。

【命令执行步骤】

(1) 调用命令。

(2) 命令行提示"选择对象"。选择要镜像的对象，可以利用鼠标点选或框选目标，也可以在命令行中输入"all"，选中全部对象。

(3) 命令行提示"指定镜像线的第一点"。给出镜像对称轴的第一个端点。

(4) 命令行提示"指定镜像线的第二点"。给出镜像对称轴的第二个端点。

(5) 命令行提示"要删除源对象吗？[是(Y)/否(N)]"。如果要删除源对象，则输入"Y"；如果要保留源对象，则输入"N"。

镜像后的图形和源图形以镜像线为对称轴，两侧对称。

例 5-7：利用镜像命令绘制图形。

绘制如图 5-8 所示的图形。

```
命令: c↙   //输入"圆"的简化命令
CIRCLE 指定圆的圆心或 [三点(3P)/两点(2P)/切点、切点、半径(T)]:   //在屏幕上指定圆心
指定圆的半径或 [直径(D)] <5.0000>: 5↙   //输入中间小圆的半径
命令: c↙   //输入"圆"的简化命令
CIRCLE 指定圆的圆心或 [三点(3P)/两点(2P)/切点、切点、半径(T)]:   //以鼠标捕捉圆心
指定圆的半径或 [直径(D)] <5.0000>: 10↙   //输入中间大圆的半径
命令: c↙   //输入"圆"的简化命令
CIRCLE 指定圆的圆心或 [三点(3P)/两点(2P)/切点、切点、半径(T)]:25↙   //打开极轴追踪功能后，
鼠标捕捉到同心圆的圆心并稍作停留，向左拖动鼠标，出现追踪线后，输入距离，确定左侧圆的圆心
指定圆的半径或 [直径(D)] <10.0000>: 5↙   //输入左侧小圆的半径
命令: l↙   //输入"直线"的简化命令
LINE 指定第一点: tan↙   //绘制直线前，输入"tan"将在指定点的附近捕捉切点，绘制切线
到   //在左侧小圆的上方弧线部分任意指定一点
指定下一点或 [放弃(U)]: tan↙   //输入"tan"，绘制两个圆的切线
到   //在中间大圆的上方弧线部分任意指定一点，绘制完成左侧上方的切线
命令: mi↙   //输入"镜像"简化命令
MIRROR 选择对象: 找到 1 个   //选择刚刚绘制的切线
选择对象: ↙   //直接按 Enter 键结束选择对象
指定镜像线的第一点:   //捕捉左侧圆的圆心
指定镜像线的第二点:   //捕捉中间同心圆的圆心，完成对左上方切线的镜像，生成左侧下方的切线
要删除源对象吗? [是(Y)/否(N)] <N>:↙   //直接按 Enter 键，默认保留源对象
命令: mi ↙   //输入"镜像"的简化命令
MIRROR 选择对象: 指定对角点: 找到 3 个   //选择左侧小圆和绘制完成的两条切线
选择对象: ↙   //直接按 Enter 键结束选择对象
指定镜像线的第一点:   //捕捉同心圆的圆心
指定镜像线的第二点:   //以鼠标竖直向上，出现极轴追踪线后，在追踪线上的任意位置选点
要删除源对象吗? [是(Y)/否(N)] <N>:↙   //直接按 Enter 键，默认保留源对象
```

如果图形中有文字出现，默认情况下，在执行镜像命令时，文字不会被镜像和翻转，即如图 5-9(a)所示；如果需要对文字进行镜像，则可以通过设置系统变量 Mirrtext 的值来实现。

默认情况下，系统变量 Mirrtext 的值为 0，此时文字不被镜像；如果将系统变量 Mirrtext 的值设为 1，则文字将被镜像。更改系统变量 Mirrtext 的值可以直接在命令行输入"Mirrtext"，然后赋予新值。文字被镜像的结果如图 5-9(b)所示。

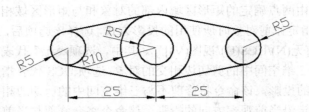

图 5-8　利用镜像命令绘制图形

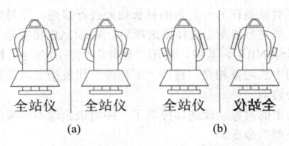

(a)　　　　　　　　　　　(b)

图 5-9　文字的镜像

5.7　修　剪　对　象

"修剪"命令通常用于将选定的对象中超出修剪边线的部分修剪掉,因此,执行"修剪"命令需要指定一个修剪边线,修剪边线可以是直线、多段线、多边形等直线类图形,也可以是圆弧、椭圆、样条曲线等曲线类图形。AutoCAD 中允许所选择的修剪边线与修剪对象不相交,此时,将会把修剪对象延伸至修剪边线,相当于执行"延伸"命令。

执行"修剪"命令的方法如下。

- 功能区:"常用"选项卡→"修改"面板→ 按钮。
- AutoCAD 经典模式菜单:修改→修剪。
- 命令:Trim。
- 简化命令:Tr。

【命令执行步骤】

(1)　调用命令。

(2)　命令行提示"选择剪切边"。指定修剪边界,修剪边界可以有多个。

(3)　命令行提示"选择要修剪的对象,或按住 Shift 键,选择要延伸的对象,或[栏选(F)/窗交(C)/投影(P)/边(E)/删除(R)/放弃(U)]"。选择与修剪边界相交的图形对象,按 Enter 键后在修剪边界之外的图形对象将被删除;如果所选的对象与修剪边界未相交,则在选择对象时按 Shift 键,将会把此对象延伸至修剪边界,此时,相当于执行了"延伸"命令;选项中其他参数的含义如下。

- 栏选:选择与选择栏相交的所有对象。选择栏是一系列临时线段,它们是用两个或多个栏选点指定的,选择栏不构成闭合环。

- 窗交：选择由两点确定的矩形区域内部的对象和与矩形区域相交的对象。
- 投影：用来指定修剪对象时所使用的投影方式，选择该选项后，AutoCAD 将提示"输入投影选项[无(N)/UCS(U)/视图(V)]"。其中，选项"无"代表指定无投影，则该命令只修剪与三维空间中的剪切边相交的对象；选项 UCS 代表指定在当前用户坐标系 XY 平面上的投影，该命令将修剪不与三维空间中的剪切边相交的对象；选项"视图"代表指定沿当前观察方向的投影，该命令将会修剪与当前视图中的边界相交的对象。
- 边：用来确定对象是在另一对象的延长边处进行修剪，还是仅在三维空间中与该对象相交的对象处进行修剪。选择该选项后，AutoCAD 将提示"输入隐含边延伸模式[延伸(E)/不延伸(N)]"，其中，选项"延伸"代表沿自身自然路径延伸剪切边，使它与三维空间中的对象相交；选项"不延伸"代表指定对象只在三维空间中与其相交的剪切边处修剪。
- 删除：删除选定的对象，此选项提供了一种用来删除不需要的对象的简便方式，而无须退出"修剪"命令。
- 放弃：撤消由"修剪"命令所做的最近一次修改。

执行"修剪"命令主要有以下两种情况(以下图中画"×"的部分均为要修剪掉的部分)。

① 修剪边界与修剪对象相互独立。

要首先选择修剪边界，然后选择待修剪的对象，此时，注意要在修剪边界之外选择待修剪的对象，如图 5-10 所示。

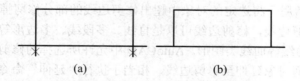

(a)   (b)

图 5-10 修剪边界与修剪对象相互独立

② 同一对象既做修剪边界又做被修剪对象。

执行命令时，将以交点为界修剪图形。在图 5-11(a)中，选中所有线条后，点击图中画"×"处，将得到如图 5-11(b)所示的五角星。

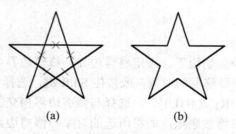

(a)   (b)

图 5-11 同一对象既做修剪边界又做被修剪对象

例 5-8：利用"修剪"命令绘制图形。

根据图 5-12(a)的图形，利用修剪命令生成如图 5-12(b)所示的图形。

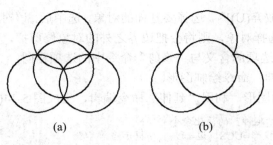

图 5-12　利用修剪命令绘制图形

```
命令: tr↙        //输入"修剪"的简化命令
TRIM 当前设置: 投影=UCS，边=无        //提示当前参数
选择剪切边…        //以鼠标选择中间的圆形
选择对象或 <全部选择>: 找到 1 个        //系统提示已选择的对象数目
选择对象: ↙        //直接按 Enter 键结束修剪边界的选择
选择要修剪的对象，或按住 Shift 键选择要延伸的对象，或[栏选(F)/窗交(C)/投影(P)/边(E)/删除(R)/放弃
(U)]: 指定对角点:        //用鼠标左框选中间部分，如图 5-13 所示
```

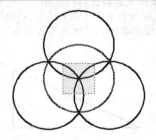

图 5-13　鼠标左框选修剪对象

5.8　延伸对象

　　"延伸"命令可以将所选的对象延伸至由其他对象定义的边界，因此，与"修剪"命令相同，执行"延伸"命令同样需要指定一个延伸边界，延伸边界可以是直线、多段线、多边形等直线类图形，也可以是圆弧、椭圆、样条曲线等曲线类图形。如果所指定的延伸边界与延伸对象相交，则可以把超出边界的部分修剪掉，相当于执行"修剪"命令。

　　执行"延伸"命令的方法如下。

- 功能区："常用"选项卡→"修改"面板→┤按钮。
- AutoCAD 经典模式菜单：修改→延伸。
- 命令：Extend。
- 简化命令：Ex。

【命令执行步骤】

(1) 调用命令。

(2) 命令行提示"选择边界的边"。指定延伸的边界，延伸的边界可以有多个。

(3) 命令行提示"选择要延伸的对象，或按住 Shift 键选择要修剪的对象，或[栏选(F)/

窗交(C)/投影(P)/边(E)/放弃(U)]"。选择要延伸的对象，选中后，该对象将延伸至指定的边界，如果按住 Shift 键后再选择对象，则将会把边界之外的对象修剪掉，即相当于执行了"修剪"命令。该提示中的各个选项的含义与"修剪"命令中的选项相同。

例 5-9：利用"延伸"命令绘制图形。

根据图 5-14(a)中的图形，利用"延伸"命令编辑，生成图 5-14(c)中的图形。

```
命令: ex↙        //输入"延伸"的简化命令
EXTEND 当前设置: 投影=UCS，边=无        //提示当前参数
选择边界的边...    //以鼠标选择边①
选择对象或 <全部选择>: 找到 1 个        //系统提示已选择的对象数目
选择对象: ↙      //直接按 Enter 键结束延伸边界的选择
选择要延伸的对象，或按住 Shift 键选择要修剪的对象，或[栏选(F)/窗交(C)/投影(P)/边(E)/放弃(U)]: //
以鼠标选择边②，生成图 5-14(b)中的图形
命令: ex↙        //输入"延伸"简化命令
EXTEND 当前设置: 投影=UCS，边=无        //提示当前参数
选择边界的边...    //以鼠标选择已经延伸之后的边②
选择对象或 <全部选择>: 找到 1 个        //系统提示已选择的对象数目
选择对象: ↙      //直接按 Enter 键结束延伸边界的选择
选择要延伸的对象，或按住 Shift 键选择要修剪的对象，或[栏选(F)/窗交(C)/投影(P)/边(E)/放弃(U)]: //
按住 Shift 键，以鼠标选择边①中超出延伸之后的边②的部分，生成图 5-14(c)
```

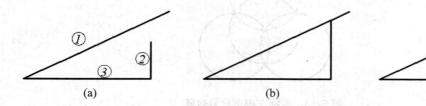

图 5-14 利用"延伸"命令绘制图形

5.9 拉 伸 对 象

"拉伸"命令可以重新定位穿过或在交叉窗口内的对象的端点，即通过在指定方向上移动所选的端点，改变所选对象的长度。"拉伸"命令不修改三维实体、多段线宽度、切向或曲线拟合的信息。

执行"拉伸"命令时，需要通过鼠标的"框选"操作来选择拉伸的对象，然后 AutoCAD 将移动位于框选范围内的顶点和端点，但并不会更改那些位于框选范围外的顶点和端点的位置，因此，如果某个图形对象的所有顶点全部位于选择范围内，则该对象将不会被拉伸，而仅相当于被移动。

"拉伸"命令对于圆、椭圆等闭合的不可展图形无效。

执行"拉伸"命令的方法如下。

- 功能区："常用"选项卡→"修改"面板→按钮。
- AutoCAD 经典模式菜单：修改→拉伸。
- 命令：Stretch。

● 简化命令：S。

拉伸对象有两种方式，即拉伸交叉窗口部分包围的对象和移动完全包含在交叉窗口中的对象或单独选定的对象。

【命令执行步骤】

(1) 调用命令。

(2) 命令行提示"选择对象"。以交叉窗口或交叉多边形选择要拉伸的对象。

(3) 命令行提示"指定基点或[位移(D)]"。指定拉伸的基准点，然后通过"指定第二点"实现对象的拉伸；也可以通过"位移"模式，利用坐标的方式指定对象拉伸的方向与量值。

例 5-10：拉伸对象。

对图 5-15(a)中的图形右半部分进行拉伸。

```
命令: s↙      //输入"拉伸"的简化命令
STRETCH 以交叉窗口或交叉多边形选择要拉伸的对象...      //利用鼠标框选的方式选择图形的右半部
分，如图 5-16 所示
选择对象: 指定对角点: 找到 4 个      //提示选择的图形对象的数量
选择对象: ↙      //直接按 Enter 键结束对象选择
指定基点或 [位移(D)] <位移>:      //以鼠标捕捉 A 点
指定第二个点或 <使用第一个点作为位移>: 10↙      //以鼠标水平向右拖动，输入拉伸距离值，完成
图形的拉伸
```

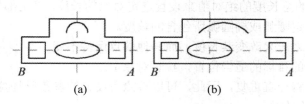

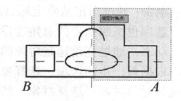

图 5-15　拉伸对象　　　　　　　　图 5-16　以鼠标框选拉伸部分

从此例中可以看出，图形外边界的多边形的右侧四个顶点位于选择区域内，因此被拉伸；内部右侧正方形四个顶点全部位于选择区域内，因此相当于被移动；内存上方的圆弧右侧顶点位于选择区域内，因此被拉伸；椭圆属于不可展的曲线，因此，"拉伸"命令对其无效。

5.10　拉　长　对　象

"拉长"命令可以调整对象大小，使其在一个方向上或是按比例增大或缩小，该命令可以修改直线、圆弧、椭圆弧、开放多段线和样条曲线的长度，也可以修改圆弧的包含角。对于直线、圆弧等对象来说，其拉长的结果与延伸、修剪等操作的结果相似。

执行"拉长"命令的方法如下。

● 功能区："常用"选项卡→"修改"面板→⤢按钮。

● AutoCAD 经典模式菜单：修改→拉长。

● 命令：Lengthen。

● 简化命令：Len。

【命令执行步骤】

(1) 调用命令。

(2) 命令行提示"选择对象或[增量(DE)/百分数(P)/全部(T)/动态(DY)]"。如果已经设置了"拉长"的参数，可以直接选择对象进行拉长；如果还未设置参数，则可以通过选项进行设置，各选项的含义如下。

- 增量：以指定的增量修改对象的长度，该增量从距离选择点最近的端点处开始测量。"增量"选项还可以以指定的增量修改圆弧或椭圆弧所包含的角度，该增量从距离选择点最近的端点处开始测量。如图 5-17 所示。如果增量值为正，则会扩展对象，如果增量值为负，则会修剪对象。

图 5-17　长度增量与角度增量

- 百分数：通过指定对象总长度的百分数设置对象长度。
- 全部：通过指定从固定端点测量的总长度的绝对值来设置选定对象的长度。"全部"选项也按照指定的总角度设置选定圆弧或椭圆弧所包含的角度。
- 动态：通过拖动选定对象的端点之一来改变其长度，而其他端点保持不变。

(3) 根据前一步的选项，选择要拉长的目标的适当位置，拉长对象。

在拉长对象时，"选择对象"的提示将一直重复，因此，可以按照所设置的参数反复拉长对象，直至按 Enter 键或空格键结束命令为止。

例 5-11：拉长对象。

对图 5-18(a)中的图形圆弧部分左右各拉长 5°，生成图 5-18(b)中的图形。

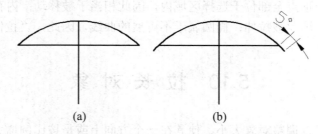

图 5-18　拉长对象

```
命令: len↙      //输入"拉长"的简化命令
LENGTHEN 选择对象或 [增量(DE)/百分数(P)/全部(T)/动态(DY)]: de↙      //选择"增量"模式
输入长度增量或 [角度(A)] <0.0000>: a↙      //选择"角度增量"模式
输入角度增量 <0>: 5↙      //设置角度增量为5°
选择要修改的对象或 [放弃(U)]:      //以鼠标选择左侧圆弧靠近下方横线处
选择要修改的对象或 [放弃(U)]:      //以鼠标选择右侧圆弧靠近下方横线处
选择要修改的对象或 [放弃(U)]:↙      //直接按 Enter 键，结束命令
```

5.11　阵　列　对　象

所谓"阵列"，是指根据源图形按指定的方式排列，创建多个该图形的副本。

执行"阵列"命令的方法如下。

- 功能区："常用"选项卡→"修改"面板→⊞按钮。
- AutoCAD 经典模式菜单：修改→阵列。
- 命令：Array。
- 简化命令：Ar。

根据创建图形副本位置的不同，"陈列"可分为矩形阵列和环形阵列两种。

5.11.1　矩形阵列

矩形阵列是根据设置的行、列数目以及它们之间的距离，控制对象副本的数目，并决定是否旋转副本。

执行"阵列"命令后，在弹出的"阵列"对话框中，选择"矩形阵列"单选项，如图 5-19 所示。

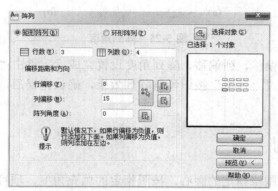

图 5-19　"阵列"对话框

在"行数"和"列数"文本框中，输入阵列后所需要的行数目和列数目；在"行偏移"和"列偏移"文本框内输入阵列内行、列的间距，其中，行间距指阵列中同一列相邻元素同一基点间的距离，列间距指阵列中同一行相邻元素同一基点间的距离，如图 5-20 所示。

"行偏移"和"列偏移"可以直接输入，也可以点击文本框右侧的█按钮，利用鼠标在图上拾取。默认情况下，如果行偏移值为正值，则阵列生成的行添加在基准元素的上方；如果行偏移值为负值，则阵列生成的行添加在基准元素的下方；如果列偏移值为正值，则阵列生成的列添加在基准元素的右侧；如果列偏移值为负值，则阵列生成的列添加在基准元素的左侧。

矩形阵列中，可以对阵列角度进行设置，当阵列角度设置为 0°时，创建的矩形阵列的行和列分别与当前图形的 X 轴和 Y 轴平行，如图 5-21(a)所示；当阵列角度设置不为 0°时，所设置的角度即为阵列的行元素与 X 轴的夹角，例如，当阵列角度设置为 30°时，效果如图 5-21(b)所示。

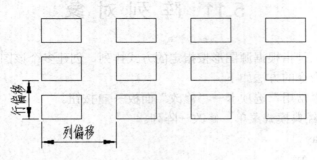

图 5-20　行偏移与列偏移

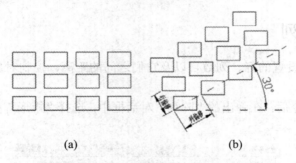

(a)　　　　　　　　　　　　(b)

图 5-21　阵列角度

对行数、列数、行偏移、列偏移、阵列角度设置完成后，点击"选择对象"按钮选择阵列元素，然后可以通过"预览"按钮预览阵列效果，确认无误后，点击"确定"按钮，生成矩形阵列。

5.11.2　环形阵列

环形阵列是指通过围绕指定的圆心，按照指定的填充角度、项目总数、项目间的角度等参数来创建阵列。

执行"阵列"命令后，在弹出的"阵列"对话框中，选择"环形阵列"单选项，如图 5-22所示。

对话框中，各参数的含义如下。

● 中心点：阵列元素将按照"项目总数"、"填充角度"、"项目间角度"等参数围绕中心点分布，中心点既可以输入坐标，也可以通过点击图标在屏幕上指定。

● 方法：阵列元素的分布方法，AutoCAD 提供了三种环形阵列方法，即项目总数和填充角度、项目总数和项目间的角度、填充角度和项目间的角度。

● 项目总数：阵列中所显示的元素的数目。

● 填充角度：阵列中第一个和最后一个元素基点之间的包含角，当角度值为"+"时，代表逆时针阵列，当角度值为"-"时，代表顺时针阵列。

● 项目间角度：相邻两项目之间的有效包含角度，此角度值必须为"+"。

● 复制时旋转项目：选中后，阵列元素将根据位置进行旋转，如果不选中此选项，则所有阵列元素都将与原始对象的方向保持一致，二者的差别如图 5-23 所示。如果选中"复制时选择项目"，则需要对旋转对象的基点进行设置。

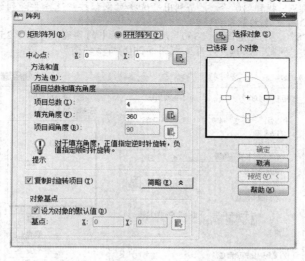

图 5-22　选择"环形阵列"单选项

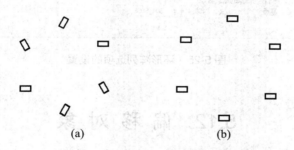

图 5-23　旋转阵列元素与不旋转阵列元素

例 5-12：通过环形阵列生成阵列对象。

根据图 5-24(a)中的图形，生成图 5-24(b)中的图形。

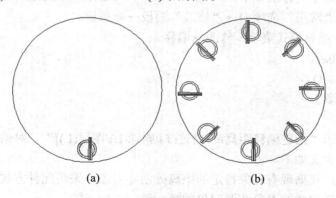

图 5-24　通过环形阵列生成阵列对象

命令: ar✓　　　//输入"阵列"的简化命令
//弹出"阵列"对话框，选择"环形阵列"，并在其中设置以下选项
指定阵列中心点:　　　//打开圆心捕捉，捕捉到大圆的圆心
指定对象基点:　　　//勾选"复制时旋转项目"，并指定餐盘的中心点作为对象基点
选择对象: 指定对角点: 找到 10 个　　　//利用"选择对象"按钮选择要阵列的初始元素，即餐盘和筷子，选择后，提示选择对象的数目
//设置项目总数为"8"，填充范围为"360"度，对话框中的各选项如图 5-25 所示
//设置完成后，单击"确定"按钮，即可生成图 5-24(b)所示的图形

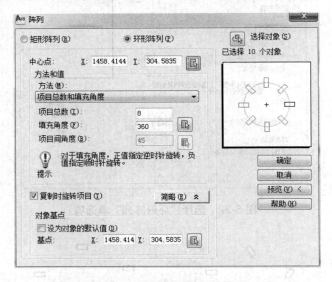

图 5-25　环形阵列选项的设置

5.12　偏 移 对 象

使用"偏移"命令，能够创建一个与选定对象平行并保持等距离的新对象，使用该功能可以创建同心圆、平行线、平行曲线等。

执行"偏移"命令的方法如下。

● 功能区："常用"选项卡→"修改"面板→按钮。

● AutoCAD 经典模式菜单：修改→偏移。

● 命令：Offset。

● 简化命令：O。

【命令执行步骤】

(1) 调用命令。

(2) 命令行提示"指定偏移距离或[通过(T)/删除(E)/图层(L)]"。对偏移的方法和参数进行设置，各选项的含义如下。

● 偏移距离：在离现有对象指定的距离处创建对象，采用此种方式创建偏移对象时，需要指定新生成的对象在源对象的哪一侧。

● 通过：创建通过指定点的偏移对象，生成的新偏移对象将通过拾取点。

- 删除：设置生成偏移对象后是否删除源对象。
- 图层：设置生成的偏移对象所处的图层，可以设置新生成的对象与源对象同图层，也可以设置新生成的对象位于当前图层。

(3) 生成偏移对象。根据上述选项在指定位置生成偏移之后的图形。

"偏移"命令每次仅能选择一个源对象，当对多段线或样条曲线进行偏移时，如果偏移距离大于可调整的距离，AutoCAD 将自动对偏移之后的对象进行修剪，如图 5-26 所示。

图 5-26　偏移距离大于可调整的距离

在偏移某些图形以获得更长线段时，会导致线段间存在潜在的间隔，此时，可以使用系统变量 OFFSETGAPTYPE 来控制偏移闭合多段线时处理线段之间潜在间隔的方式。

- 系统变量 OFFSETGAPTYPE 的默认值为 0，代表通过延伸多段线线段填充间隙，如图 5-27(a)所示。
- 当系统变量 OFFSETGAPTYPE 设置为 1 时，代表用圆角圆弧段填充间隙，而且每个圆弧段半径等于偏移距离，如图 5-27(b)所示。
- 当系统变量 OFFSETGAPTYPE 设置为 2 时，代表用倒角直线段填充间隙，到每个倒角的垂直距离等于偏移距离，如图 5-27(c)所示。

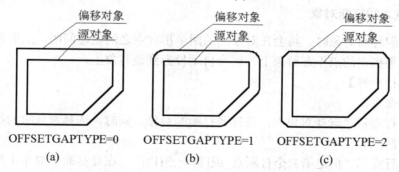

图 5-27　使用系统变量 OFFSETGAPTYPE

例 5-13：偏移对象。

根据图 5-28(a)中的图形，绘制图 5-28(b)中的图形。

```
命令: o↙      //输入"偏移"的简化命令
OFFSET 当前设置: 删除源=否  图层=源  OFFSETGAPTYPE=0      //系统提示当前设置与参数
指定偏移距离或 [通过(T)/删除(E)/图层(L)] <通过>: 1.5↙      //输入偏移距离
选择要偏移的对象，或 [退出(E)/放弃(U)] <退出>:      //选择多段线
指定要偏移的那一侧上的点，或 [退出(E)/多个(M)/放弃(U)] <退出>:      //在闭合多段线内部任意位置
单击鼠标，指定偏移方向，生成偏移后的第一条线
选择要偏移的对象，或 [退出(E)/放弃(U)] <退出>:      //选择前一步偏移生成的多段线
指定要偏移的那一侧上的点，或 [退出(E)/多个(M)/放弃(U)] <退出>:      //在闭合多段线内部任意位置
单击鼠标，指定偏移方向，生成偏移后的第二条线，后续反复重复该步骤操作，完成图形绘制
```

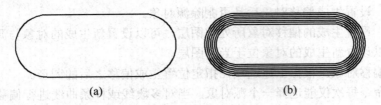

(a)   (b)

图 5-28　偏移对象

5.13　打　断　对　象

使用"打断"命令，可以删除对象中的一部分，或把一个对象分成两部分。"打断"命令可以打断直线、二维多段线、圆、圆弧、构造线、射线、样条曲线等大多数的二维图形，但无法打断块、标注、多线、面域等图形。

执行"打断"命令的方法如下。

- 功能区："常用"选项卡→"修改"面板→🔲按钮(打断)或🔲按钮(打断于点)。
- AutoCAD 经典模式菜单：修改→打断。
- 命令：Break。
- 简化命令：Br。

打断对象有两种方式，即在两点之间打断对象和在一点上打断对象。

1. 在两点之间打断对象

在两点之间打断对象时，将会在对象上的两个指定点之间创建间隔，从而将对象打断为两个对象。如果指定的点不在对象上，则会自动投影到该对象上。

【命令执行步骤】

(1) 调用命令。

(2) 命令行提示"选择对象"。选择要打断的对象，同时，选择对象时的拾取点将默认作为第一个打断点。

(3) 命令行提示"指定第二个打断点 或[第一点(F)]"。在要打断的对象上指定第二个打断点。如果不采用先前拾取对象的点作为打断的第一点而要重新指定时，可以选择"第一点"选项，重新指定两个打断点。需要注意的是，在对圆或椭圆进行打断时，AutoCAD 将按逆时针方向删除圆上第一个打断点到第二个打断点之间的部分，从而将圆或椭圆转换成圆弧或椭圆弧，如图 5-29 所示。

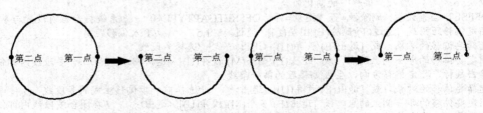

图 5-29　打断点的拾取顺序

2. 在一点上打断选定的对象

在一点上打断对象，是指在指定点处将对象打断，打断之处没有间隙。能够"打断于点"的对象包括直线、开放的多段线、圆弧、椭圆弧和样条曲线等开放的图形。

【命令执行步骤】

(1) 调用命令。

(2) 命令行提示"选择对象"。选择要打断的对象，默认情况下拾取点即作为打断点。

(3) 命令行提示"指定第二个打断点或[第一点(F)]"。此时直接输入"@0,0"或"@"即可打断于拾取点，如果需要更改打断的位置，可以选择"第一点"重新指定打断点。

5.14　合 并 对 象

合并对象是指将多个同类对象合并为一个对象，可以合并的对象包括圆弧、椭圆弧、直线、多段线、样条曲线等。需要注意的是，要合并的对象必须位于相同的平面上。当合并的多个对象特性不相同时，合并后的对象特性与第一个拾取的对象，即源对象特性相一致。

执行"合并"命令的方法如下。

- 功能区："常用"选项卡→"修改"面板→ ⁺⁺ 按钮。
- AutoCAD 经典模式菜单：修改→合并。
- 命令：Join。
- 简化命令：J。

1. 合并直线

合并直线要求待合并的两条或多条直线必须位于同一条无限延伸的直线上，各条直线可以首尾相连，也可以彼此之间存在间隙或重叠。

【命令执行步骤】

(1) 调用命令。

(2) 命令行提示"选择源对象"。以鼠标选择要合并的源对象。

(3) 命令行提示"选择要合并到源的直线"。选择与源对象位于同一条直线上的直线段。

(4) 命令行提示"选择要合并到源的直线"。继续选择要合并的直线，或者直接按 Enter 键结束命令。

例 5-14：合并直线。

将图 5-30(a)中的三段直线合并成一条，如图 5-30(b)所示。

```
命令:j↙      //输入"合并"的简化命令
JOIN 选择源对象:      //选择直线"1"
选择要合并到源的直线: 找到 1 个      //选择直线"2"
选择要合并到源的直线: 找到 1 个，总计 2 个      //选择直线"3"
选择要合并到源的直线: ↙      //直接按 Enter 键，结束选择
已将 2 条直线合并到源      //提示已完成合并
```

$\underline{1}$ $\underline{2}$ $\underline{3}$ $\underline{1}$

(a) (b)

图 5-30 合并直线

2. 合并圆弧(椭圆弧)

合并圆弧(椭圆弧)时，要求所需合并的两条或多条圆弧(椭圆弧)必须位于同一个假想圆(椭圆)上，它们之间可以首尾相连，也可以彼此之间存在间隙或重叠。合并时，将从源对象开始按逆时针方向合并各段圆弧(椭圆弧)。

【命令执行步骤】

(1) 调用命令。

(2) 命令行提示"选择源对象"。以鼠标选择要合并的圆弧(椭圆弧)。

(3) 命令行提示"选择圆弧，以合并到源或进行[闭合(L)]"。选择与源对象位于同一假想圆(椭圆)上的圆弧(椭圆弧)，如果选择"闭合"选项，则将对当前所选的圆弧(椭圆弧)进行封闭，形成一个完整的圆(椭圆)。

(4) 命令行提示"选择要合并到源的直线"。继续选择要合并的直线，或者直接按 Enter 键结束命令。

例 5-15：合并圆弧。

将图 5-31(a)中的三段圆弧合并成一个圆弧，并由椭圆弧生成一个完整的椭圆，如图 5-31(b)所示。

```
命令:j↙      //输入"合并"的简化命令
JOIN 选择源对象：      //选择圆弧"1"
选择圆弧，以合并到源或进行 [闭合(L)]:      //选择圆弧"2"
选择要合并到源的圆弧: 找到 1 个      //选择圆弧"3"
选择要合并到源的圆弧: 找到 1 个, 共 2 个↙      //直接按 Enter 键, 结束选择
已将 2 个圆弧合并到源      //提示已完成合并
命令: ↙      //输入"合并"的简化命令
JOIN 选择源对象:      //选择椭圆弧"4"
选择椭圆弧，以合并到源或进行 [闭合(L)]: l↙      //选择"闭合"选项
已成功地闭合椭圆。      //提示已成功闭合椭圆
```

(a) (b)

图 5-31 合并圆弧和椭圆弧

3. 合并多段线

合并多段线时，选择的第一个对象必须为多段线，其余要合并的对象可以是直线、多段线或圆弧，各对象之间不能有间隙。

【命令执行步骤】

(1) 调用命令。

(2) 命令行提示"选择源对象"。以鼠标选择要合并的第一条多段线。

(3) 命令行提示"选择要合并到源的对象"。依次选择与作为源对象的多段线相连接的多段线、直线、圆弧等对象，选择完毕后将自动合并。

例 5-16：合并多段线。

将图 5-32(a)中的特性不同的多段线"1"、圆弧"2"、多段线"3"合并为一条多段线，如图 5-31(b)所示。

```
命令:j↙      //输入"合并"的简化命令
JOIN 选择源对象：      //选择多段线"1"
选择要合并到源的对象： 找到 1 个      //选择圆弧"2"
选择要合并到源的对象： 找到 1 个，总计 2 个      //选择多段线"3"
选择要合并到源的对象：↙      //直接按 Enter 键结束选择
多段线已增加 4 条线段      //系统提示完成合并
```

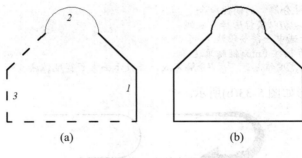

图 5-32　合并多段线

注意，此例中，由于两条多段线和一个圆弧的对象特性各不相同，因此，合并后的多段线与第一个选择的多段线"1"对象特性相同。

4. 合并样条曲线

合并样条曲线时，样条曲线必须位于同一平面内，并且必须首尾相连，不能有间隙。

【命令执行步骤】

(1) 调用命令。

(2) 命令行提示"选择源对象"。鼠标选择要合并的第一条样条曲线。

(3) 命令行提示"选择要合并到源的样条曲线或螺旋"。选择与源对象相连的样条曲线或螺旋。

5.15　分解对象

使用"分解"命令，可以将一个整体的对象分解成各个单独的组件部分，将其转换为单个的元素。可以被分解的对象包括多段线、多边形、矩形、圆环、多线、标注、图案填充、块、面域等。分解后，各单独的对象的颜色、线型、线宽等特性都有可能会发生改变。

需要注意的是，具有不同宽度的多段线在分解后，将放弃其所关联的宽度信息，仅沿多段线中心放置结果直线和圆弧。

执行"分解"命令的方法如下。

- 功能区："常用"选项卡→"修改"面板→⬜按钮。
- AutoCAD 经典模式菜单：修改→分解。
- 命令：Explode。
- 简化命令：X。

【命令执行步骤】

(1) 调用命令。

(2) 命令行提示"选择对象"。选择要分解的对象，可以同时选择多个对象。

(3) 按 Enter 键结束选择，并对选中对象进行分解。

例 5-17：分解对象。

将图 5-33(a)中的多段线分解。

```
命令:x↙      //输入"分解"的简化命令
EXPLODE 择对象:    //以鼠标选择多段线
找到 1 个     //提示选中一条多段线
选择对象: ↙      //直接按 Enter 键结束选择
分解此多段线时丢失宽度信息。      //分解完成，并提示丢失了宽度信息
```

分解完成后，图形如图 5-33(b)所示。

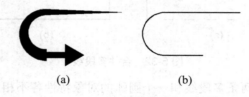

(a)   (b)

图 5-33 分解多段线

5.16 倒角和圆角

倒角和圆角，是将直线相连的两个对象的连接处，处理为倒角或圆角的形式，如图 5-34 所示。如果进行倒角或圆角操作的对象都位于同一图层，则生成的倒角线或圆角线将建立于该图层；如果进行倒角或圆角操作的对象不在同一图层内，则生成的倒角线或圆角线将建立于当前图层。

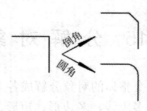

图 5-34 倒角和圆角

5.16.1 倒角

倒角是使用成一定夹角的直线连接两个直线对象，待连接的两条直线必须为不平行的两条直线，可以相交，也可以存在间隙。

执行"倒角"命令的方法如下。

- 功能区："常用"选项卡→"修改"面板→⬜按钮。
- AutoCAD 经典模式菜单：修改→倒角。
- 命令：Chamfer。
- 简化命令：Cha。

倒角有两种方式，分别为距离法和角度法。距离法是通过倒角距离来进行倒角处理，两条倒角边的距离可以相等，也可以不相等，如果两条倒角边的距离均设置为 0，则两个直线对象将直接相交；距离值最大不能超过待连接的直线的长度。角度法是通过指定第一条直线的倒角距离以及倒角与第一条直线间的角度来进行倒角处理。

【命令执行步骤】

(1) 调用命令。

(2) 命令行提示"选择第一条直线或[放弃(U)/多段线(P)/距离(D)/角度(A)/修剪(T)/方式(E)/多个(M)]"。根据需要选择合适的选项，各选项的含义如下。

- 选择第一条直线：在已经设置好倒角参数的前提下，直接选择需要进行倒角处理的直线。
- 放弃：恢复在命令中执行的上一个操作。
- 多段线：对整个二维多段线中的直线连接部分进行倒角处理。
- 距离：设置倒角至选定端点的距离。
- 角度：用第一条线的倒角距离和第二条线的角度设置倒角距离。
- 修剪：控制倒角命令是否自动修剪原对象。
- 方式：设定是按距离方式还是按角度方式进行倒角处理。
- 多个：设置在一次倒角命令执行过程中对多个对象进行两两倒角处理，而不退出倒角命令。

(3) 根据前一步所选的选项，输入相应的参数，选择待处理的对象，完成倒角的设置。

1. 利用距离法进行倒角处理

AutoCAD 中，默认采用距离法进行倒角处理，选项中所设置的两个距离值按照选择的先后顺序，分别应用于所选的两条直线上。

例 5-18：利用距离法进行倒角处理。

对图 5-35(a)中的两条直线进行倒角处理，令"直线 1"上的倒角距离为 3，"直线 2"上的倒角距离为 5。

```
命令: cha↙    //输入"倒角"的简化命令
CHAMFER ("修剪"模式) 当前倒角距离 1 = 2.0000，距离 2 = 4.0000    //提示当前倒角参数
选择第一条直线或 [放弃(U)/多段线(P)/距离(D)/角度(A)/修剪(T)/方式(E)/多个(M)]: d↙    //设置倒角距离
```

指定第一个倒角距离 <2.0000>: 3✓   //设置第一个倒角距离为3
指定第二个倒角距离 <3.0000>: 5✓   //设置第二个倒角距离为5
选择第一条直线或 [放弃(U)/多段线(P)/距离(D)/角度(A)/修剪(T)/方式(E)/多个(M)]:   //选择直线1
选择第二条直线，或按住 Shift 键选择要应用角点的直线: //选择直线2，完成倒角处理

完成倒角处理后的图形如图 5-35(b)所示。

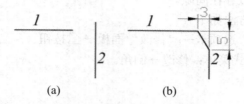

(a)   (b)

图 5-35   利用距离法进行倒角处理

2. 利用角度法进行倒角处理

利用角度法进行倒角处理时，需要指定第一条边的倒角距离和倒角与第一条边的夹角，在选择倒角的两条边时，要注意选择顺序。

例 5-19： 利用角度法进行倒角处理。

对图 5-36(a)中的两条直线进行倒角处理，令"直线 1"上的倒角距离为 5，倒角与"直线 1"的夹角为 30°。

命令: cha✓   //输入"倒角"的简化命令
CHAMFER （"修剪"模式）当前倒角距离 1 = 0.0000，距离 2 = 0.0000   //提示当前倒角参数
选择第一条直线或 [放弃(U)/多段线(P)/距离(D)/角度(A)/修剪(T)/方式(E)/多个(M)]: a✓   //设置"角度"参数，同时，AutoCAD 自动切换到角度法模式
指定第一条直线的倒角长度 <0.0000>: 5✓   //输入第一条直线上的倒角长度
指定第一条直线的倒角角度 <0>: 30✓   //输入倒角与第一条直线的夹角
选择第一条直线或 [放弃(U)/多段线(P)/距离(D)/角度(A)/修剪(T)/方式(E)/多个(M)]:   //选择直线1
选择第二条直线，或按住 Shift 键选择要应用角点的直线: //选择直线2，完成倒角处理

完成倒角处理后的图形如图 5-36(b)所示。

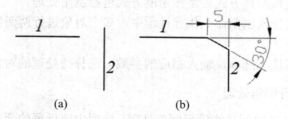

(a)   (b)

图 5-36   利用角度法进行倒角处理

3. 对多段线进行倒角处理

AutoCAD 可以一次性地对多段线中的直线部分进行倒角处理，倒角处理时，既可按照距离法，也可按照角度法，两种方法中的"第一条直线"与"第二条直线"按照多段线的绘制顺序来确定。倒角处理完成后，新生成的倒角将成为多段线中的新线段。

多段线中仅对直线段进行倒角处理，直线段必须相邻，或者仅相隔一个弧线段，相邻一个弧线段时，弧线段将被倒角所替换。如果多段线中的某些线段过短，无法容纳倒角距离时，

则不对这些线段进行倒角处理。

例 5-20：对多段线进行倒角处理。

按距离法对图 5-37(a)中的多段线进行倒角处理，倒角距离分别为 3 和 5，其中，多段线是按照"1，2，...，10"的顺序绘制。

```
命令: cha↙       //输入"倒角"的简化命令
CHAMFER  ("修剪"模式) 当前倒角距离  1 = 0.0000，距离 2 = 0.0000      //提示当前倒角参数
选择第一条直线或 [放弃(U)/多段线(P)/距离(D)/角度(A)/修剪(T)/方式(E)/多个(M)]:  d↙      //设置倒角距离
指定第一个倒角距离 <2.0000>: 3↙     //设置第一个倒角距离为3
指定第二个倒角距离 <3.0000>: 5↙     //设置第二个倒角距离为5
选择第一条直线或 [放弃(U)/多段线(P)/距离(D)/角度(A)/修剪(T)/方式(E)/多个(M)]:  p↙      //选择"多段线"模式
选择二维多段线:     //选中多段线
5 条直线已被倒角  1 条 平行   1 条 太短    //完成倒角，并提示倒角的结果
```

完成倒角处理后的图形如图 5-37(b)所示，其中，3 点和 4 点之间的圆弧被倒角所取代，10 点上由于 10-1 边太短，而没有处理。

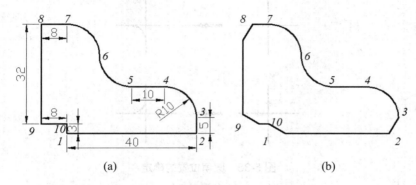

(a)　　　　　　　　　　　　　(b)

图 5-37　对多段线进行倒角处理

5.16.2　圆角

圆角是将两个对象通过一个指定半径的圆弧光滑地连接起来，使两个对象均与圆弧相切。可以进行圆角处理的对象包括直线、圆弧、圆、椭圆弧、椭圆、构造线、射线、二维多段线的直线段等，这些对象可以相交，也可以存在间隙，在满足圆角半径的前提下，对象还可以平行。

执行"圆角"命令的方法如下。

● 功能区："常用"选项卡→"修改"面板→⬜按钮。

● AutoCAD 经典模式菜单：修改→圆角。

● 命令：Fillet。

● 简化命令：F。

【命令执行步骤】

(1) 调用命令。

(2) 命令行提示"选择第一个对象或[放弃(U)/多段线(P)/半径(R)/修剪(T)/多个(M)]"。根据需要选择合适的选项，各选项的含义如下。

- 选择第一个对象：在已经设置好圆角参数的前提下，直接选择需要进行圆角处理的对象。
- 放弃：恢复在命令中执行的上一个操作。
- 多段线：对整个二维多段线进行圆角处理。
- 半径：设置圆角弧线的半径，如果半径设置为0，则不进行圆角处理。
- 修剪：控制圆角命令是否自动修剪原对象。
- 多个：设置在一次圆角命令执行过程中对多个对象进行两两圆角处理，而不退出圆角命令。

(3) 根据前一步所选的选项，输入相应的参数，选择待处理的对象，完成圆角的设置。

对于一些十字交叉的对象，在进行圆角处理时，对象之间存在多个可能的圆角，可以通过选择对象时以鼠标单击对象的位置来确定，如图5-38所示。

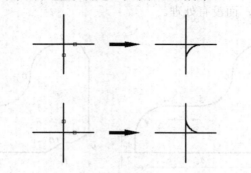

图 5-38　圆角位置的确定

对多段线进行圆角处理时，将在长度适合圆角半径的每条多段线线段的顶点处插入圆角弧，并根据选项设置，修剪或保留原线段，当某个直线段的长度小于圆角半径时，此段将不被处理。

例5-21：对多段线进行圆角处理。

对图5-39(a)中的多段线进行圆角处理，圆角半径设置为5。

```
命令: f↙      //输入"圆角"的简化命令
FILLET 当前设置: 模式 = 不修剪，半径 = 0.0000      //提示当前倒角参数
选择第一个对象或 [放弃(U)/多段线(P)/半径(R)/修剪(T)/多个(M)]: t↙      //设置修剪模式
输入修剪模式选项 [修剪(T)/不修剪(N)] <不修剪>: t↙      //选择"修剪"
选择第一个对象或 [放弃(U)/多段线(P)/半径(R)/修剪(T)/多个(M)]: r↙      //进入设置圆角半径模式
指定圆角半径 <0.0000>: 5↙      //设置圆角半径为5
选择第一个对象或 [放弃(U)/多段线(P)/半径(R)/修剪(T)/多个(M)]: p↙      //选择多段线模式
选择二维多段线:      //以鼠标选择多段线
4 条直线已被圆角  1 条 平行  2 条 太短      //完成圆角处理，并提示圆角处理的结果
```

完成圆角处理后的图形如图 5-39(b)所示，其中，圆弧部分并没有任何变化，10 点和 1 点上，由于 10-1 边长度小于圆角半径，而没有处理。

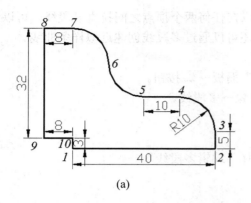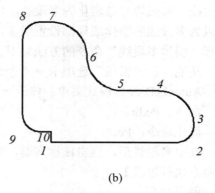

(a)　　　　　　　　　　　(b)

图 5-39　对多段线进行圆角处理

当两对象平行时，也可以其进行圆角处理，AutoCAD 会自动创建圆弧连接两平行线，圆弧的直径与两平行线的距离相等，如果两平行线长度不相同，则会自动延长短线使二者对齐。

例 5-22： 对平行线进行圆角处理。

对图 5-40(a)中的平行线进行圆角处理。

```
命令: f↙    //输入"圆角"简化命令
FILLET  当前设置: 模式 = 修剪, 半径 = 5.0000    //提示当前倒角参数
选择第一个对象或 [放弃(U)/多段线(P)/半径(R)/修剪(T)/多个(M)]:    //点击直线 1 的左半部分
选择第二个对象, 或按住 Shift 键选择要应用角点的对象:    //点击直线 2 的左半部分
命令: f↙    //输入"圆角"的简化命令
FILLET  当前设置: 模式 = 修剪, 半径 = 5.0000    //提示当前倒角参数
选择第一个对象或 [放弃(U)/多段线(P)/半径(R)/修剪(T)/多个(M)]:    //点击直线 1 的右半部分
选择第二个对象, 或按住 Shift 键选择要应用角点的对象:    //点击直线 2 的右半部分
```

完成圆角处理后的图形如图 5-40(b)所示。

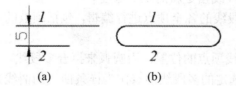

(a)　　　　　(b)

图 5-40　对平行线进行圆角处理

5.17　多段线、多线与样条曲线的编辑

多段线、多线和样条曲线都是由若干个顶点、若干个对象连接而成的组合图形，绘制完成后，均可以对其进行编辑。

5.17.1　多段线的编辑

多段线的编辑可以通过闭合、打开、移动、添加或删除单个顶点来实现，编辑的过程中，

可以将直线、圆弧等对象转化为多段线，可以在任何两个顶点之间拉直多段线，可以切换线型，可以为多段线的整体或局部设置线宽，还可以通过多段线创建近似样条曲线。

执行"编辑多段线"命令的方法如下。

● 功能区："常用"选项卡→"修改"面板→⬦按钮。

● AutoCAD 经典模式菜单：修改→对象→多段线。

● 命令：Pedit。

● 简化命令：Pe。

● 选中多段线后，点击鼠标右键，选择"编辑多段线"。

【命令执行步骤】

(1) 调用命令。

(2) 命令行提示"选择多段线或 [多条(M)]"。选择要编辑的多段线，如果需要同时对多个多段线进行编辑，可以选择"多条"选项。

(3) 命令行提示"输入选项[闭合(C)/合并(J)/宽度(W)/编辑顶点(E)/拟合(F)/样条曲线(S)/非曲线化(D)/线型生成(L)/反转(R)/放弃(U)]"。选择编辑多段线的方式及要实现的功能，各个选项的含义如下。

● 闭合：将被编辑的开放多段线首尾闭合，只有当多段线开放时，系统才会提示这个选项。

● 打开：将被编辑的闭合多段线变成开放的多段线，只有当多段线闭合时，系统才会提示这个选项。

● 合并：将有共同顶点的直线、圆弧或多段线合并为一条多段线，如果对象间没有共同顶点，即存在间隙，可以通过模糊距离的设定，利用修剪、延伸或将端点用新的线段连接起来的方式来合并端点。

● 宽度：为整条多段线指定新的统一宽度。

● 编辑顶点：对多段线的各个顶点进行编辑，包括顶点的插入、删除、改变切线方向、移动等操作。

● 拟合：根据多段线顶点的位置，用圆弧来拟合多段线。

● 样条曲线：使用选定的多段线顶点作为样条曲线的曲线控制点，从而生成样条曲线。

● 非曲线化：删除由拟合或样条曲线插入的其他顶点，并拉直所有多段线线段。

● 线型生成：生成经过多段线顶点的连续图案的线型。

● 反转：通过反转方向，来更改指定给多段线的线型中的文字的方向。

● 放弃：取消前一步的操作。

(4) 根据所选的选项，按照提示，对多段线进行编辑。

例 5-23：多段线的编辑。

将图 5-41(a)中的直线段、多段线段、圆弧合并为一条多段线。

```
命令: pe↙      //输入"编辑多段线"的简化命令
PEDIT 选择多段线或 [多条(M)]: m↙      //选择"多条"模式
选择对象: 找到 1 个      //以鼠标选择直线段 1
选择对象: 找到 1 个，总计 2 个      //以鼠标选择圆弧段 2
选择对象: 找到 1 个，总计 3 个      //以鼠标选择多段线 3
选择对象: ↙      //直接按 Enter 键结束选择
```

是否将直线、圆弧和样条曲线转换为多段线？[是(Y)/否(N)]? <Y>↙　　//提示是否将非多段线转换为
多段线，直接按 Enter 键，默认选择"是"
输入选项 [闭合(C)/打开(O)/合并(J)/宽度(W)/拟合(F)/样条曲线(S)/非曲线化(D)/线型生成(L)/反转(R)/放
弃(U)]: j↙　　//选择"合并"选项
合并类型 = 延伸　　//提示当前多段线合并的类型
输入模糊距离或 [合并类型(J)] <10.0000>: 10↙　　//设置模糊距离为 10
多段线已增加 5 条线段　　//提示完成多段线的合并

多段线合并之后，效果如图 5-41(b)所示。

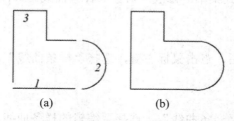

图 5-41　多段线的编辑

5.17.2　多线的编辑

利用多线编辑的命令，可以对两条多线交叉或转折时的交叉点或转折点的形式进行设置，同时，可以对多线的顶点和多线的打断形式进行设置。
执行"编辑多线"命令的方法如下。
- AutoCAD 经典模式菜单：修改→对象→多线。
- 命令：Mledit。
执行命令后，AutoCAD 将弹出"多线编辑工具"对话框，如图 5-42 所示。

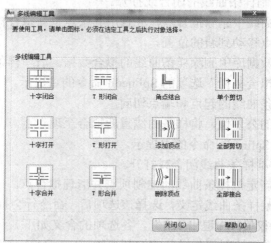

图 5-42　"多线编辑工具"对话框

在"多线编辑工具"对话框中，第一列控制交叉的多线，第二列控制 T 形相交的多线，第三列控制角点结合和顶点，第四列控制多线中的打断。用户可以根据自己的需求，选择不同的工具。各工具编辑后的效果与对话框中的缩略图相同。

5.17.3　样条曲线的编辑

样条曲线的编辑功能可以用于修改样条曲线对象的形状。

执行"编辑样条曲线"命令的方法如下。

- 功能区："常用"选项卡→"修改"面板→ $\mathcal{E}$ 按钮。
- AutoCAD 经典模式菜单：修改→对象→样条曲线。
- 命令：Splinedit。
- 简化命令：Spe。
- 选中样条曲线线后，点击鼠标右键，选择"样条曲线"。

【命令执行步骤】

(1) 调用命令。

(2) 命令行提示"选择样条曲线"。选择要编辑的样条曲线。

(3) 命令行提示"输入选项[拟合数据(F)/闭合(C)/移动顶点(M)/优化(R)/反转(E)/转换为多段线(P)/放弃(U)]"。根据需要，选择适当的选项进行编辑，其中，各选项的含义如下。

① 拟合数据：根据不同的选项重新拟合当前样条曲线，选择该选项后，命令行会提示"输入拟合数据选项[添加(A)/闭合(C)/删除(D)/移动(M)/清理(P)/相切(T)/公差(L)/退出(X)]"，各选项的含义如下。

- 添加：在样条曲线中增加拟合点，并重新拟合样条曲线。选择点后，AutoCAD 将亮显该点和下一点，并将新点置于亮显的点之间。在打开的样条曲线上选择最后一点，只亮显该点，并将新点添加到最后一点之后。如果在打开的样条曲线上选择第一点，可以选择将新拟合点放置在第一点之前或之后。
- 闭合/打开：控制样条曲线的闭合或打开。
- 删除：从样条曲线中删除拟合点，并且用其余点重新拟合样条曲线。
- 移动：把拟合点移动到新的位置。
- 清理：从图形数据库中删除样条曲线的拟合数据。清理样条曲线的拟合数据后，将显示不包括"拟合数据"选项的 Splinedit 命令的主提示。
- 相切：编辑样条曲线的起点和端点切向。
- 公差：使用新的公差值，将样条曲线重新拟合至现有点。

② 退出：返回到 Splinedit 命令的主提示。

③ 闭合/打开：控制样条曲线闭合或打开。

④ 移动顶点：重新定位样条曲线的控制顶点并清理拟合点。

⑤ 优化：精密调整样条曲线定义，选择该选项后，命令行会提示"输入优化选项[添加控制点(A)/提高阶数(E)/权值(W)/退出(X)]"，各选项的含义如下。

- 添加控制点：增加控制部分样条的控制点数，AutoCAD 将在影响该部分样条曲线的两个控制点之间紧靠着选定的点添加新的控制点。
- 提高阶数：增加样条曲线上控制点的数目，输入大于当前阶数的值，将增加整个样条曲线的控制点数，使控制更为严格，阶数的最大值为26。
- 权值：修改不同样条曲线控制点的权值。较大的权值将样条曲线拉近其控制点。

⑥　反转：反转样条曲线的方向。

⑦　转换为多段线：将样条曲线转换为多段线，此时，需要指定精度，精度值的有效值为 0~99 之间的整数，精度值决定结果多段线与源样条曲线拟合的精确程度。

⑧　放弃：取消上一编辑操作。

例 5-24：样条曲线的编辑。

对图 5-43(a)中的样条曲线进行如下编辑：

```
命令: spe↙      //输入"编辑样条曲线"的简化命令
SPLINEDIT 选择样条曲线:      //以鼠标选择样条曲线
输入选项 [拟合数据(F)/闭合(C)/移动顶点(M)/优化(R)/反转(E)/转换为多段线(P)/放弃(U)]: f↙
    //选择"拟合数据"
输入拟合数据选项[添加(A)/闭合(C)/删除(D)/移动(M)/清理(P)/相切(T)/公差(L)/退出(X)] <退出>: a↙
    //添加样条曲线的控制点
指定控制点 <退出>:      //以鼠标捕捉 B 点，将在 B 点后边添加新点
指定新点 <退出>: @-10,10↙      //利用相对直角坐标添加第一个新点
指定新点 <退出>: @-10,-10↙      //利用相对直角坐标添加第二个新点
指定新点 <退出>: @-10,-10↙      //利用相对直角坐标添加第三个新点
指定新点 <退出>:      //以鼠标捕捉 A 点
指定新点 <退出>:↙      //退出"添加新点"
指定控制点 <退出>:↙      //退出"指定控制点"
输入拟合数据选项[添加(A)/打开(O)/删除(D)/移动(M)/清理(P)/相切(T)/公差(L)/退出(X)] <退出>:↙
    //退出"拟合数据"选项
输入选项 [拟合数据(F)/打开(O)/移动顶点(M)/优化(R)/反转(E)/转换为多段线(P)/放弃(U)]: r↙
    //选择"优化"样条曲线
输入优化选项 [添加控制点(A)/提高阶数(E)/权值(W)/退出(X)] <退出>: e↙      //选择"提高阶数"选项
输入新阶数 <4>: 10↙      //指定新阶数为 10
输入优化选项 [添加控制点(A)/提高阶数(E)/权值(W)/退出(X)] <退出>:↙      //退出"优化"样条曲线
输入选项 [打开(O)/移动顶点(M)/优化(R)/反转(E)/转换为多段线(P)/放弃(U)/退出(X)] <退出>:↙
    //退出编辑样条曲线
```

编辑完成后的样条曲线如图 5-43(b)所示。可以看出，优化后的样条曲线，控制点数量大大增加了。

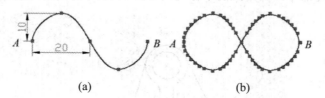

(a)　　　　　　　　　　　(b)

图 5-43　编辑样条曲线

5.18　夹 点 编 辑

夹点是指在没有执行任何命令的情况下，利用鼠标选中 AutoCAD 图形对象时，在所选对象的关键点上所出现的方框标记。夹点就是这些图形对象上的控制点，不同对象的夹点是不相同的，如图 5-44 所示。利用对象的夹点，可以实现对象的拉伸、移动、选择、镜像、缩放、复制等功能，通常，使用率较高的是利用夹点实现对象的拉伸与移动。

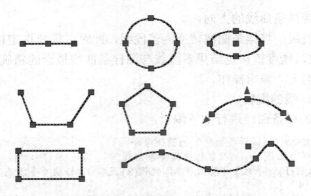

图 5-44   不同图形对象的夹点

当对象被选中时，夹点是蓝色的，称为"冷夹点"，如果在选中状态下，再次单击对象的某个夹点，则此夹点会变为红色，称为"暖夹点"。当出现"暖夹点"时，命令行会提示：

```
命令:
** 拉伸 **
指定拉伸点或 [基点(B)/复制(C)/放弃(U)/退出(X)]:
```

此时，可以按照命令行的提示，对所选对象进行拉伸操作。如果不输入任何参数，而直接按 Enter 键，则可以在拉伸、移动、旋转、缩放、镜像功能中循环切换，也可以利用鼠标右键，在弹出的快捷菜单中选择相应的功能。

5.19 综 合 实 例

本节综合运用 AutoCAD 中的绘图与编辑功能，完成如图 5-45 所示的雕塑模型的绘制。图中，所有圆角处理部分，圆角弧的半径均为 2.5，雕塑下方的基座为左右对称结构。

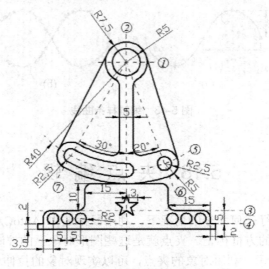

图 5-45   雕塑模型

参考绘图步骤如下。

1. 绘制轴线

根据尺寸绘制图形的 7 条轴线，并更改线型，此步骤主要运用"直线"、"圆弧"等绘图命令和"平移"、"复制"等编辑命令。绘图之前，需要打开"中点捕捉"、"交点捕捉"和"极轴追踪"功能。

【绘图命令】

```
命令:l↙      //输入绘制直线的简化命令，绘制轴线①
LINE 指定第一点:      //屏幕上指定轴线①的左侧端点
指定下一点或 [放弃(U)]: @25,0↙   //利用相对直角坐标指定轴线①的右侧端点
指定下一点或 [放弃(U)]: ↙   //直接按 Enter 键完成轴线①的绘制
命令:l↙      //输入绘制直线的简化命令，绘制轴线②
LINE 指定第一点: 10↙   //以鼠标捕捉到轴线①的中点后，稍作停留，出现竖直方向的极轴追踪线
后，向上拖动鼠标，并输入距离，确定轴线②的起点
指定下一点或 [放弃(U)]: @0,-80↙   //利用相对直角坐标指定轴线②的下方端点
指定下一点或 [放弃(U)]: ↙   //直接按 Enter 键完成轴线②的绘制
命令:l↙      //输入绘制直线的简化命令，绘制轴线③
LINE 指定第一点: 40↙   //以鼠标捕捉到轴线①的中点后，稍作停留，出现水平方向的极轴追踪线
后，向左拖动鼠标，并输入距离，确定轴线③的起点
指定下一点或 [放弃(U)]: @80,0↙   //利用相对直角坐标指定轴线③的右侧端点
指定下一点或 [放弃(U)]: ↙   //直接按 Enter 键完成轴线③的初步绘制
命令:m↙   //输入"平移"的简化命令
MOVE 选择对象: 找到 1 个   //选择初步绘制完成的轴线③
指定基点或 [位移(D)] <位移>:   //选取任意点作为平移基点
指定第二个点或 <使用第一个点作为位移>: 55↙   //以鼠标竖直向下拖动，并输入平移距离，将轴线
③平移到正确的位置
命令:co↙   //输入"复制"的简化命令，绘制轴线④
COPY 选择对象: 找到 1 个   //选择绘制完成的轴线③
当前设置: 复制模式 = 多个   //系统提示当前参数设置
指定基点或 [位移(D)/模式(O)] <位移>:   //选择任意点作为复制基点
指定第二个点或 <使用第一个点作为位移>: 5↙   //以鼠标竖直向下拖动，并输入复制的距离，由轴
线③复制生成轴线④
命令:l↙   //输入绘制直线的简化命令，绘制轴线⑥
LINE 指定第一点:   //以鼠标捕捉轴线①和②的交点
指定下一点或 [放弃(U)]: @50<-70↙   //利用相对极坐标绘制轴线⑥
命令:l↙   //输入绘制直线的简化命令，绘制轴线⑦
LINE 指定第一点:   //以鼠标捕捉轴线①和②的交点
指定下一点或 [放弃(U)]: @50<-120↙   //利用相对极坐标绘制轴线⑦
命令:a↙   //输入绘制圆弧的简化命令，绘制轴线⑤
ARC 指定圆弧的起点或 [圆心(C)]: c↙   //选择"圆心"模式
指定圆弧的圆心:   //以鼠标捕捉轴线①和②的交点
指定圆弧的起点: @40<230↙   //利用相对极坐标指定圆弧的起点
指定圆弧的端点或 [角度(A)/弦长(L)]: a↙   //选择"角度"模式
指定包含角: 70↙   //输入圆弧包含的圆心角，完成轴线⑤的绘制
```

绘制完成后，修改线型，绘制成果如图 5-46 所示。

2. 绘制上部的基础线条

最顶部的两个同心圆由绘制圆形命令直接绘制生成，上部下方的系列圆弧由绘制的圆形根据轴线修剪而成，竖向的连接杆线条由轴线②复制生成，并匹配属性而得。此步骤主要用

到绘制"圆"的绘图命令和"复制"的编辑命令。绘图前，设置图层的默认线宽为 0.3mm。

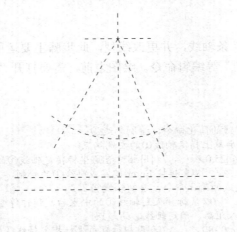

图 5-46　绘制轴线

【绘图命令】

```
命令: co↙    //输入"复制"的简化命令
COPY 选择对象: 找到 1 个    //以鼠标选择轴线②
选择对象: ↙    //直接按 Enter 键结束选择对象
当前设置: 复制模式 = 多个    //系统提示当前参数设置
指定基点或 [位移(D)/模式(O)] <位移>:    //选择任意点作为复制基点
指定第二个点或 <使用第一个点作为位移>: 2.5↙    //以鼠标水平向右拖动，同时输入距离值
指定第二个点或 [退出(E)/放弃(U)] <退出>: 2.5↙    //以鼠标水平向左拖动，同时输入距离值
命令: c↙    //输入绘制圆的简化命令
CIRCLE 指定圆的圆心或 [三点(3P)/两点(2P)/切点、切点、半径(T)]:    //以鼠标捕捉轴线①和②的交点
指定圆的半径或 [直径(D)]: 5↙    //指定圆的半径
```

用同样方法，分别绘制半径为 7.5、35、37.5、42.5、45 的圆，绘制成果如图 5-47 所示。

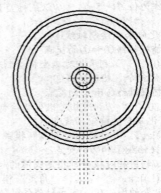

图 5-47　绘制上部的基础线条

3. 根据基础线条生成上部图形轮廓

根据已经绘制完成的基础线条和轴线，对其进行修剪，由此生成图形的轮廓线，此步骤主要用到"圆"、"圆弧"等绘图命令和"修剪"、"特征匹配"等编辑命令。

【绘图命令】

命令: tr↙　　//输入"修剪"的简化命令
TRIM 当前设置: 投影=UCS，边=无 选择剪切边…　　//系统提示当前修剪参数，并提示选择剪切边
选择对象或 <全部选择>: 找到 1 个　　//以鼠标选择轴线⑥
选择对象: 找到 1 个，总计 2 个　　//以鼠标选择轴线⑦
选择对象: ↙　　//直接按 Enter 键结束修剪边界的选择
选择要修剪的对象，或按住 Shift 键选择要延伸的对象，或[栏选(F)/窗交(C)/投影(P)/边(E)/删除(R)/放弃(U)]: 指定对角点:　　//用鼠标框选的方式在轴线⑥和⑦之外选中画好的同心圆
选择要修剪的对象，或按住 Shift 键选择要延伸的对象，或[栏选(F)/窗交(C)/投影(P)/边(E)/删除(R)/放弃(U)]: ↙　　//直接按 Enter 键结束修剪对象的选择
命令: tr↙　　//输入"修剪"简化命令
TRIM 当前设置:投影=UCS 边=无 选择剪切边…　　//系统提示当前修剪参数，并提示选择剪切边
选择对象或 <全部选择>: 找到 1 个　　//以鼠标选择轴线②
选择对象: ↙　　//直接按 Enter 键结束修剪边界的选择
选择要修剪的对象，或按住 Shift 键选择要延伸的对象，或[栏选(F)/窗交(C)/投影(P)/边(E)/删除(R)/放弃(U)]:　　//以鼠标点击半径为 37.5 的圆弧在轴线②右侧的部分
选择要修剪的对象，或按住 Shift 键选择要延伸的对象，或[栏选(F)/窗交(C)/投影(P)/边(E)/删除(R)/放弃(U)]:　　//以鼠标点击半径为 42.5 的圆弧在轴线②右侧的部分
选择要修剪的对象，或按住 Shift 键选择要延伸的对象，或[栏选(F)/窗交(C)/投影(P)/边(E)/删除(R)/放弃(U)]: ↙　　//直接按 Enter 键结束修剪对象的选择
命令: a↙　　//输入"圆弧"简化命令
ARC 指定圆弧的起点或 [圆心(C)]:　　//以鼠标选择轴线⑦与半径为 35 的圆弧的交点
指定圆弧的第二个点或 [圆心(C)/端点(E)]: c↙　　//进入"圆心"模式
指定圆弧的圆心:　　//以鼠标选择轴线⑦与轴线⑤的交点作为圆弧的圆心
指定圆弧的端点或 [角度(A)/弦长(L)]:　　//以鼠标选择轴线⑦与半径为 45 的圆弧的交点
命令: a↙　　//输入"圆弧"的简化命令
ARC 指定圆弧的起点或 [圆心(C)]:　　//以鼠标选择轴线⑦与半径为 37.5 的圆弧的交点
指定圆弧的第二个点或 [圆心(C)/端点(E)]: c↙　　//进入"圆心"模式
指定圆弧的圆心:　　//以鼠标选择轴线⑦与轴线⑤的交点作为圆弧的圆心
指定圆弧的端点或 [角度(A)/弦长(L)]:　　//以鼠标选择轴线⑦与半径为 42.5 的圆弧的交点
命令: a↙　　//输入"圆弧"的简化命令
ARC 指定圆弧的起点或 [圆心(C)]:　　//以鼠标选择轴线②与半径为 42.5 的圆弧的交点
指定圆弧的第二个点或 [圆心(C)/端点(E)]: c↙　　//进入"圆心"模式
指定圆弧的圆心:　　//以鼠标选择轴线②与轴线⑤的交点作为圆弧的圆心
指定圆弧的端点或 [角度(A)/弦长(L)]:　　//以鼠标选择轴线②与半径为 37.5 的圆弧的交点
命令: a↙　　//输入"圆弧"的简化命令
ARC 指定圆弧的起点或 [圆心(C)]:　　//以鼠标选择轴线⑥与半径为 45 的圆弧的交点
指定圆弧的第二个点或 [圆心(C)/端点(E)]: c↙　　//进入"圆心"模式
指定圆弧的圆心:　　//以鼠标选择轴线⑥与轴线⑤的交点作为圆弧的圆心
指定圆弧的端点或 [角度(A)/弦长(L)]:　　//以鼠标选择轴线⑥与半径为 35 的圆弧的交点
命令: c↙　　//输入"圆"的简化命令
CIRCLE 指定圆的圆心或 [三点(3P)/两点(2P)/切点、切点、半径(T)]:　　//以鼠标选择轴线⑥与轴线⑤的交点作为圆的圆心
指定圆的半径或 [直径(D)] <45.0000>: 2.5↙　　//输入圆的半径
命令: ma↙　　//输入"特性匹配"的简化命令
MATCHPROP 选择源对象:　　//选择已经绘制好的任意圆弧
当前活动设置: 颜色 图层 线型 线型比例 线宽 厚度 打印样式 标注 文字 填充图案 多段线 视口 表格材质 阴影显示 多重引线　　//系统提示当前匹配的属性设置
选择目标对象或 [设置(S)]:　　//选择轴线②左侧的直线
选择目标对象或 [设置(S)]:　　//选择轴线②右侧的直线
命令: tr↙　　//输入"修剪"简化命令
TRIM 当前设置: 投影=UCS，边=无 选择剪切边…　　//系统提示当前修剪参数，并提示选择剪切边
选择对象或 <全部选择>: 找到 1 个　　//以鼠标选择轴线②左侧的直线
选择对象: 找到 1 个，总计 2 个　　//以鼠标选择轴线②右侧的直线
选择对象: ↙　　//直接按 Enter 键结束修剪边界的选择
选择要修剪的对象，或按住 Shift 键选择要延伸的对象，或[栏选(F)/窗交(C)/投影(P)/边(E)/删除(R)/放弃(U)]:　　//以鼠标选择上方半径为 7.5 的圆位于两条直线中间的部分

选择要修剪的对象，或按住 Shift 键选择要延伸的对象，或[栏选(F)/窗交(C)/投影(P)/边(E)/删除(R)/放弃(U)]：　　//以鼠标选择下方半径为 35 的圆弧位于两条直线中间的部分

选择要修剪的对象，或按住 Shift 键选择要延伸的对象，或[栏选(F)/窗交(C)/投影(P)/边(E)/删除(R)/放弃(U)]：✓　　//直接按 Enter 键结束修剪对象的选择

绘制完成的图形如图 5-48 所示。

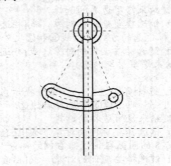

图 5-48　根据基础线条生成上部图形轮廓

4. 完成上部图形的绘制

根据现有图形轮廓，首先进行直线段与圆弧段连接处的圆角处理，然后绘制左右两侧的切线。此步骤主要用到"直线"等绘图命令和"圆角"等编辑命令。

【绘图命令】

命令：f✓　　//输入"圆角"的简化命令
FILLET 当前设置：模式 = 修剪，半径 = 0.0000　　//系统提示当前圆角选项参数
选择第一个对象或 [放弃(U)/多段线(P)/半径(R)/修剪(T)/多个(M)]：r✓　//选择"半径"选项
指定圆角半径 <0.0000>：2.5✓　　//输入圆角半径
选择第一个对象或 [放弃(U)/多段线(P)/半径(R)/修剪(T)/多个(M)]：　　//以鼠标选择轴线②左侧的直线
选择第二个对象，或按住 Shift 键选择要应用角点的对象：//以鼠标点击上方半径为 7.5 的圆弧左半部分

用同样方法，对上半部分的其余三个圆角进行设置。

命令：l✓　　//输入"直线"的简化命令
LINE 指定第一点：tan✓　　//指定直线起点前，先输入"tan"代表捕捉切点
到　　//在上方半径为 7.5 的圆弧左侧的适当位置，单击鼠标
指定下一点或 [放弃(U)]：tan✓　　//捕捉切点
到　　//在下方左侧圆弧的适当位置单击鼠标，完成左侧切线的绘制

用同样方法绘制右侧的切线，完成上部图形的绘制，图形如图 5-49 所示。

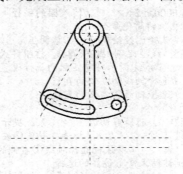

图 5-49　完成上部图形的绘制

5. 基座轮廓的绘制

基座轮廓需要首先利用多段线绘制，然后对其进行圆角处理。此步骤主要用到"多段线"等绘图命令和"圆角"等编辑命令。

【绘图命令】

```
命令: pl↙      //输入"多段线"的简化命令
PLINE  指定起点:       //以鼠标选择轴线②与上部最下方弧线的交点
当前线宽为 0.0000      //系统提示当前线宽
指定下一个点或 [圆弧(A)/半宽(H)/长度(L)/放弃(U)/宽度(W)]: 15↙       //以鼠标水平向右拖动，并输入
距离值 15
指定下一点或 [圆弧(A)/闭合(C)/半宽(H)/长度(L)/放弃(U)/宽度(W)]:       //以鼠标竖直向下捕捉追踪
线与轴线③的交点
指定下一点或 [圆弧(A)/闭合(C)/半宽(H)/长度(L)/放弃(U)/宽度(W)]: 15↙       //以鼠标水平向右拖动，
并输入距离值 15
指定下一点或 [圆弧(A)/闭合(C)/半宽(H)/长度(L)/放弃(U)/宽度(W)]:       //以鼠标竖直向下捕捉追踪
线与轴线④的交点
指定下一点或 [圆弧(A)/闭合(C)/半宽(H)/长度(L)/放弃(U)/宽度(W)]: 2↙       //以鼠标水平向右拖动，并
输入距离值 2
指定下一点或 [圆弧(A)/闭合(C)/半宽(H)/长度(L)/放弃(U)/宽度(W)]: 2↙       //以鼠标竖直向下拖动，并
输入距离值 2
指定下一点或 [圆弧(A)/闭合(C)/半宽(H)/长度(L)/放弃(U)/宽度(W)]: 64↙       //以鼠标水平向左拖动，
并输入距离值 64
指定下一点或 [圆弧(A)/闭合(C)/半宽(H)/长度(L)/放弃(U)/宽度(W)]:       //以鼠标竖直向上捕捉追踪
线与轴线④的交点
指定下一点或 [圆弧(A)/闭合(C)/半宽(H)/长度(L)/放弃(U)/宽度(W)]: 2↙       //以鼠标水平向右拖动，并
输入距离值 2
指定下一点或 [圆弧(A)/闭合(C)/半宽(H)/长度(L)/放弃(U)/宽度(W)]: :       //以鼠标竖直向上捕捉追踪
线与轴线③的交点
指定下一点或 [圆弧(A)/闭合(C)/半宽(H)/长度(L)/放弃(U)/宽度(W)]: 15↙       //以鼠标水平向左拖动，
并输入距离值 15
指定下一点或 [圆弧(A)/闭合(C)/半宽(H)/长度(L)/放弃(U)/宽度(W)]: 10↙       //以鼠标竖直向上拖动，并
输入距离值 10
指定下一点或 [圆弧(A)/闭合(C)/半宽(H)/长度(L)/放弃(U)/宽度(W)]: c↙//选择"闭合"模式，闭合多段线
命令: f ↙      //输入"圆角"的简化命令
FILLET 当前设置: 模式 = 修剪，半径 = 0.0000      //系统提示当前圆角参数
选择第一个对象或 [放弃(U)/多段线(P)/半径(R)/修剪(T)/多个(M)]: r↙      //选择设置圆角半径
指定圆角半径 <0.0000>:2.5↙      //输入半径值
选择第一个对象或 [放弃(U)/多段线(P)/半径(R)/修剪(T)/多个(M)]: p↙      //选择"多段线"模式
选择二维多段线:      //以鼠标选择刚刚绘制完成的多段线
6 条直线已被圆角 1 条 平行      6 条 太短      //系统提示圆角处理的结果
```

绘制完成的图形如图 5-50 所示。

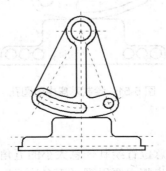

图 5-50　绘制基座轮廓

6. 绘制基座中的圆孔

由于基座中的圆孔为左右对称结构，所以可以先绘制左侧或右侧的三个圆，然后镜像生成另一侧。此步骤主要用到"圆"等绘图命令和"复制"、"移动"、"镜像"等编辑命令。

【绘图命令】

```
命令: c↙        //输入绘制"圆"的简化命令
CIRCLE 指定圆的圆心或 [三点(3P)/两点(2P)/切点、切点、半径(T)]:      //以鼠标捕捉基座的左下角点
指定圆的半径或 [直径(D)] <2.5000>: 2↙    //输入圆的半径
命令: co↙      //输入"复制"的简化命令
COPY 选择对象: 找到 1 个↙      //选择刚绘制好的圆
选择对象: ↙    //直接按 Enter 键结束选择对象
当前设置: 复制模式 = 多个      //系统提示当前复制模式
指定基点或 [位移(D)/模式(O)] <位移>:      //选取基座的左下角点，即圆心，作为复制的基点
指定第二个点或 <使用第一个点作为位移>: 5↙    //以鼠标水平向右拖动，输入距离值5，生成第二个圆
指定第二个点或 [退出(E)/放弃(U)] <退出>: 10↙  //以鼠标水平向右拖动，输入距离值10，生成第三个圆
命令: m↙    //输入"移动"的简化命令
MOVE 选择对象: 指定对角点: 找到 3 个      //框选刚绘制好的三个圆
选择对象: ↙    //直接按 Enter 键结束选择对象
指定基点或 [位移(D)] <位移>: ↙    //选取基座的左下角点，即第一个圆的圆心，作为移动的基点
指定第二个点或 <使用第一个点作为位移>: @5.5,4↙ //利用相对直角坐标指定该圆心平移后的正确位置
命令: mi↙    //输入"镜像"的简化命令
MIRROR 选择对象: 指定对角点: 找到 3 个      //框选移动到正确位置的三个圆
选择对象: ↙    //直接按 Enter 键结束选择对象
指定镜像线的第一点:    //以鼠标捕捉到轴线②上的任意一点
指定镜像线的第二点:    //以鼠标捕捉到轴线②上的另外一点
要删除源对象吗? [是(Y)/否(N)] <N>: ↙  //直接按 Enter 键，默认不删除源对象，镜像生成另外一侧的
三个圆孔
```

绘制好的图形如图 5-51 所示。

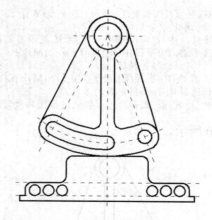

图 5-51   绘制基座中的圆孔

7. 绘制五角星

绘制五角星时，可以先在任意位置绘制任意大小的五角星，然后利用缩放命令缩放至指定大小，并平移至正确位置。此步骤主要用到"正多边形"、"多段线"等绘图命令和"修剪"、"删除"、"缩放"、"平移"等编辑命令。

【绘图过程】

绘制指定大小五角星的过程如图 5-52 所示。

图 5-52　绘制指定大小的五角星

然后利用"移动"命令，将五角星移动到正确位置，完成图形的绘制，如图 5-53 所示。

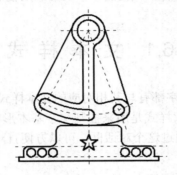

图 5-53　完成图形的绘制

第6章 文字与表格

文字注释是绘制图形过程中重要的内容之一。进行各种设计时，不仅要绘制出图形，还要在图形中标注一些注释性的文字，如技术要求、注释说明等，对图形对象加以解释。

AutoCAD 提供了多种在图形中输入文字的方法。另一方面，图表在 AutoCAD 图形中也有大量的应用，如明细表、参数表和标题栏等。

本章将详细介绍文本的注释和编辑功能，以及图表的使用方法。

6.1 文 本 样 式

所有 AutoCAD 图形中的文字都有与其相对应的文本样式。当输入文字对象时，AutoCAD 使用当前设置的文本样式。文本样式是用来控制文字基本形状的一组设置。AutoCAD 2010 提供了"文字样式"对话框，通过这个对话框，可以方便直观地设置需要的文本样式，或对已有样式进行修改。

执行"文字样式"命令的方法如下。

● 功能区："常用"选项卡→"注释"面板→ A 按钮。
● AutoCAD 经典模式菜单：格式→文字样式。
● 命令：Style。
● 简化命令：St。

执行命令后，AutoCAD 弹出"文字样式"对话框，如图 6-1 所示。

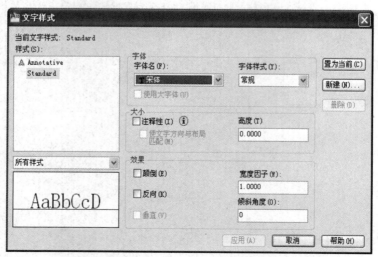

图 6-1　"文字样式"对话框

在"文字样式"对话框中，各选项的含义如下。

(1)　"样式"列表框：列出所有已设定的文字样式名或对已有样式名进行相关操作。单击"新建"按钮，系统打开如图 6-2 所示的"新建文字样式"对话框。在该对话框中，可以为新建的文字样式输入名称。从"样式"列表框中选中要改名的文本样式，右击，选择快捷菜单中的"重命名"命令，可以为所选文本样式输入新的名称。

图 6-2　"新建文字样式"对话框

(2)　"字体"选项组：用于确定字体样式。文字的字体确定字符的形状，在 AutoCAD 中，除了它固有的 SHX(形状字体文件)外，还可以使用 TrueType 字体(如宋体、楷体等)。一种字体可以设置不同的效果，从而被多种文本样式使用。

(3)　"大小"选项组：用于确定文本样式使用的字体文件、字体风格及字高。"高度"文本框用来设置创建文字时的固定字高，在用 TEXT 命令输入文字时，AutoCAD 不再提示输入字高参数。如果在此文本框中设置字高为 0，系统会在每一次创建文字时提示输入字高，所以，如果不想固定字高，就可以把"高度"文本框中的数值设置为 0。

(4)　"效果"选项组。

● "颠倒"复选框：勾选该复选框，表示将文本文字倒置标注，如图 6-3(a)所示。

● "反向"复选框：确定是否将文本文字反向标注，即如图 6-3(b)所示的标注效果。

● "垂直"复选框：确定文本是水平标注还是垂直标注。勾选该复选框时为垂直标注，否则为水平标注。

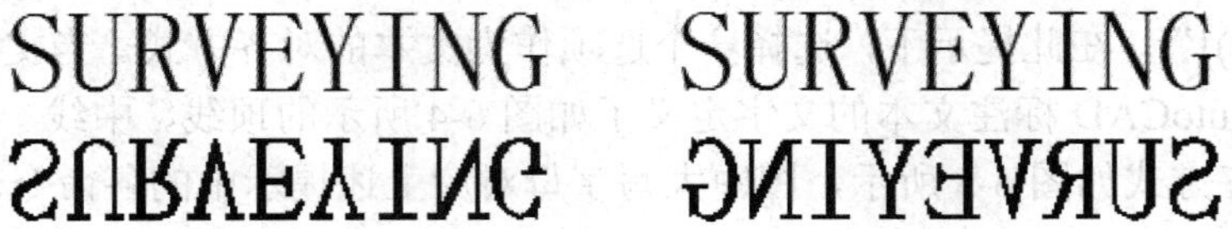

SURVEYING　　SURVEYING

(倒置文字)　　(反向文字)

(a)　　　　　　　　　　(b)

图 6-3　文字倒置标注与反向标注

● "宽度因子"文本框：设置宽度系数，确定文本字符的宽高比。当比例系数为1时，表示将按字体文件中定义的宽高比标注文字。当此系数小于1时，字会变窄，反之变宽。

● "倾斜角度"文本框：用于确定文字的倾斜角度。角度为0时不倾斜，为正数时向右倾斜，为负数时向左倾斜。

(5)　"应用"按钮：确认对文字样式的设置。当创建新的文字样式或对现有文字样式的某些特征进行修改后，都需要单击此按钮，系统才会确认所做的改动。

6.2 文 本 标 注

在绘制图形的过程中，文字传递了很多设计信息，它可能是一个很复杂的说明，也可能是一个简短的文字信息。当需要文字标注的文本较为简短时，可以利用 TEXT 命令创建单行文本；当需要标注的文字信息较为复杂时，可以利用 MTEXT 命令创建多行文本。

6.2.1 单行文字

"单行文字"命令用于创建单行文字对象。创建单行文字时，要指定文字样式并设置对齐方式。也可以使用单行文字创建多行文字，但是，每行文字都是独立的对象，可对其进行重定位、调整格式或进行其他修改。

执行"单行文字"命令的方法如下。

- 功能区："常用"选项卡→"注释"面板→**A**|按钮。
- AutoCAD 经典模式菜单：绘图→文字→单行文字。
- 命令：Text。
- 简化命令：Dt。

【命令执行步骤】

(1) 调用命令。

(2) 命令行提示"指定文字的起点或[对正(J)/样式(S)]"。指定文字起点或输入相应选项，其中各选项的含义如下。

- 对正：用来确定文本的对齐方式，对齐方式决定文本的哪部分与所选插入点对齐。执行此选项后，命令行将提示"输入选项[对齐(A)/调整(F)/中心(C)/中间(M)/右@/左上(TL)/中上(TC)/右上(TR)/左中(ML)/正中(MC)/右中(MR)/左下(BL)/中下(BC)/右下(BR)]"，在此提示下，选择一个选项作为文本的对齐方式。当文本文字水平排列时，AutoCAD 标注文本的文字定义了如图 6-4 所示的顶线、中线、基线和底线，各种对齐方式如图 6-5 所示，图中大写字母对应上述提示中的各命令。

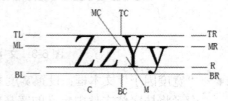

图 6-4　文本行的底线、基线、中线和顶线　　　　图 6-5　文本的对齐方式

- 样式：指定文字样式，文字样式决定文字字符的外观，所创建的文字将会使用当前文字样式。

(3) 命令行提示"指定高度"。输入文字高度。

(4) 命令行提示"指定文字的旋转角度"。默认的情况下，输入的文字是水平的，如果需要旋转一定的角度，则在此输入旋转角度。

(5)　输入单行文字。

输入的文本文字均匀地分布在指定的两点之间，如果两点间的连线不水平，则文本行倾斜放置，倾斜角度由两点间的连线与 X 轴夹角确定；字高、字宽根据两点间的距离、字符的多少以及文本样式中设置的宽度系数自动确定。指定了两点之后，每行输入的字符越多，字宽和字高越小。

实际绘图时，有时需要标注一些特殊字符，例如直径符号、上划线或下划线、温度符号等，由于这些符号不能直接从键盘上输入，AutoCAD 提供了一些控制码，用来实现这些要求。控制码用两个百分号(%%)加一个字符构成，常用的控制码及功能如表 6-1 所示。

表 6-1　AutoCAD 常用的控制码

控　制　码	标注的特殊字符	控　制　码	标注的特殊字符
%%O	上划线	\u+0278	电相位
%%U	下划线	\u+E101	流线
%%D	"度"符号	\u+2261	标识
%%P	正负符号	\u+E102	界碑线
%%C	直径符号	\u+2260	不等于
%%%	百分号	\u+2126	欧姆
\u+2248	约等于	\u+03A9	欧米加
\u+2220	角度	\u+214A	低界线
\u+E100	边界线	\u+2082	下标 2
\u+2104	中心线	\u+00B2	上标 2
\u+0394	差值		

其中，%%O 和%%U 分别是上划线和下划线的开关，第一次出现此符号时，开始画上划线和下划线，第二次出现此符号时，上划线和下划线终止。例如输入"Surveying and %%U mapping %%U"，得到如图 6-6(a)所示的文本行，而输入"\u+2220AOB=30%%D%%P15'"，则得到如图 6-6(b)所示文本行。

Surveying and mapping　　　∠AOB=30°±15'

(a)　　　　　　　　　　　　　　(b)

图 6-6　文本行

利用 TEXT 命令可以创建一个或若干个单行文本，即此命令可以标注多行文本。在"输入文字"提示下，输入一行文本文字后，按 Enter 键，命令行继续提示"输入文字"，用户可输入第二行文本文字，依此类推，直到文本文字全部输写完毕，再在此提示下按两次 Enter 键，结束文本输入命令。每一次按 Enter 键就结束一个单行文本的输入，每一个单行文本是一个对象，可以单独修改其文本样式、字高、旋转角度、对齐方式等。

用 TEXT 命令创建文本时，在命令行输入的文字同时显示在绘图区，而且在创建过程中可以随时改变文本的位置，只要移动光标到新的位置单击，则当前行结束，随后输入的文字在新的文本位置出现，用这种方法，可以把多行文本标注到绘图区的不同位置。

6.2.2　多行文字

"多行文字"命令可以通过输入或导入文字创建多行文字对象。输入文字之前，应指定文字边框的对角点。文字边框用于定义多行文字对象中段落的宽度。多行文字对象的长度取决于文字量，而不是边框的长度。多行文字对象和输入的文本文件最大为 256KB。

1. 插入多行文字

执行"多行文字"命令的方法如下。

- 功能区："常用"选项卡→"注释"面板→**A** 按钮。
- AutoCAD 经典模式菜单：绘图→文字→多行文字。
- 命令：MText。
- 简化命令：Mt 或 T。

【命令执行步骤】

(1)　调用命令。

(2)　命令行提示"指定第一角点"。输入文本框的起点坐标或以鼠标在屏幕上选点。

(3)　命令行提示"指定对角点或[高度(H)/对正(J)/行距(L)/旋转(R)/样式(S)/宽度(w)]"。输入文本框的对角点坐标或以鼠标在屏幕上选点，或者根据需要，选择相应的选项，其中，各选项的含义如下。

- 高度：设置字体的高度。
- 对正：用于确定所标注文本的对齐方式。其对齐方式与 Text 命令中的各对齐方式相同。选择一种对齐方式后按 Enter 键，系统回到上一级提示。
- 行距：用于确定多行文本的行间距，即相邻两文本行基线之间的垂直距离。选择此选项，命令行将提示"输入行距类型[至少(A)/精确(E)]"。其中，选择"至少"模式，系统将根据每行文本中最大的字符自动调整行间距；选择"精确"模式，系统将为多行文本赋予一个固定的行间距，可以直接输入一个确切的间距值，也可以用输入"n"的形式，其中 n 是一个具体数，表示行间距设置为单行文本高度的 n 倍，而单行文本高度是本行文本字符高度的 1.66 倍。
- 旋转：用于确定文本行的倾斜角度，可以直接输入旋转角度。
- 样式：用于确定当前的文本文字样式。
- 宽度：用于指定多行文本的宽度。可在绘图区选择一点，与前面确定的第一个角点组成一个矩形框的宽，作为多行文本的宽度；也可以输入一个数值，精确设置多行文本的宽度。

(4)　在弹出的"文字格式"对话框和多行文字编辑器中进行多行文本标注。

(5)　以鼠标单击，结束编辑。

2. 多行文字编辑器

在创建多行文本时，只要指定文本行的起始点和宽度，系统就会打开如图 6-7 所示的多行文字编辑器。用户可以在编辑器中输入和编辑多行文本，包括设置字高、文本样式以及倾斜角度等。该编辑器与 Microsoft Word 编辑器界面相似，事实上，该编辑器与 Word 编辑器在某些功能上趋于一致。这样既增强了多行文字的编辑功能，又使用户更熟悉和方便使用。

图 6-7　多行文字编辑器

多行文字编辑器用来控制文本文字的显示特性。可以在输入文本文字前，设置文本的特性，也可以改变已输入的文本文字特性。要改变已有文本文字显示特性，首先应选择要修改的文本，选择文本的方式有以下 3 种：

● 将光标定位到文本文字开始处，按住鼠标左键，拖到文本末尾。

● 双击某个文字，则该文字被选中。

● 三次单击鼠标，则选中全部内容。

在图 6-7 所示的"多行文字编辑器"对话框中，部分选项的功能如下。

(1) "文字高度"下拉列表框：用于确定文本的字符高度，可在文本编辑器中设置输入新的字符高度，也可从此下拉列表框中选择已设定过的高度值。

(2) "加粗"**B** 和"斜体"*I* 按钮：用于设置加粗或斜体效果，但这两个按钮只对 TrueType 字体有效。

(3) "下划线" U 和"上划线" ō 按钮：用于设置或取消文字的上下划线。

(4) "堆叠"按钮 ：为层叠或非层叠文本按钮，用于层叠所选的文本文字，也就是创建分数形式。当文本中某处出现"/"、"^"或"#"三种层叠符号之一时，可层叠文本，其方法是选中需层叠的文字，然后单击此按钮，则符号左边的文字作为分子，右边的文字作为分母进行层叠。AutoCAD 提供了 3 种分数形式：如选中"cde/dfg"后单击此按钮，得到如图 6-8(a)所示的分数形式；如果选中"cde^dfg"后单击此按钮，则得到如图 6-8(b)所示的形式，此形式多用于标注极限偏差；如果选中"cde#dfg"后单击此按钮，则创建斜排的分数形式，如图 6-8(c)所示。如果选中已经层叠的文本对象后单击此按钮，则恢复到非层叠形式。

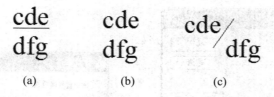

(a)　　　　　　(b)　　　　　(c)

图 6-8　文本层叠

(5) "倾斜角度"下拉列表框：用于设置文字的倾斜角度。

(6) "符号"按钮 @：用于输入各种符号。单击此按钮，系统打开符号列表，可以从中选择符号，输入到文本中。

(7) "插入字段"按钮 ：用于插入一些常用或预设的字段。单击此按钮，系统打开"字段"对话框，如图 6-9 所示，用户可从中选择字段，插入到标注文本中。

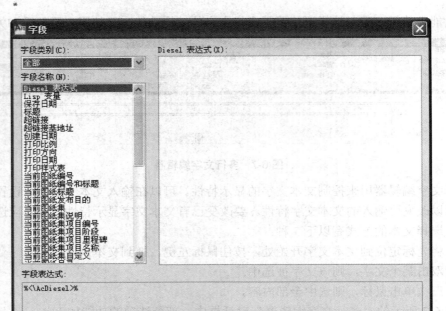

图 6-9　"字段"对话框

(8) "追踪"下拉列表框 <u>a·b</u>：用于增大或减小选定字符之间的空间。1.0 表示设置常规间距，设置大于 1.0 表示增大间距，设置小于 1.0 表示减小间距。

(9) "宽度因子"下拉列表框 <u>o</u>：用于扩展或收缩选定字符。1.0 表示设置代表此字体中字母的常规宽度，可以增大该宽度或减小该宽度。

(10) 字符集：显示代码页菜单，可以选择一个代码页并将其应用到选定的文本文字中。

(11) 删除格式：清除选定文字的粗体、斜体或下划线格式。

(12) 堆叠：选择此项，系统打开"堆叠特性"对话框，如图 6-10 所示。

(13) 背景遮罩：用设定的背景对标注的文字进行遮罩。选择此项，系统打开"背景遮罩"对话框，如图 6-11 所示。

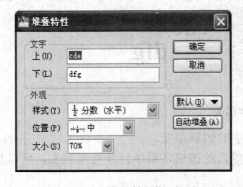

图 6-10　"堆叠特性"对话框

图 6-11　"背景遮罩"对话框

3. 实例——在多行文字中插入特殊符号

(1)　单击"绘图"工具栏中的"多行文字"按钮 **A**，系统打开"文字格式"对话框。单击"选项"按钮 ，系统打开"选项"菜单，在"符号"菜单中选择"其他"命令，系统打开"字符映射表"对话框，如图 6-12 所示，其中包含当前字体的整个字符集。

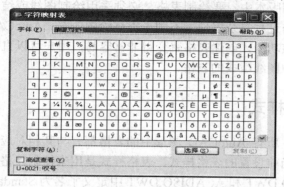

图 6-12　"字符映射"表对话框

(2)　选中要插入的字符，然后单击"选择"按钮。

(3)　选中要使用的所有字符，然后单击"复制"按钮。

(4)　在多行文字编辑器中右击，在打开的快捷菜单中选择"粘贴"命令。

6.3　文　本　编　辑

在 AutoCAD 中，对于已经创建的文字或文本，可以通过"文本编辑"命令修改其文字内容、格式和特性等。

执行"文本编辑"命令的方法如下。

* AutoCAD 经典模式菜单：修改→对象→文字→编辑。
* 鼠标右键快捷菜单：选中文本对象，以鼠标右键单击，选择"编辑"菜单命令。
* 命令行：Ddedit。
* 简化命令：Ed。

【命令执行步骤】

(1)　调用命令。

(2)　命令行提示"选择注释对象或[放弃(U)]"。用鼠标选择编辑对象。

(3)　要求选择想要修改的文本，同时，光标变为拾取框。用拾取框选择对象，如果选择的文本是用 TEXT 命令创建的单行文本，则深显该文本，可对其进行修改；如果选择的文本是用 MTEXT 命令创建的多行文本，选择对象后，则打开多行文字编辑器(如图 6-7 所示)，可根据前面的介绍，对各项设置或对内容进行修改。

6.4 表　　格

在 AutoCAD 早期版本中，要绘制表格，必须采用绘制图线或结合偏移、复制等编辑命令来完成，这样的操作过程复杂繁琐，不利于提高绘图效率。AutoCAD 2010 新增加了"表格"绘图功能，有了该功能，创建表格就变得非常容易，用户可以直接插入设置好样式的表格，而不用绘制由单独图线组成的表格。

6.4.1　定义表格样式

与文字样式一样，所有 AutoCAD 图形中的表格都有与其相对应的表格样式。当插入表格对象时，系统使用当前设置的表格样式。表格样式是用来控制表格基本形状和间距的一组设置。模板文件 ACAD.DWT 和 ACADISO.DWT 中定义了名为 Standard 的默认表格样式。用户也可以利用"表格样式"命令，根据自己的需要，定义所需的表格样式。

执行"表格样式"命令的方法如下。

● 功能区："常用"选项卡→"注释"面板→按钮。
● AutoCAD 经典模式菜单：格式→表格样式。
● 命令行：Tablestyle。
● 简化命令：Ts。

执行上述操作后，系统打开"表格样式"对话框，如图 6-13 所示。

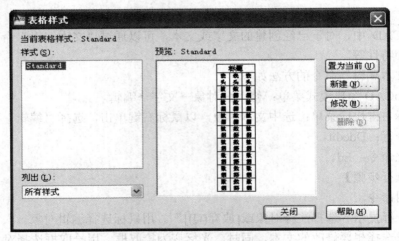

图 6-13　"表格样式"对话框

其中，各选项的含义如下。

(1) "新建"按钮：单击该按钮，系统打开"创建新的表格样式"对话框，如图 6-14 所示。输入新的表格样式名后，单击"继续"按钮，系统将会打开"新建表格样式"对话框，如图 6-15 所示，从中可以定义新的表格样式。

图 6-14　"创建新的表格样式"对话框

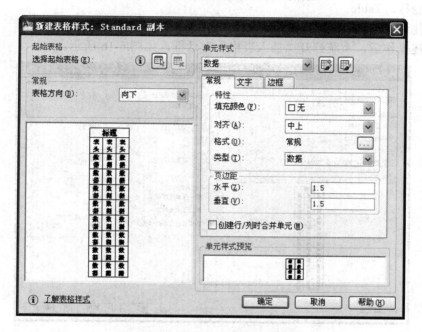

图 6-15　"新建表格样式"对话框

(2) 在"新建表格样式"对话框中，有三个重要的选项卡，即"常规"、"文字"和"边框"，其含义如下。

- "常规"选项卡：用于控制数据栏与标题栏的上下位置关系。
- "文字"选项卡：用于设置文字属性。单击此选项卡，在"文字样式"下拉列表框中，可以选择已定义的文字样式并应用于数据文字，也可以单击右侧的按钮重新定义文字样式。其中"文字高度"、"文字颜色"和"文字角度"各选项设定的相应参数格式可供用户选择。
- "边框"选项卡：用于设置表格的边框属性。下面的边框线按钮控制数据边框线的各种形式，如绘制所有数据边框线、只绘制数据边框外部边框线、只绘制数据边框内部边框线、无边框线、只绘制底部边框线等。选项卡中的"线宽"、"线型"和"颜色"下拉列表框则控制边框线的线宽、线型和颜色；选项卡中的"间距"文本框用于控制单元边界和内容之间的间距。

6.4.2　创建表格

在设置好表格样式后，用户可以根据选定的表格样式，利用"表格"命令创建表格。
执行"表格"命令的方法如下。

- 功能区："常用"选项卡→"注释"面板→⊞按钮。
- AutoCAD 经典模式菜单：绘图→表格。
- 命令行：Table。
- 简化命令：Tb。

执行上述操作后，系统打开"插入表格"对话框，如图 6-16 所示。

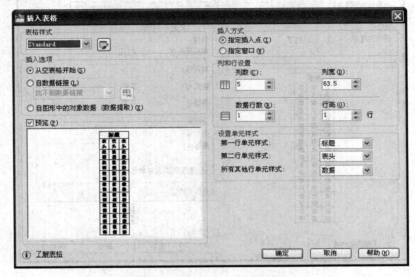

图 6-16　"插入表格"对话框

对话框中各主要选项的含义如下。

(1) "表格样式"下拉列表框：用于选择表格样式，也可以单击右侧的按钮，新建或修改表格的样式。

(2) "插入方式"选项组：用于设置表格的插入方式。

- "指定插入点"单选按钮：指定表左上角的位置。可以使用定点设备，也可以在命令行输入坐标值。如果在"表格样式"对话框中将表格的方向设置为由下而上读取，则插入点位于表格的左下角。

- "指定窗口"单选按钮：指定表格的大小和位置。可以使用定点设备，也可以从命令行输入坐标值。点选该单选按钮，列数、列宽、数据行数和行高取决于窗口的大小以及列和行的设置情况。

(3) "列和行设置"选项组：用于指定列和行的数目以及列宽与行高。

在"插入表格"对话框中进行相应的设置后，单击"确定"按钮，系统在指定的插入点或窗口自动插入一个空表格，并打开多行文字编辑器，用户可以逐行逐列地输入相应的文字或数据，如图 6-17 所示。

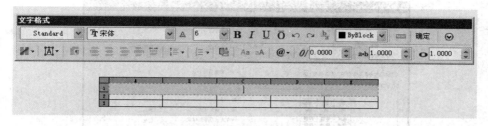

图 6-17　多行文字编辑器

6.4.3　表格文字编辑

创建表格后，可以对表格进行编辑，表格的编辑通过"表格编辑"命令来实现。

执行"表格编辑"命令的方法如下。

- 快捷菜单：选择表或表格中的文字后，以鼠标右键单击，选择快捷菜单中的"编辑文字"命令。
- 命令行：Tabledit。
- 定点设备：在表单元内双击目标。

执行上述操作后，命令行出现"拾取表格单元"的提示，选择要编辑的表格单元，系统打开多行文字编辑器，用户可以对选择的表格单元的文字进行编辑。

例 6-1：新建一个如图 6-18 所示"学生成绩表"。

学生成绩表				
学号	姓名	成绩		合计
		平时成绩	考试成绩	

图 6-18　学生成绩表

命令: TABLESTYLE✓　　//设置表格样式

单击"新建"按钮，打开"新建表格样式"对话框，命名为"学生成绩表"。将标题行添加到表格中，文字高度设置为 3，对齐位置设置为"正中"，线宽保持默认设置，将外框线设置为 0.6mm，内框线为 0.25mm。设置好表格样式后，单击"确定"按钮退出。

单击"绘图"工具栏中的"表格"按钮，系统打开"插入表格"对话框。设置插入方式为"指定插入点"，设置数据行数为 8、列数为 7，设置列宽为 10、行高为 1，如图 6-19 所示，插入的表格如图 6-20 所示。

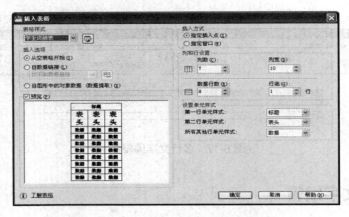

图 6-19　"插入表格"对话框

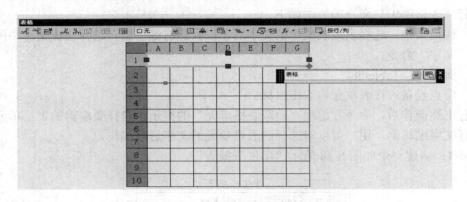

图 6-20　插入的表格

单击"文字格式"对话框中的"确定"按钮，关闭对话框。

选中表格第一列的前两个表格，右击，选择快捷菜单中的"合并单元"→"全部"命令，合并后的表格如图 6-21 所示。利用此方法，继续合并修改，修改后的表格如图 6-22 所示。

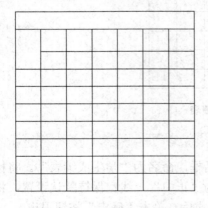

图 6-21　合并后的表格

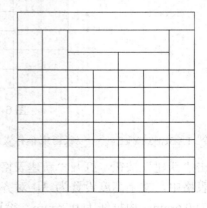

图 6-22　修改后的表格

双击单元格，打开"文字格式"对话框，在表格中输入标题及表头，最后的绘制结果如图 6-18 所示。

第 7 章　面域与填充

面域与填充属于一类特殊的图形区域，在这个图形区域中，AutoCAD 赋予其共同的特殊性质，如相同的图案、计算面积、重心、布尔运算等。本章主要介绍面域和图案填充的相关命令。通过了解面域和图案填充的基本命令，熟练掌握面域的创建、布尔运算及数据提取和图案填充的操作和编辑方法。

7.1　边界与面域

利用直线、多段线、圆弧、样条曲线等多种绘图命令绘制出首尾相连的闭合区域后，可以利用此封闭区域，创建出与此区域形状相同的多段线边界或面域对象。

7.1.1　创建边界

"创建边界"命令可以将由直线、圆弧、多段线等多个对象组合形成的封闭图形构建成一个独立的多段线或面域对象。可以用拉伸或旋转的方式，将其生成三维实体。

执行"创建边界"命令的方法如下。

- 功能区："常用"选项卡→"绘图"面板→█按钮。
- AutoCAD 经典模式菜单：绘图→边界。
- 命令：Boundary。
- 简化命令：Bo。

执行命令后，系统出现"边界创建"对话框，如图 7-1 所示。

图 7-1　"边界创建"对话框

对话框中各选项的含义如下。

- 拾取点：根据围绕指定点构成封闭区域的现有对象来确定边界。

- 孤岛检测：用来控制是否检测内部闭合边界。
- 边界保留：控制是否保留边界。
- 对象类型：控制新边界对象的类型，可以将边界作为面域或多段线对象创建。
- 边界集：定义通过指定点定义边界时所需要分析的对象集，可以选择"当前视口"，根据当前视口范围中的所有对象定义边界集；也可以利用"新建"按钮，在构造新边界集时，用于创建面域或闭合多段线的对象。

由于创建的边界为多段线，所以，如果边界对象中包含有椭圆或样条曲线，则无法创建出多段线的边界，只能创建与边界形状一致的面域。

7.1.2　创建面域

面域是具有边界的平面区域，内部可以包含孔。用户可以将由某些对象围成的封闭区域转变为面域，这些封闭区域可以是圆、椭圆、封闭二维多段线、封闭样条曲线等，也可以是由圆弧、直线、二维多段线和样条曲线等构成的封闭区域。

AutoCAD 中，可以根据已有的封闭区域来创建面域。

执行"创建面域"命令的方法如下。

- 功能区："常用"选项卡→"绘图"面板→按钮。
- AutoCAD 经典模式菜单：绘图→面域。
- 命令：Region。
- 简化命令：Reg。

【命令执行步骤】

(1) 调用命令。

(2) 命令行提示"选择对象"。选择已有的闭合形状，闭合的图形可以是闭合多段线、闭合的多条直线和闭合的多条曲线。

(3) 命令行提示"已创建面域"。系统自动将所选的对象转换成面域，完成面域的创建。

7.2　图　案　填　充

当用户需要用一个重复的图案(pattern)填充一个区域时，可以使用 Bhatch 命令，创建一个相关联的填充阴影对象，即所谓的图案填充。

7.2.1　基本概念

1. 图案边界

当进行图案填充时，首先要确定填充图案的边界。定义边界的对象只能是直线、双向射线、单向射线、多段线、样条曲线、圆弧、圆、椭圆、椭圆弧、面域等对象，或用这些对象定义的块，而且作为边界的对象在当前图层上必须全部可见。

2. 孤岛

在进行图案填充时，把位于总填充区域内的封闭区称为孤岛。在使用 Bhatch 命令填充时，AutoCAD 系统允许用户以拾取点的方式确定填充边界，即在希望填充的区域内任意拾取一点，系统会自动确定出填充边界，同时，也确定该边界内的岛。如果用户以选择对象的方式确定填充边界，则必须确切地选取这些岛。

3. 填充方式

在进行图案填充时，需要控制填充的范围，AutoCAD 系统为用户设置了以下 3 种填充方以实现对填充范围的控制。

(1) 普通方式。如图 7-2(a)所示，该方式从边界开始，从每条填充线或每个填充符号的两端向里填充，遇到内部对象与之相交时，填充线或符号断开，直到遇到下一次相交时再继续填充。采用这种填充方式时，要避免剖面线或符号与内部对象的相交次数为奇数，该方式为系统内部的默认方式。

(2) 最外层方式。如图 7-2(b)所示，该方式从边界向里填充，只要在边界内部与对象相交，剖面符号就会断开，而不再继续填充。

(3) 忽略方式。如图 7-2(c)所示，该方式忽略边界内的对象，所有内部结构都被剖面符号覆盖。

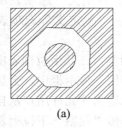 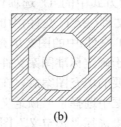 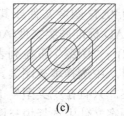

(a) (b) (c)

图 7-2 填充方式

7.2.2 图案填充的操作

执行"图案填充"命令的方法如下。

● 功能区："常用"选项卡→"绘图"面板→按钮。
● AutoCAD 经典模式菜单：绘图→图案填充。
● 命令：Bhatch 或 Hatch。
● 简化命令：Bh 或 H。

执行上述命令后，系统打开如图 7-3 所示的"图案填充和渐变色"对话框，各选项和按钮的含义如下。

1. "图案填充"选项卡

此选项卡中的各选项用来确定图案及其参数，单击此选项卡后，打开如图 7-3 所示的控制面板，其中各选项的含义如下。

图 7-3　"图案填充和渐变色"对话框

(1)　"类型"下拉列表框：用于确定填充图案的类型及图案。"用户定义"选项表示用户要临时定义填充图案，与命令行方式中的 U 选项作用相同；"自定义"选项表示选用 ACAD.PAT 图案文件或其他图案文件(.PAT 文件)中的图案填充；"预定义"选项表示用 AutoCAD 标准图案文件(ACAD.PAT 文件)中的图案填充。

(2)　"图案"下拉列表框：用于确定标准图案文件中的填充图案。在其下拉列表框中，用户可从中选择填充图案。选择需要的填充图案后，在下面的"样例"显示框中，会显示出该图案。只有在"类型"下拉列表框中选择了"预定义"选项，此选项才允许用户从自己定义的图案文件中选择填充图案。如果选择"预定义"图案类型，单击"图案"下拉列表框右侧的按钮，会打开如图 7-4 所示的"填充图案选项板"对话框。在该对话框中显示出所选类型具有的图案，用户可从中确定所需要的图案。

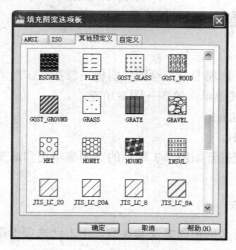

图 7-4　"填充图案选项板"对话框

(3) "样例"显示框：用于给出一个样本图案。在其右侧有一长方形图像框，显示当前用户所选用的填充图案。可以单击该图像，迅速查看或选择已有的填充图案，如图 7-4 所示。

(4) "自定义图案"下拉列表框：此下拉列表框只用于用户自定义的填充图案。只有在"类型"下拉列表框中选择"自定义"选项，该项才允许用户从自己定义的图案文件中选择填充图案。

(5) "角度"下拉列表框：用于确定填充图案时的旋转角度。每种图案在定义时的旋转角度为零，用户可以在"角度"文本框中设置所希望的旋转角度。

(6) "比例"下拉列表框：用于确定填充图案的比例值。每种图案在定义时的初始比例为 1，用户可以根据需要放大或缩小，其方法是在"比例"文本框中输入相应的比例值。

(7) "双向"复选框：用于确定用户临时定义的填充线是一组平行线，还是相互垂直的两组平行线。只有在"类型"下拉列表框中选择"用户定义"选项时，该项才可以使用。

(8) "相对图纸空间"复选框：确定是否相对于图纸空间单位来确定填充图案的比例值。勾选该复选框，可以按适合于版面布局的比例方便地显示填充图案。该选项仅适用于图形版面编排。

(9) "间距"文本框：设置线之间的间距，在"间距"文本框中输入值即可。只有在"类型"下拉列表框中选择"用户定义"选项，该项才可以使用。

(10) "ISO 笔宽"下拉列表框：用于告诉用户根据所选择的笔宽确定与 ISO 有关的图案比例。只有选择了已定义的 ISO 填充图案后，才可确定它的内容。

(11) "图案填充原点"选项组：控制填充图案生成的起始位置。此图案填充(如砖块图案)需要与图案填充边界上的一点对齐。默认情况下，所有图案填充原点都对应于当前 UCS 原点。也可以单击"指定的原点"单选按钮，以及设置下面一级的选项，重新指定原点。

2. "渐变色"选项卡

渐变色是指从一种颜色到另一种颜色的平滑过渡。渐变色能产生光的视觉感受，可为图形添加视觉立体效果。单击该选项卡，如图 7-5 所示，其中，各选项的含义如下。

(1) "单色"单选按钮：应用单色对所选对象进行渐变填充。其下面的显示框显示用户所选择的真彩色，单击右侧的 ┅ 按钮，系统打开"选择颜色"对话框，如图 7-6 所示。

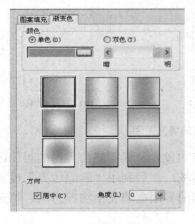

图 7-5　"渐变色"选项卡

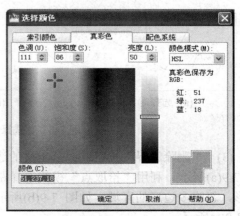

图 7-6　"选择颜色"对话框

(2) "双色"单选按钮：应用双色对所选对象进行渐变填充。填充颜色从颜色1渐变到颜色2，颜色1和颜色2的选择与单色选择相同。

(3) 渐变方式样板：在"渐变色"选项卡中，有9个渐变方式样板，分别表示不同的渐变方式，包括线形、球形、抛物线形等方式。

(4) "居中"复选框：决定渐变填充是否居中。

(5) "角度"下拉列表框：在该下拉列表框中选择的角度为渐变色倾斜的角度。

3. "边界"选项组

在"边界"选项组中，各选项的含义如下。

(1) "添加：拾取点"按钮 ⊞：以拾取点的方式自动确定填充区域的边界。在填充的区域内任意拾取一点，系统会自动确定包围该点的封闭填充边界，并且高亮显示。如图 7-7(a)所示，在光标位置拾取点，则确定填充区域，如图 7-7(b)所示，填充效果如图 7-7(c)所示。

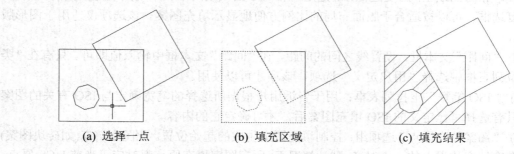

(a) 选择一点　　　　　　(b) 填充区域　　　　　　(c) 填充结果

图 7-7　"拾取点"确定的填充图形

(2) "添加：选择对象"按钮 ⊞：以选择对象的方式确定填充区域的边界。根据需要选择构成任意闭合的图形对象，被选中的图形对象会以高亮度显示，该对象内部将会被已选中的图案填充。如图 7-8(a)所示，选择右上角的正方形；正方形将会被高亮显示，如图 7-8(b)所示；正方形区域将会被填充，如图 7-8(c)所示。

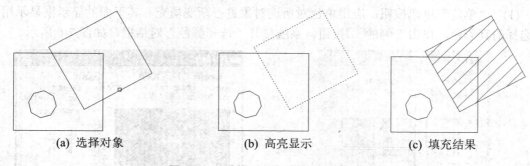

(a) 选择对象　　　　　　(b) 高亮显示　　　　　　(c) 填充结果

图 7-8　"选择对象"确定的填充图形

(3) "删除边界"按钮 ⊞：从定义的边界中删除对象，使其忽略边界内的封闭区间。如图 7-9(a)所示，利用"拾取点"模式选择左侧填充区域；然后利用"删除边界"模式拾取多边形，忽略多边形的区域，如图 7-9(b)所示；多边形的界限在填充中将被忽略，填充效果如图 7-9(c)所示。

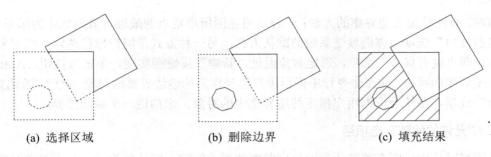

(a) 选择区域　　　　　　　(b) 删除边界　　　　　　　(c) 填充结果

图 7-9　删除边界后的填充图形

(4)　"重新创建边界"按钮：对选定的图案填充或填充对象创建多段线或面域。

(5)　"查看选择集"按钮：查看填充区域的边界。单击该按钮，AutoCAD 系统临时切换到作图状态，将所选的作为填充边界的对象高亮显示。只有通过"添加：拾取点"按钮或"添加：选择对象"按钮选择填充边界，"查看选择集"按钮才可以使用。

4．"选项"选项组

在"选项"选项组中，各选项的含义如下。

(1)　"注释性"复选框：用来确定填充图案是否为注释性，通常用于对图形加以注释的对象的特性。该特性使用户可以自动完成注释缩放过程，将注释性对象定义为图纸高度，并在布局视口和模型空间中，按照这些空间的注释比例设置确定的尺寸显示。

(2)　"关联"复选框：用于确定填充图案与边界的关系。勾选该复选框，则填充的图案与填充边界保持关联关系，即图案填充后，当用钳夹(Grips)功能对边界进行拉伸等编辑操作时，系统会根据边界的新位置重新生成填充图案。

(3)　"创建独立的图案填充"复选框：当指定了几个独立的闭合边界时，控制是创建单个图案填充对象，还是多个图案填充对象。

(4)　"绘图次序"下拉列表框：指定图案填充的绘图顺序。图案填充可以置于所有其他对象之后、所有其他对象之前、图案填充边界之后或图案填充边界之前。

5．"继承特性"按钮

此按钮的作用是继承特性，即选用图中已有的填充图案作为当前的填充图案。

6．"孤岛"选项组

"孤岛"选项组中，各选项的含义如下。

(1)　"孤岛检测"复选框：确定是否检测孤岛。

(2)　"孤岛显示样式"选项组：用于确定图案的填充方式。用户可以从中选择想要的填充方式。默认的孤岛检测方式为"普通"。

7．"边界保留"选项组

指定是否将边界保留为对象，并确定应用于这些对象的对象类型是多段线还是面域。

8．"边界集"选项组

此选项组用于定义边界集。当单击"添加：拾取点"按钮，以根据指定点方式确定填充区域时，有两种定义边界集的方法：一种是将包围所指定点的最近有效对象作为填充边界，即"当前视口"选项，该选项是系统的默认方式；另一种方式是用户自己选定一组对象来构造边界，即"现有集合"选项，选定对象通过"新建"按钮 实现，单击该按钮，AutoCAD 临时切换到作图状态，并在命令行中提示用户选择作为构造边界集的对象。此时，若选择"现有集合"选项，系统会根据用户指定的边界集中的对象，来构造一个封闭边界。

9．"允许的间隙"选项组

设置将对象用作图案填充边界时可以忽略的最大间隙。默认值为 0，此值要求对象必须是封闭区域而没有间隙。

10．"继承选项"选项组

使用"继承选项"创建图案填充时，控制图案填充原点的位置。

7.2.3　编辑填充的图案

对于已经填充好的图形，可以利用"编辑填充"命令对其进行编辑。

执行"编辑填充"命令的方法如下。

- 功能区："常用"选项卡→"修改"面板→ 按钮。
- AutoCAD 经典模式菜单：修改→对象→图案填充。
- 命令：Hatchedit。
- 简化命令：He。

执行上述操作后，系统提示"选择图案填充对象"。选择填充对象后，系统打开如图 7-10 所示的"图案填充编辑"对话框。

图 7-10　"图案填充编辑"对话框

在图 7-10 中，只有亮显的选项才可以对其进行操作。该对话框中，各项的含义与"图案填充和渐变色"对话框中各项的含义相同，利用该对话框，可以对已填充的图案进行一系列的编辑修改。

7.2.4　实例

例 7-1：绘制填充图案。

绘制如图 7-11 所示的花园小路。

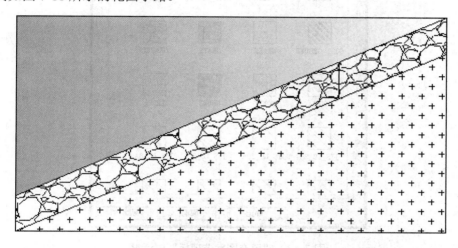

图 7-11　花园小路

① 绘制小路的外形，如图 7-12 所示。

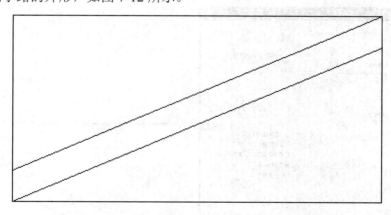

图 7-12　小路的外形

② 单击"绘图"工具栏中的"图案填充"按钮，系统打开"图案填充和渐变色"对话框。选择图案"类型"为"预定义"，单击图案"样例"右侧的按钮，打开"填充图案选项板"对话框，选择"其他预定义"选项卡中的 GRAVEL 图案，如图 7-13 所示。

③ 单击"确定"按钮，返回"图案填充和渐变色"对话框，如图 7-14 所示。单击"添加：拾取点"按钮，在绘图区两条样条直线组成的小路中拾取一点，按 Enter 键，返回"图案填充和渐变色"对话框，单击"确定"按钮，完成鹅卵石小路的绘制，如图 7-15 所示。

④ 从图 7-15 中可以看出，填充图案过于稀疏，可以对其进行编辑修改。双击该填充图案，系统打开"图案填充编辑"对话框，将图案填充"比例"改为 0.3，如图 7-16 所示，单击"确定"按钮，修改后的填充图案如图 7-17 所示。

图 7-13 "填充图案选项板"对话框

图 7-14 选择填充图案

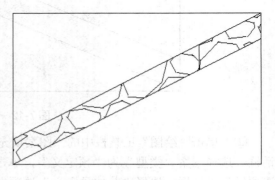

图 7-15 填充小路

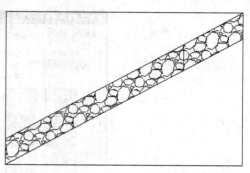

图 7-16　修改填充比例　　　　　　　　　　图 7-17　修改后的填充图案

⑤　单击"绘图"工具栏中的"图案填充"按钮，系统打开"图案填充和渐变色"对话框。选择图案"类型"为"预定义"，填充"角度"为 45 度，"比例"为 0.3，如图 7-18 所示。单击"添加：拾取点"按钮，在绘制的图形右下方拾取一点，按 Enter 键，返回"图案填充和渐变色"对话框，单击"确定"按钮，完成草坪的绘制，如图 7-19 所示。

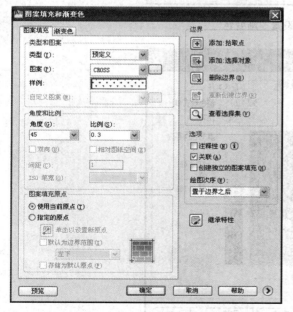

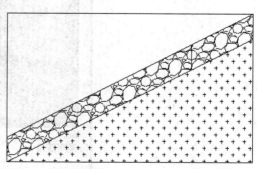

图 7-18　设置草坪填充图案　　　　　　　　图 7-19　填充草坪

⑥ 再次单击"绘图"工具栏中的"图案填充"按钮▥，系统打开"图案填充和渐变色"对话框，单击"渐变色"选项卡，单击"单色"单选按钮，如图 7-20 所示。单击"单色"显示框右侧的按钮▣。打开"选择颜色"对话框，选择如图 7-21 所示的蓝色，单击"确定"按钮，返回"图案填充和渐变色"对话框，选择如图 7-22 所示的颜色变化方式，单击"添加：拾取点"按钮▣，在绘制的图形左上方拾取一点，按 Enter 键，返回"图案填充和渐变色"对话框，单击"确定"按钮，完成池塘的绘制，最终的绘制结果如图 7-11 所示。

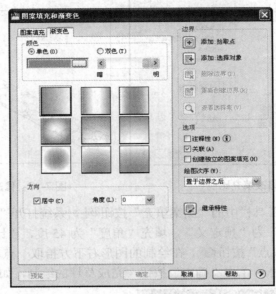

图 7-20　设置"渐变色"

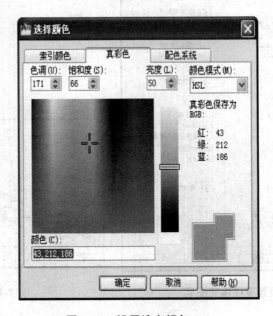

图 7-21　设置填充颜色

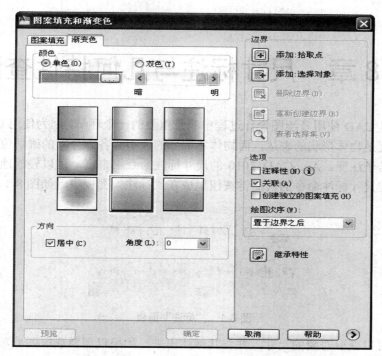

图 7-22　选择颜色变化方式

第8章 尺寸标注与几何特性查询

尺寸标注是 CAD 使用及绘图设计过程中非常重要的一个环节，因为使用 CAD 设计图纸的主要作用，就是物体形状的表达，而物体各部分的大小和各部分间的确切位置，需要利用尺寸标注功能给予注释。AutoCAD 2010 的尺寸标注命令很丰富，可以轻松地创建出各种类型的尺寸。主要尺寸标注命令的快捷键按钮集成在"标注"面板中，如图 8-1 所示。

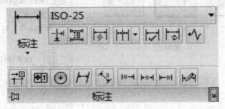

图 8-1   "标注"面板

尺寸标注可以获取对象的尺寸，并将其标注出来，如果仅需要获取图形对象的坐标、距离、角度、面积等几何特性，可以使用特性查询的相关工具与命令。

8.1 尺寸标注样式

在标注尺寸前，先要创建尺寸标注样式，如果用户没有创建适合的尺寸样式而直接标注，AutoCAD 2010 将使用默认名称为 Standard 的样式。通过调整尺寸样式，就能控制与该样式关联的尺寸标注的外观。

8.1.1 标注样式

使用"标注样式"命令，可以设置尺寸线、尺寸线两端的起止符号、尺寸界线和标注文字等。

执行"标注样式"命令的方法如下。

● 功能区："常用"选项卡→"格式"面板→⬛按钮。
● AutoCAD 经典模式菜单：标注→标注样式。
● 命令：Dimstyle。
● 简化命令：D。

执行上述操作后，软件打开"标注样式管理器"对话框，如图 8-2 所示；通过此对话框可以创建新样式、设定当前样式、修改样式、设定当前样式的替代以及比较样式。

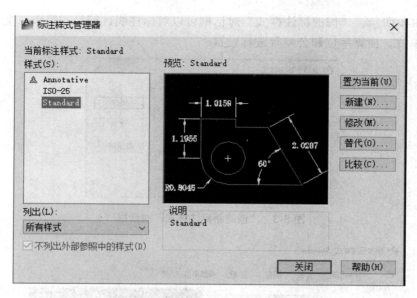

图 8-2 "标注样式管理器"对话框

各选项的含义如下。

● 当前标注样式：显示当前标注样式的名称。默认标注样式为 Standard(标准)。当前样式将应用于所创建的标注。

● 样式：列出图形中的标注样式。当前样式被亮显。在列表中单击鼠标右键，可显示快捷菜单及选项，可用于设定当前标注样式、重命名样式和删除样式。不能删除当前样式或当前图形使用的样式。样式名前的 ▲图标指示样式是注释性尺寸样式，"列表"中选定的项目控制显示的标注样式。

● 列出：在"样式"列表中控制样式显示。如果要查看图形中所有的标注样式，应选择"所有样式"。如果只希望查看图形中当前使用的标注样式，应选择"正在使用的样式"。

● 不列出外部参照中的样式：如果选择此选项，在"样式"列表中将不显示外部参照图形的标注样式。

● 预览：显示"样式"列表中选定样式的图示。

● 说明：说明"样式"列表中与当前样式相关的选定样式。如果说明超出给定的空间，可以单击窗格并使用箭头键向下滚动。

● 置为当前：将在"样式"下选定的标注样式设定为当前标注样式。当前样式将应用于所创建的标注。

● 新建：调用"创建新标注样式"对话框，从中可以定义新的标注样式，如图 8-3 所示。在"新样式名"文本框中，可以编辑所要创建新标注样式名称，用"基础样式"下拉列表框，可以选择创建新样式所基于的标注样式。单击"基础样式"下拉列表框，打开当前已有的样式列表，从中选择一个作为定义新样式的基础，新的样式是在所选样式的基础上修改一些特性得到的。

● 修改：调用"修改标注样式"对话框，从中可以修改一个已经存在的标注样式，如

图 8-4 所示。"修改标注样式"对话框可以对标注线、符号和箭头、文字、调整、主单位、换算单位和公差等进行设置。

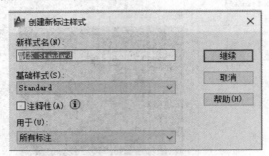

图 8-3 "创建新标注样式"对话框

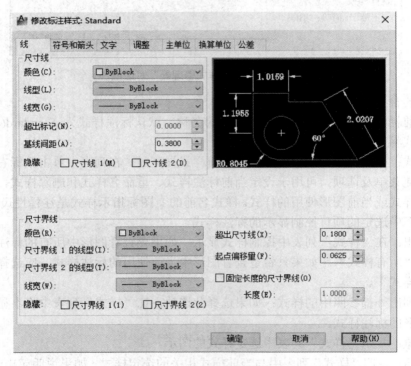

图 8-4 "修改标注样式"对话框

- 替代：显示"替代当前样式"对话框，从中可以设定标注样式的临时替代值。对话框选项与"创建新标注样式"对话框中的选项相同。替代将作为未保存的更改结果显示在"样式"列表中的标注样式下。
- 比较：显示"比较标注样式"对话框，如图 8-5 所示，从中可以比较两个标注样式或列出一个标注样式的所有特性。

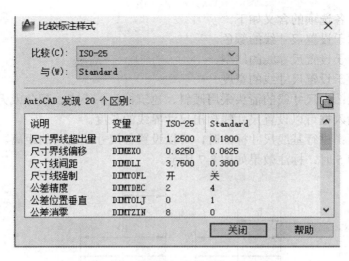

图 8-5　"比较标注样式"对话框

8.1.2　线

在"新建标注样式"或"修改标注样式"对话框中，第一个选项卡为"线"选项卡，如图 8-6 所示。

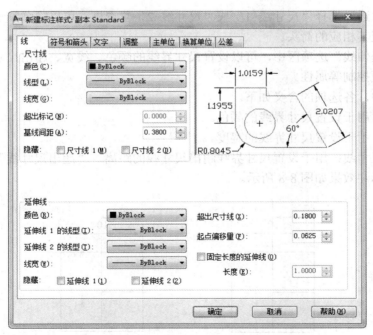

图 8-6　"线"选项卡

(1) 在"线"选项卡的"尺寸线"选项区中，可以设置尺寸线的颜色、线宽、超出标记以及基线间距等属性。

该选项区中，各选项的含义如下。

- 颜色：用于设置尺寸线的颜色。
- 线型：用于设置尺寸线的线型。
- 线宽：用于设置尺寸线的宽度。
- 超出标记：当尺寸线的箭头采用倾斜、建筑标记、小点、积分或无标记等样式时，使用该输入框可以设置尺寸线超出尺寸界线的长度。
- 基线间距：进行基线尺寸标注时，可以设置各尺寸线之间的距离。"基线间距"设置为 2 和 5 时，标注效果如图 8-7 所示。

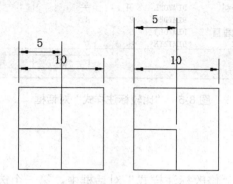

图 8-7   "基线间距"设置为 2 和 5 时的标注效果

- 隐藏：通过选择"尺寸线 1"或"尺寸线 2"复选框，可以隐藏第一段或第二段尺寸线及其相应的箭头。

(2) 在"延伸线"选项区中，可以设置尺寸界线的颜色、线宽、超出尺寸线的长度和起点偏移量、隐藏控制等属性。

该选项区中，各选项的含义如下。

- 颜色：用于设置尺寸界线的颜色。
- 线宽：用于设置尺寸界线的宽度。
- 超出尺寸线：用于设置尺寸界线超出尺寸线的距离，"超出尺寸线"设置为 2 和 0 时的标注效果如图 8-8 所示。

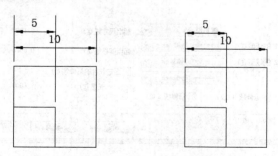

图 8-8   "超出尺寸线"设置为 2 和设置为 0 时的标注效果

- 起点偏移量：用于设置尺寸界线的起点与标注定义的距离，"起点偏移量"设置为 0.5 和 2 时的标注效果如图 8-9 所示。

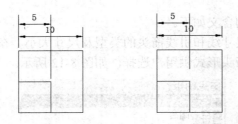

图 8-9　"起点偏移量"设置 0.5 和设置 2 时的标注效果

- 隐藏：通过选择"尺寸界线 1"或"尺寸界线 2"复选框，可以隐藏相对应的尺寸界线。
- 固定长度的延伸线：选中此复选框，用户可以指定标注样式，来设置从尺寸线到标注原点的尺寸延伸线的总长度。相对于原点的尺寸延伸线的偏移距离不能小于系统变量指定的值，系统默认值为 1，选中"固定长度的延伸线"复选框的效果如图 8-10 所示。

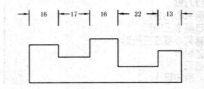

图 8-10　勾选"固定长度的延伸线"的标注效果

8.1.3　符号和箭头

在"新建标注样式"或"修改标注样式"对话框中，第二个选项卡为"符号和箭头"选项卡，如图 8-11 所示。该选项卡用于设置箭头、圆心标记、弧长符号和半径标注折弯的形式和特性。

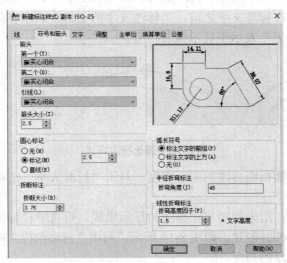

图 8-11　"符号和箭头"选项卡

该选项卡中，各选项的含义如下。

- 箭头：可以设置尺寸线和引线箭头的类型及尺寸大小。在"箭头"的下拉列表中，列出了一系列的箭头形式供用户选择，如图 8-12 所示。

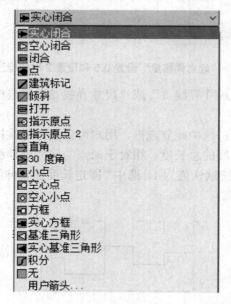

图 8-12 "箭头"下拉列表

- 箭头大小：通过调整数值的大小来控制标记箭头的大小。
- 圆心标记：设置圆或圆弧的圆心标记类型，包括"标记"、"直线"和"无"三种类型。其中，"标记"选项可对圆或圆弧绘制圆心标记；"直线"选项可对圆或圆弧绘制中心线；"无"选项不做任何标记。
- 弧长符号：控制弧长标注中圆弧符号的显示，包括"标注文字的前缀"、"标注文字的上方"和"无"三种形式，如图 8-13 所示。其中，"标注文字的前缀"表示将弧长符号放置在标注文字之前；"标注文字的上方"表示将弧长符号放置在标注文字的上方；"无"表示不显示弧长符号。

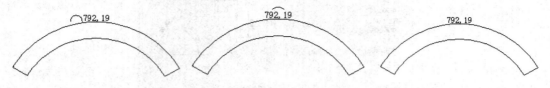

图 8-13 弧长标注样式

- 折断标注：控制折断标注的间距宽度，利用"折断大小"选项设置用于折断标注的间距大小。
- 半径折弯标注：用来控制半径标注的显示模式，折弯半径标注通常在圆或圆弧的圆心位于页面外部时创建，如图 8-14 所示。利用"折弯角度"确定折弯半径标注中尺寸线的横向线段的角度。

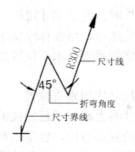

图 8-14　折弯角度标注样式示意

8.1.4　文字

在"新建标注样式"或"修改标注样式"对话框中，第三个选项卡为"文字"选项卡，如图 8-15 所示。该选项卡用于设置文字的形式、颜色、高度、分数高度比例以及控制是否绘制文字的边框。

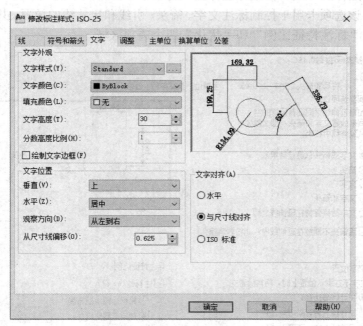

图 8-15　"文字"选项卡

"文字"选项卡共包括三个选项区，分别为"文字外观"、"文字位置"和"文字对齐"。

(1)　在"文字外观"选项区中，各选项的含义如下。

- 文字样式：用于选择标注文字的样式。
- 文字颜色：用于设置标注文字的颜色。
- 填充颜色：用于设置标注中文字背景的颜色。
- 文字高度：用于设置标注文字的高度。
- 分数高度比例：设置相对于标注文字的分数比例。只有在"主单位"选项卡上选择

"分数"作为"单位格式"时，此选项才可用。

● 绘制文字边框：如果选择此选项，将在标注文字周围绘制一个边框。

(2) "文字位置"可以设置文字的垂直、水平位置以及距尺寸线的偏移量，选项区中，各选项的含义如下。

● 垂直：控制标注文字相对尺寸线的垂直位置。

● 水平：控制标注文字在尺寸线上相对于延伸线的水平位置。

● 观察方向：控制标注文字的观察方向，包括"从左到右"和"从右到左"两种。

● 从尺寸线偏移：设置当前文字间距，文字间距是指当尺寸线断开以容纳标注文字时标注文字周围的距离，此值也用作尺寸线段所需的最小长度。

(3) "文字对齐"用来控制标注文字放在延伸线外边或里边时的方向是保持水平还是与延伸线平行。

8.1.5 调整

在"新建标注样式"或"修改标注样式"对话框中，第四个选项卡为"调整"选项卡，如图 8-16 所示。该选项卡用于控制标注文字、箭头、引线和尺寸线的放置，共有"调整选项"、"文字位置"、"标注特征比例"和"优化"四个选项区域。

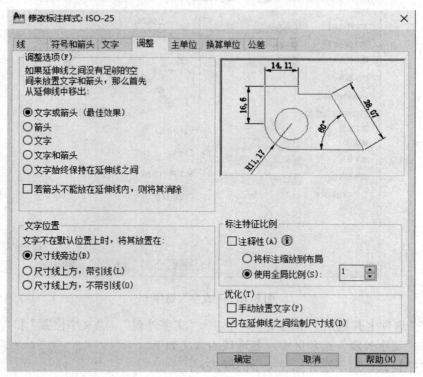

图 8-16　"调整"选项卡

(1) "调整选项"选项区主要用来控制基于延伸线之间可用空间的文字和箭头的位置。如果有足够大的空间，文字和箭头都将放在延伸线内。否则，将按照"调整"选项放置文字和箭头。

- 文字或箭头(最佳效果)：按照最佳效果将文字或箭头移动到延伸线外。当延伸线间的距离足够放置文字和箭头时，文字和箭头都放在延伸线内。否则，将按照最佳效果移动文字或箭头。当延伸线间的距离仅够容纳文字时，将文字放在延伸线内，而箭头放在延伸线外。当延伸线间的距离仅够容纳箭头时，将箭头放在延伸线内，而文字放在延伸线外。当延伸线间的距离既不够放文字，又不够放箭头时，文字和箭头都放在延伸线外。
- 箭头：先将箭头移动到延伸线外，然后移动文字。当延伸线间的距离足够放置文字和箭头时，文字和箭头都放在延伸线内。当延伸线间的距离仅够放下箭头时，将箭头放在延伸线内，而文字放在延伸线外。当延伸线间的距离不足以放下箭头时，文字和箭头都放在延伸线外。
- 文字：先将文字移动到延伸线外，然后移动箭头。当延伸线间的距离足够放置文字和箭头时，文字和箭头都放在延伸线内。当延伸线间的距离仅能容纳文字时，将文字放在延伸线内，而箭头放在延伸线外。当延伸线间的距离不足以放下文字时，文字和箭头都放在延伸线外。
- 文字和箭头：当延伸线间的距离不足以放下文字和箭头时，文字和箭头都移到延伸线外。
- 文字始终保持在延伸线之间：始终将文字放在延伸线之间。
- 若箭头不能放在延伸线内，则将其消除：如果延伸线内没有足够的空间，则将不会显示箭头。

(2) "文字位置"选项区域用来设置标注文字从默认位置移动时标注文字的位置，各选项的含义如下。

- 尺寸线旁边：只要移动标注文字尺寸线就会随之移动；
- 尺寸线上方，带引线：移动文字时尺寸线将不会移动。如果将文字从尺寸线上移开，将创建一条连接文字和尺寸线的引线。当文字非常靠近尺寸线时，将省略引线；
- 尺寸线上方，不带引线：移动文字时尺寸线不会移动。远离尺寸线的文字不与带引线的尺寸线相连。

(3) "标注特征比例"选项区域用来设置全局标注比例值或图纸空间比例，各选项的含义如下。

- 注释性：指定标注为注释性，用户可以自动完成缩放注释的过程，从而使注释能够以正确的大小在图纸上打印或显示。
- 将标注缩放到布局：根据当前模型空间视口和图纸空间之间的比例确定比例因子。
- 使用全局比例：为所有标注样式设置一个比例，这些设置指定了大小、距离或间距，包括文字和箭头大小。该缩放比例并不更改标注的测量值。

(4) "优化"选项区域提供用于放置标注文字的其他选项，各选项的含义如下。

- 手动放置文字：忽略所有水平对正设置并把文字放在"尺寸线位置"提示下指定的位置。
- 在延伸线之间绘制尺寸线：即使箭头放在测量点外，也在测量点之间绘制尺寸线。

8.1.6 主单位

在"新建标注样式"或"修改标注样式"对话框中,第五个选项卡为"主单位"选项卡,如图 8-17 所示。该选项卡用于设置主标注单位的格式和精度,并设置标注文字的前缀和后缀。共包括"线性标注"和"角度标注"两个选项区。

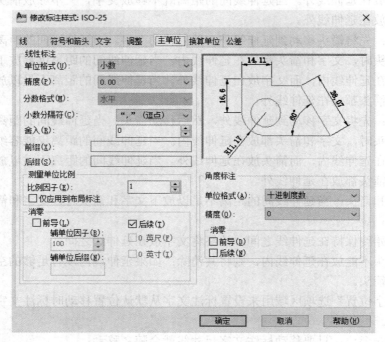

图 8-17 "主单位"选项卡

(1) "线性标注"选项区用来设置线性标注的格式和精度,各选项的含义如下。
- 单位格式:设置除角度之外的所有标注类型的当前单位格式。
- 精度:显示和设置标注文字中的小数位数。
- 分数格式:设置分数格式。
- 小数分隔符:设置用于十进制格式的分隔符。
- 舍入:为除"角度"之外的所有标注类型设置标注测量值的舍入规则。
- 前缀:在标注文字中包含前缀,可以输入文字或使用控制代码显示特殊符号。
- 后缀:在标注文字中包含后缀,可以输入文字或使用控制代码显示特殊符号。
- 测量单位比例:定义线性比例选项。
- 消零:控制是否禁止输出前导零和后续零以及零英尺和零英寸部分,包括"前导"和"后续"两部分。"前导"代表不输出所有十进制标注中的前导零,例如,0.5000 变为 .5000;"后续"代表不输出所有十进制标注中的后续零,例如,12.5000 变成 12.5。

(2) "角度标注"选项区用来显示和设置角度标注的当前角度格式,各选项含义如下。
- 单位格式:设置角度单位的格式。

- 精度：设置角度标注的小数位数。
- 消零：控制是否禁止输出前导零和后续零。

8.1.7　换算单位

在"新建标注样式"或"修改标注样式"对话框中，第六个选项卡为"换算单位"选项卡，如图 8-18 所示。该选项卡用于指定标注测量值中换算单位的显示并设置其格式和精度，共有"换算单位"、"消零"和"位置"三个选项区。

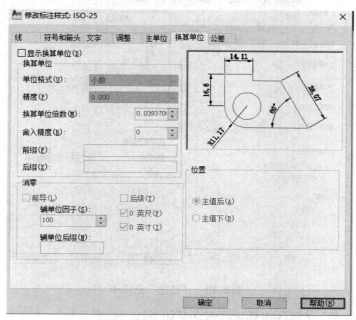

图 8-18　"换算单位"选项卡

(1)　"换算单位"选项区用来显示和设置除角度外的所有标注类型的当前换算单位格式，各选项的含义如下。
- 显示换算单位：向标注文字添加换算测量单位。
- 单位格式：设置换算单位的单位格式。
- 精度：设置换算单位中的小数位数。
- 换算单位倍数：指定一个乘数，作为主单位和换算单位之间的换算因子使用。
- 舍入精度：设置除角度外的所有标注类型的换算单位的舍入规则。
- 前缀：在换算标注文字中包含前缀。
- 后缀：在换算标注文字中包含后缀。

(2)　"消零"选项区用来控制是否禁止输出前导零和后续零以及零英尺和零英寸部分。

(3)　"位置"选项区用来控制标注文字中换算单位的位置。其中，"主值后"是指将换算单位放在标注文字中的主单位之后；"主值下"是指将换算单位放在标注文字中的主单位下面。

8.1.8 公差

在"新建标注样式"或"修改标注样式"对话框中，第七个选项卡为"公差"选项卡，如图8-19所示。该选项卡用于控制标注文字中公差的格式及显示。包括"公差格式"和"换算单位公差"两个选项区。

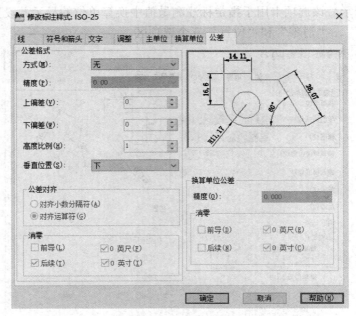

图8-19 "公差"选项卡

(1) "公差格式"选项区主要选项的含义如下。

- 方式：设置计算公差的方法。
- 精度：设置小数位数。
- 上偏差：设置最大公差或上偏差，若在"方式"中选择"对称"，则此值用于公差。
- 下偏差：设置最小公差或下偏差。
- 高度比例：设置公差文字的当前高度。
- 垂直位置：控制对称公差和极限公差的文字对正。
- 公差对齐：堆叠时，控制上偏差值和下偏差值的对齐。
- 消零：控制是否禁止输出前导零和后续零以及零英尺和零英寸部分。

(2) "换算单位公差"选项区用来设置换算公差单位的格式。

8.2 尺 寸 标 注

正确地进行尺寸标注，是设计绘图工作中重要的环节，AutoCAD 2010 提供了方便快捷的尺寸标注方法，可通过执行命令实现，也可用菜单或工具按钮实现。开始标注前，要通过

"标注样式"进行设置。

8.2.1 线性标注

"线性标注"命令用于使用水平、竖直或旋转的尺寸线创建线性标注。对多段线和其他可分解对象，仅标注独立的直线段和圆弧段。

执行"线性"标注命令的方法如下。

- 功能区："注释"选项卡→"标注"面板→⊢按钮。
- AutoCAD 经典模式菜单：标注→线性。
- 命令：Dimlinear。
- 简化命令：Dli。

【命令执行步骤】

(1) 调用命令。

(2) 命令行提示"指定第一条延伸线原点或<选择对象>"。依次指定延伸线的第一点和第二点或按 Enter 键选择要标注的对象，并确定标注的方向，如图 8-20 所示。

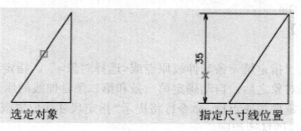

选定对象   指定尺寸线位置

图 8-20 "线性标注"的过程及效果

(3) 指定第二条延伸线原点后，命令行提示"指定尺寸线位置或[多行文字(M)/文字(T)/角度(A)/水平(H)/垂直(V)/旋转(R)]"。指定点或输入选项，选项的含义如下。

- 多行文字：显示在位文字编辑器，可用它来编辑标注文字。
- 文字：在命令提示下，自定义标注文字，生成的标注测量值显示在尖括号中。
- 角度：修改标注文字的角度。
- 水平：创建水平线性标注，如图 8-21(a)所示。
- 垂直：创建垂直线性标注，如图 8-21(b)所示。
- 旋转：创建旋转线性标注，如图 8-21(c)所示。

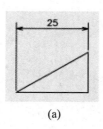
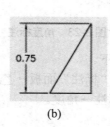
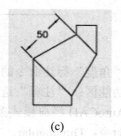

(a)   (b)   (c)

图 8-21 不同选项的效果

8.2.2 对齐标注

"对齐标注"命令用于创建与延伸线的原点对齐的线性标注，效果如图 8-22 所示。

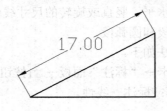

17.00

图 8-22 对齐标注

执行"对齐标注"命令的方法如下。

● 功能区："注释"选项卡→"标注"面板→按钮。

● AutoCAD 经典模式菜单：标注→对齐。

● 命令：Dimaligned。

● 简化命令：Dal。

【命令执行步骤】

(1) 调用命令。

(2) 命令行提示"指定第一条延伸线原点或<选择对象>"。指定点或按 Enter 键选择要标注的对象，在选择对象之后，自动确定第一条和第二条延伸线的原点。

(3) 指定第二条延伸线原点后，命令行将提示"指定尺寸线位置或[多行文字(M)/文字(T)/角度(A)]"，功能与线性标注相同。

8.2.3 角度标注

"角度"命令用于测量选定的对象或三个点之间的角度，效果如图 8-23 所示。角度标注可以选择的对象包括圆弧、圆和直线等。

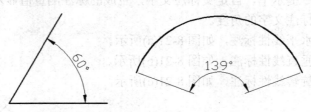

60°   139°

图 8-23 角度标注

执行"角度"标注命令的方法如下。

● 功能区："注释"选项卡→"标注"面板→按钮。

● AutoCAD 经典模式菜单：标注→角度。

● 命令：Dimangular。

● 简化命令：Dan。

【命令执行步骤】

(1) 调用命令。

(2) 命令行提示"选择圆弧、圆、直线或<指定顶点>"。选择圆弧、圆、直线，或按 Enter 键通过指定三个点来创建角度标注，各选项的含义如下。

- 指定顶点：使用角的顶点、起点和端点定义角度，并进行标注。
- 圆弧：使用选定圆弧上的点作为三点角度标注的定义点。圆弧的圆心是角度的顶点。圆弧端点成为延伸线的原点，在延伸线之间绘制一条圆弧作为尺寸线，延伸线从角度端点绘制到尺寸线交点。
- 圆：圆的圆心是角度的顶点，按顺序选择两个点作为角的起点和终点。
- 直线：用两条直线定义角度，直线的交点将作为角度顶点，如果尺寸线与被标注的直线不相交，将根据需要添加延伸线，以延长一条或两条直线。

(3) 命令行提示"指定标注弧线位置或[多行文字(M)/文字(T)/角度(A)/象限点(Q)]"。确定角度标注线的位置或编辑标注文字样式。

8.2.4 弧长标注

"弧长"命令用于测量圆弧或多段线圆弧段上的距离，效果如图 8-24 所示。弧长标注的延伸线可以正交或径向，在标注文字的上方或前面将显示圆弧符号。

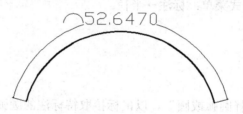

图 8-24 弧长标注

执行"弧长"标注命令的方法如下。

- 功能区："注释"选项卡→"标注"面板→ 按钮。
- AutoCAD 经典模式菜单：标注→弧长。
- 命令：Dimarc。
- 简化命令：Dar。

【命令执行步骤】

(1) 调用命令。

(2) 命令行提示"选择弧线段或多段线圆弧段"。以鼠标拾取圆弧。

(3) 命令行提示"指定弧长标注位置或[多行文字(M)/文字(T)/角度(A)/部分(P)/引线(L)]"。指定点或输入选项，各选项的含义如下。

- 弧长标注位置：指定尺寸线的位置并确定延伸线的方向。
- 多行文字：显示在位文字编辑器，可用它来编辑标注文字。
- 文字：在命令提示下，自定义标注文字。
- 角度：修改标注文字的角度。

● 部分：缩短弧长标注的长度。
● 引线：添加引线对象，仅当圆弧或圆弧段大于 90 度时，才会显示此选项，引线是按径绘制的，指向所标注圆弧的圆心。

8.2.5　半径标注

"半径"标注命令用于测量选定圆或圆弧的半径，并显示前面带有半径符号的标注文字，标注效果如图 8-25 所示。可以使用夹点轻松地重新定位生成的半径标注。

图 8-25　半径标注

执行"半径"标注命令的方法如下。
● 功能区："注释"选项卡→"标注"面板→⊘按钮。
● AutoCAD 经典模式菜单：标注→半径。
● 命令：Dimradius。
● 简化命令：Dra。

【命令执行步骤】
(1) 调用命令。
(2) 命令行提示"选择圆弧或圆"。以鼠标拾取待标注的圆弧或圆。
(3) 命令行提示"指定尺寸线位置或[多行文字(M)/文字(T)/角度(A)]"。根据需要选择相应的选项，选项含义与其他标注中的同类选项相同。

8.2.6　直径标注

"直径"标注命令用于测量选定圆或圆弧的直径，并显示前面带有直径符号的标注文字，标注效果如图 8-26 所示。可以使用夹点轻松地重新定位生成的直径标注。

执行"直径"标注命令的方法如下。
● 功能区："注释"选项卡→"标注"面板→⊘按钮。
● AutoCAD 经典模式菜单：标注→直径。
● 命令：Dimdiameter。
● 简化命令：Ddi。

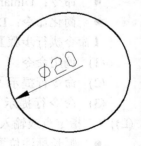

图 8-26　直径标注

【命令执行步骤】
(1) 调用命令。
(2) 命令行提示"选择圆弧或圆"。以鼠标拾取待标注的圆弧或圆。

(3) 命令行提示"指定尺寸线位置或[多行文字(M)/文字(T)/角度(A)]"。根据需要选择相应的选项,选项含义与其他标注中的同类选项相同。

8.2.7   折弯标注

"折弯标注"命令用于测量选定对象的半径,并显示前面带有一个半径符号的标注文字。可以在任意合适的位置指定尺寸线的原点,当圆弧或圆的中心位于布局之外并且无法在其实际位置显示时,将创建折弯半径标注。可以在更方便的位置指定标注的原点,这称为中心位置替代。其标注效果如图 8-27 所示。

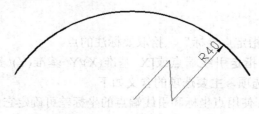

图 8-27   折弯标注

执行"折弯标注"命令的方法如下。
- 功能区:"注释"选项卡→"标注"面板→⚡按钮。
- AutoCAD 经典模式菜单:标注→折弯标注。
- 命令:Dimjogged。
- 简化命令:Djo。

【命令执行步骤】
(1) 调用命令。
(2) 命令行提示"选择圆弧或圆"。以鼠标拾取待标注的圆或圆弧。
(3) 命令行提示"指定图示中心位置"。指定标注线的起点。
(4) 命令行提示"指定尺寸线位置或[多行文字(M)/文字(T)/角度(A)]"。指定标注线的终点或者输入选项,选择相应的功能。
(5) 命令行提示"指定折弯位置"。指定折弯的位置。

8.2.8   坐标标注

"坐标"标注命令用于测量从原点(称为基准)到要素(例如部件上的一个孔)的水平或垂直距离,标注效果如图 8-28 所示。这种标注保持特征点与基准点的精确偏移量,从而避免增大误差。

执行"坐标"标注命令的方法如下。
- 功能区:"注释"选项卡→"标注"面板→按钮。
- AutoCAD 经典模式菜单:标注→坐标。
- 命令:Dimordinate。
- 简化命令:Dor。

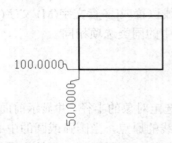

图 8-28　坐标标注

【命令执行步骤】

(1)　调用命令。

(2)　命令行提示"指定点坐标"。拾取要标注的点。

(3)　命令行提示"指定引线端点或[X 基准(X)/Y 基准(Y)/多行文字(M)/文字(T)/角度(A)]"。指定点或输入选项，主要选项的含义如下。

- 指定引线端点：使用点坐标和引线端点的坐标差可确定它是 X 坐标标注还是 Y 坐标标注。
- X 基准：测量 X 坐标并确定引线和标注文字的方向，将显示"引线端点"提示，从中可以指定端点。
- Y 基准：测量 Y 坐标并确定引线和标注文字的方向，将显示"引线端点"提示，从中可以指定端点。

8.2.9　快速标注

"快速标注"命令用于创建系列基线或连续标注，或者为一系列圆或圆弧创建标注时，此命令特别有用。

执行"快速标注"命令的方法如下。

- 功能区："注释"选项卡→"标注"面板→ 按钮。
- AutoCAD 经典模式菜单：标注→快速标注。
- 命令：Qdim。

【命令执行步骤】

(1)　调用命令。

(2)　命令行提示"选择要标注的几何体"。选择要标注的对象或要编辑的标注。

(3)　命令行提示"指定尺寸线位置或[连续(C)/并列(S)/基线(B)/坐标(O)/半径(R)/直径(D)/基准点(P)/编辑(E)/设置(T)]"。各选项的含义如下。

- 连续：创建一系列连续标注。
- 并列：创建一系列并列标注。
- 基线：创建一系列基线标注。
- 坐标：创建一系列坐标标注。
- 半径：创建一系列半径标注。
- 直径：创建一系列直径标注。

● 基准点：为基线和坐标标注设置新的基准点。
● 编辑：编辑一系列标注，将提示用户在现有标注中添加或删除点。
● 设置：为指定延伸线原点设置默认对象捕捉。

8.2.10 基线标注

"基线标注"是自同一基线处测量的多个标注，可以通过标注样式管理器、"直线"选项卡和"基线间距"设置基线标注之间的默认间距。"基线标注"又分为"角度基线标注"和"线性基线标注"，如图 8-29 所示。

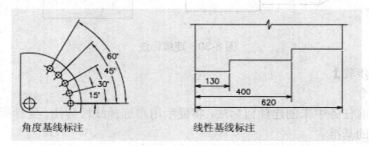

图 8-29 "角度基线标注"和"线性基线标注"

执行"基线标注"命令的方法如下。
● 功能区："注释"选项卡→"标注"面板→🖵 按钮。
● AutoCAD 经典模式菜单：标注→基线标注。
● 命令：Dimbaseline。
● 简化命令：Dba。

【命令执行步骤】

(1) 调用命令。

(2) 如果当前任务中未创建任何标注，将提示用户选择线性标注、坐标标注或角度标注，以用作基线标注的基准。

(3) 否则，程序将跳过该提示，并使用上次在当前任务中创建的标注对象。如果基准标注是线性标注或角度标注，将显示提示："指定第二条延伸线原点或[放弃(U)/选择(S)]"。

(4) 默认情况下，使用基准标注的第一条延伸线作为基线标注的延伸线原点。可以通过显式地选择基准标注，来替换默认情况，这时，作为基准的延伸线是距离选择拾取点最近的基准标注的延伸线。选择第二点之后，将绘制基线标注，并再次显示"指定第二条延伸线原点"提示。要选择其他作为基线标注的基准使用的线性标注、坐标标注或角度标注，应当按 Enter 键。

8.2.11 连续标注

"连续标注"命令将自动从创建的上一个线性约束、角度约束或坐标标注继续创建其他标注，或者从选定的延伸线继续创建其他标注，将自动排列尺寸线，标注效果如图 8-30 所示。

执行"连续标注"命令的方法如下。

- 功能区："注释"选项卡→"标注"面板→ 按钮。
- AutoCAD 经典模式菜单：标注→连续标注。
- 命令：Dimcontinue。
- 简化命令：Dco。

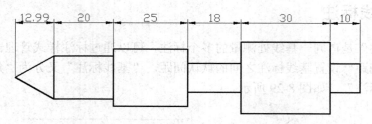

图 8-30　连续标注

【命令执行步骤】

(1)　调用命令。

(2)　如果当前任务中未创建任何标注，将提示用户选择线性标注、坐标标注或角度标注，以用作连续标注的基准。

(3)　如果基准标注是线性标注或角度标注，命令行将提示"指定第二条延伸线原点或[放弃(U)/选择(S)]"。指定点或输入选项。

(4)　命令行持续提示"指定第二条延伸线原点"，连续指定待标注的点，进行连续标注；要结束此命令，可按 Esc 键退出。

8.2.12　标注实例

例 8-1：使用标注命令完成图 8-31 所示图纸的标注绘制。

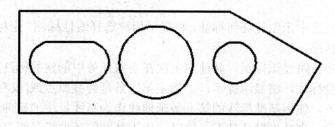

图 8-31　需要标注的图纸

①　调用快速标注命令 ，AutoCAD 会提示选择要标注的几何图形。

②　以鼠标左键框选所有图形后，右键单击确定，AutoCAD 会提示指定尺寸线位置或[连续(C)/并列(S)/基线(B)/坐标(O)/半径(R)/直径(D)/基准点(P)/编辑(E)/设置(T)]<连续>，以鼠标在图形的正下方单击左键，指定尺寸线位置。

③　调用对齐标注命令 ，将图形剩余长度标注出来。

④　调用半径标注命令 ，AutoCAD 会提示选择圆弧或圆，以鼠标左键单击要标注的圆弧或者圆，指定标注位置即可。

⑤　调用直径标注命令 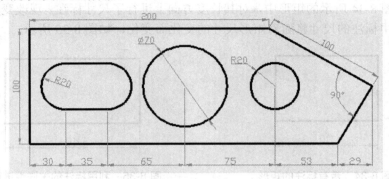，AutoCAD 会提示选择圆弧或圆，以鼠标左键单击要标注的圆弧或者圆，指定标注位置即可。

⑥　调用角度标注命令，AutoCAD 会提示选择圆弧、圆、直线或<指定顶点>，以鼠标左键分别单击选择构成标注角度的两条线，指定标注位置即可。

标注后的图形如图 8-32 所示。

图 8-32　标注后的效果

8.3　标注的编辑与修改

在 AutoCAD 中，标注完成后，可以根据用户的需要，对标注中的任何信息进行修改，标注的修改首先可以通过对象特性管理器来完成。如图 8-33 所示，与其他图形对象相同，每个标注的所有信息均在对象特性管理器中显示出来，如果需要修改相应的信息，可以直接在对象特性管理器中修改。

图 8-33　"标注"的对象特性管理器

除此之外，用户还可以利用标注的关联性直接修改图形尺寸，自动对标注进行编辑，或者可以单独编辑标注的文字和尺寸。

8.3.1 利用标注的关联性进行编辑

AutoCAD 中所标注的尺寸与图形对象之间具有关联性，即图形对象的尺寸发生变化时，与之相关联的标注尺寸也会自动更新。

例如，如图 8-34 所示的矩形中，对其长度方向上进行了尺寸标注。现改变所标注的矩形的长度，则其中标注的尺寸将随着矩形尺寸的变化而变化，如图 8-35 所示。

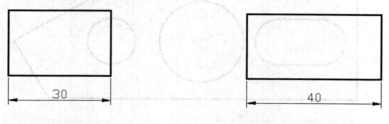

图 8-34　带有标注的矩形　　　　图 8-35　利用标注的关联性进行编辑

8.3.2 编辑标注的文字

根据用户的需求，个别时候，在标注完成后，要对标注的文字部分进行修改，例如增加专用的符号、改变标注的文字等。

对标注的文字部分进行修改，是利用文字编辑功能来完成的，在命令行输入文字编辑命令"Ddedit"或简化命令"Ed"，提示"选择注释对象"时，选择需要修改的标注，对标注中的文字或数值进行修改。

用户也可以在对象特性管理器中的"文字"特性列表中的"文字替代"文本框内，输入所需要的文字，完成标注文字的编辑。

需要注意的是，一旦修改或删除了原有的标注数值后，标注的关联性将丧失，当标注对象的尺寸发生变化后，标注的数值将不会自动更新。

8.3.3 编辑标注文字的倾角

对于完成的标注，用户可以对标注文字的角度、延伸线的倾斜角等属性进行修改。这些修改工作通过"编辑标注"命令来实现，执行"编辑标注"命令的方法如下。

- 功能区："注释"选项卡→"标注"面板→┠按钮。
- AutoCAD 经典模式菜单：标注→倾斜。
- 命令：Dimedit。
- 简化命令：Ded。

【命令执行步骤】

(1) 调用命令。

(2) 命令行提示"输入标注编辑类型[默认(H)/新建(N)/旋转(R)/倾斜(O)]"。各选项的含义如下。

- 默认：将标注文字移回默认位置。
- 新建：使用在位文字编辑器更改标注文字；如果要给生成的测量值添加前缀或后缀，则在编辑器中的"0"的前后输入前缀或后缀。
- 旋转：按照指定的角度旋转标注文字。
- 倾斜：调整线性标注延伸线的倾斜角度。

(3) 根据选项的提示完成标注文字角度、延伸线倾斜角等属性的修改。

8.3.4 编辑标注文字的对齐方式

用户也可以对标注文字的对齐方式进行编辑，此操作通过"编辑标注文字"命令来实现，执行"编辑标注文字"命令的方法如下。

- 功能区："注释"选项卡→"标注"面板→ 按钮。
- AutoCAD 经典模式菜单：标注→对齐文字。
- 命令：Dimtedit。
- 简化命令：Dimted。

【命令执行步骤】

(1) 调用命令。

(2) 命令行提示"为标注文字指定新位置或[左对齐(L)/右对齐(R)/居中(C)/默认(H)/角度(A)]"。各选项的含义如下。

- 指定新位置：拖曳鼠标时，动态更新标注文字的位置，在所需要的位置上单击鼠标。
- 左对齐：沿尺寸线左对正标注文字，此选项只适用于线性、半径和直径标注。
- 右对齐：沿尺寸线右对正标注文字，此选项只适用于线性、半径和直径标注。
- 居中：将标注文字放在尺寸线的中间。
- 默认：将标注文字移回默认位置。
- 角度：修改标注文字的角度。

8.4 对象几何特性的查询

AutoCAD 中，每一个点、每一个图形对象都具有与之相对应的几何特性，这些几何特性包括点坐标、距离、面积、体积、半径、角度等，这些特性都可以利用相应的命令进行查询。

8.4.1 查询点坐标

"查询点坐标"命令可以查询指定点的 UCS 坐标值，执行"查询点坐标"命令的方法如下。

- 功能区："常用"选项卡→"实用工具"面板→ 按钮。
- AutoCAD 经典模式菜单：工具→查询→点坐标。
- 命令：Id。

执行命令后，系统将提示"指定点"，利用鼠标在屏幕上选点，在命令行中将提示该点在 UCS 下的笛卡尔坐标值。

8.4.2　查询距离

使用"查询距离"命令，可以获取指定的两点或多点间的距离值，执行"查询距离"命令的方法如下。

- AutoCAD 经典模式菜单：工具→查询→点坐标。
- 命令：Dist。
- 简化命令：Di。

【命令执行步骤】

(1) 调用命令。

(2) 命令行提示"指定第一点"。以鼠标选择待查询距离的起点。

(3) 命令行提示"指定第二个点或[多个点(M)]"。以鼠标选择待查询距离的终点；如果要查询一系列折线的距离，则输入选项"M"后，依次选择折线的转折点或按照选项选择相应的模式。

(4) 命令行提示"距离=***，XY 平面中的倾角=***，与 XY 平面的夹角=***，X 增量=***，Y 增量=***，Z 增量=***"。系统列出所查询两点或多点间的距离、两点间的 X 增量、Y 增量、Z 增量、在 XY 平面中的倾角(即直线与 X 轴正向之间的夹角)、与 XY 平面的夹角。

8.4.3　查询面积

使用"查询面积"命令，可以计算和查询点序列或封闭对象的面积和周长，也可以通过"加"操作和"减"操作计算多个对象的组合面积。执行"查询面积"命令的方法如下。

- AutoCAD 经典模式菜单：工具→查询→面积。
- 命令：Area。
- 简化命令：Aa。

根据命令的提示，查询面积共有三种方法，即按序列点查询、根据封闭对象查询、利用加、减方式查询组合图形的面积。

1. 按序列点查询面积

按序列点查询面积，即根据顺次指定的点定义一个封闭的多边形区域，进而查询此区域的面积。

【命令执行步骤】

(1) 调用命令。

(2) 命令行提示"指定第一个角点或[对象(O)/增加面积(A)/减少面积(S)]"。直接选定起点即可。

(3) 命令行提示"指定下一个点或[圆弧(A)/长度(L)/放弃(U)]"。顺次指定各角点或弧线端点。

(4) 命令行显示此区域的面积和周长值。

2. 根据封闭对象查询面积

AutoCAD 可以直接查询得到封闭对象的面积和周长，封闭对象可以是圆、椭圆、多段线、多边形、面域等，所显示的信息根据所选对象的类型不同而有差异。

【命令执行步骤】

(1) 调用命令。

(2) 命令行提示"指定第一个角点或[对象(O)/增加面积(A)/减少面积(S)]"。输入选项"O"，选择根据对象查询面积。

(3) 命令行提示"选择对象"。以鼠标拾取闭合对象。

(4) 命令行显示此区域的面积和周长值。

3. 利用加、减方式查询组合图形的面积

以加、减方式查询面积，即从当前计算的总面积中加上或减去当前查询的面积值，加、减的面积既可以采用序列点的方式来确定，也可以采用对象查询法来确定。

【命令执行步骤】

(1) 调用命令。

(2) 命令行提示"指定第一个角点或[对象(O)/增加面积(A)/减少面积(S)]"。输入选项"A"或"S"，选择加模式或减模式。

(3) 根据提示依次选择需要增加或减去面积的图形对象。

(4) 命令行显示此区域的面积和周长值。

例 8-2：面积查询。

查询出图 8-36 中阴影区域的面积。

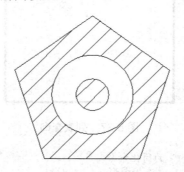

图 8-36　面积查询

```
命令: aa↙      //输入"查询面积"的简化命令
AREA 指定第一个角点或 [对象(O)/增加面积(A)/减少面积(S)] <对象(O)>: a↙      //选择"加"模式
指定第一个角点或 [对象(O)/减少面积(S)]: o↙      //选择根据"对象"查询面积
("加"模式) 选择对象:      //选择正五边形
面积 = 237.7641，周长 = 58.7785      //系统提示五边形的面积和周长
总面积 = 237.7641      //系统提示当前总面积
("加"模式) 选择对象: ↙      //直接按 Enter 键结束"加"模式下的对象选择
指定第一个角点或 [对象(O)/减少面积(S)]: s↙      //选择"减"模式
指定第一个角点或 [对象(O)/增加面积(A)]: o↙      //选择根据"对象"查询面积
("减"模式) 选择对象:      //选择正五边形中的无填充圆形
面积 = 78.5398，圆周长 = 31.4159      //系统提示无填充圆形的面积和周长
```

```
总面积 = 159.2243        //系统提示当前总面积
("减"模式) 选择对象: ✓        //直接按 Enter 键结束"减"模式下的对象选择
指定第一个角点或 [对象(O)/增加面积(A)]: a✓      //选择"加"模式
指定第一个角点或 [对象(O)/减少面积(S)]: o✓      //选择根据"对象"查询面积
("加"模式) 选择对象:         //选择正五边形中的填充圆形
面积 = 12.5664,圆周长 = 12.5664      //系统提示有填充圆形的面积和周长
总面积 = 171.7907        //系统提示当前总面积
("加"模式) 选择对象: ✓        //直接按 Enter 键结束"加"模式下的对象选择
指定第一个角点或 [对象(O)/减少面积(S)]: ✓        //直接按 Enter 键结束面积的查询
总面积 = 171.7907        //系统提示总面积
```

8.4.4　列表查询

列表查询不仅可以查询图形对象的坐标与尺寸等几何特性，还可以查询对象的类型、所在图层、对象位于模型空间还是图纸空间等属性信息。

执行"列表查询"命令的方法如下。

- AutoCAD 经典模式菜单：工具→查询→列表。
- 命令：List。
- 简化命令：Li。

例 8-3：列表查询。

列表查询图 8-37 中图形的全部属性。

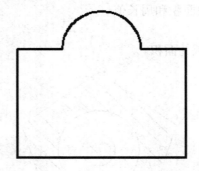

图 8-37　列表查询

```
命令:li✓        //输入"列表查询"的简化命令
LIST 选择对象: 找到 1 个✓       //选择图形
选择对象: ✓       //直接按 Enter 键结束对象选择
//以下为查询结果，即执行命令的结果
LWPOLYLINE  图层: 0
空间: 模型空间
颜色:5 (蓝)       线型:BYLAYER
线宽:0.30 毫米
句柄 = 13f
闭合
固定宽度      0.0000
面积      676.9690
周长      107.9911
于端点    X=1008.0000   Y= 520.0000   Z=      0.0000
于端点    X=1000.0000   Y= 520.0000   Z=      0.0000
```

```
于端点    X=1000.0000    Y= 500.0000    Z=    0.0000
于端点    X=1030.0000    Y= 500.0000    Z=    0.0000
于端点    X=1030.0000    Y= 520.0000    Z=    0.0000
于端点    X=1022.0000    Y= 520.0000    Z=    0.0000
凸度      1.0000
圆心      X=1015.0000    Y= 520.0000    Z=    0.0000
半径      7.0000
```

由例题可以看出，列表查询可以查询对象的所有特性数据，包括对象类型、对象图层、相对于当前用户坐标系(UCS)的 X、Y、Z 位置，以及对象是位于模型空间还是图纸空间、颜色、线型和线宽信息、对象的厚度等信息，以及与特定对象类型相关的其他信息。选择的对象不同，列表显示的信息也不同。

8.4.5　综合查询

AutoCAD 2010 中提供了"测量"命令，该命令将距离查询、面积查询命令集于一体，同时还增加了体积查询、角度查询、半径查询等功能。

执行"列表查询"命令的方法如下。

● 功能区："常用"选项卡→"实用工具"面板→▭、▣、◢、◣、▤等按钮。
● AutoCAD 经典模式菜单：工具→查询→…。
● 命令：Measuregeom。
● 简化命令：Mea。

执行命令后，命令行会提示"输入选项[距离(D)/半径(R)/角度(A)/面积(AR)/体积(V)]"，根据需要，选择相应的查询模式。其中，"距离"查询与"面积"查询与 8.4.2 和 8.4.3 小节中所述的内容相同，本小节仅对"半径"查询、"角度"查询和"体积"查询进行介绍。

1. 查询半径

使用"查询半径"功能，可以测量指定圆弧或圆的半径和直径，指定圆弧或圆的半径和直径将显示在命令行中和动态工具提示框中。

例 8-4：查询半径。

查询图 8-37 中圆弧的半径和直径。

```
命令: mea↙      //输入"测量"的简化命令
MEASUREGEOM 输入选项 [距离(D)/半径(R)/角度(A)/面积(AR)/体积(V)] <距离>: r↙      //选择"查询半径"模式
选择圆弧或圆：    //以鼠标拾取圆弧部分
//以下为查询结果，即执行命令的结果
半径 = 7.0000
直径 = 14.0000
```

2. 查询角度

"查询角度"功能可以测量指定圆弧、圆、直线或顶点的角度，角度值将显示在命令行中和动态工具提示框中。

其中，所查询到指定圆弧的角度是指圆弧所对应的圆心角的角度值；查询圆的角度是指圆上指定两点半径方向之间的夹角；查询直线的角度是指两条指定直线之间的夹角；利用顶点查询角度是指定角的顶点和两个端点查询其夹角。

例8-5：查询角度。

如图8-38所示，用不同方法查询∠AOB的角度值。

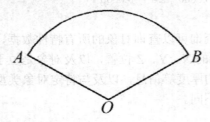

图8-38 查询角度

```
命令: mea↙     //输入"测量"的简化命令
MEASUREGEOM 输入选项 [距离(D)/半径(R)/角度(A)/面积(AR)/体积(V)] <距离>: a↙     //选择"查询角度"模式
选择圆弧、圆、直线或 <指定顶点>:     //以鼠标拾取圆弧 AB
角度 = 120°     //命令行显示查询结果
输入选项 [距离(D)/半径(R)/角度(A)/面积(AR)/体积(V)/退出(X)] <角度>:↙     //直接按 Enter 键继续
    "查询角度"模式
选择圆弧、圆、直线或 <指定顶点>:     //以鼠标拾取直线 OA
选择第二条直线:     //以鼠标拾取直线 OB
角度 = 120°     //命令行显示查询结果
输入选项 [距离(D)/半径(R)/角度(A)/面积(AR)/体积(V)/退出(X)] <角度>:↙     //直接按 Enter 键继续
    "查询角度"模式
选择圆弧、圆、直线或 <指定顶点>:↙     //直接按Enter键，按照"顶点-端点"模式查询角度
指定角的顶点:     //以鼠标拾取 O 点
指定角的第一个端点:     //以鼠标拾取 A 点
指定角的第二个端点:     //以鼠标拾取 B 点
角度 = 120°     //命令行显示查询结果
```

3. 查询体积

"查询体积"功能可以测量对象或定义区域的体积，体积值将显示在命令行中和动态工具提示框中。

执行命令后，命令行会提示"指定第一个角点或[对象(O)/增加体积(A)/减去体积(S)/退出(X)]"。其中，"指定角点"模式可以根据指定的角点定义实体查询体积；"对象"模式指选定实体对象查询其体积；"增加体积"为在当前计算的总体积中加上当前查询的体积值；"减去体积"为在当前计算的总体积中减去当前查询的体积值。

例8-6：查询体积。

如图8-39所示，查询图中实体的体积。

图8-39 查询体积

```
命令: mea↙     //输入"测量"的简化命令
MEASUREGEOM 输入选项 [距离(D)/半径(R)/角度(A)/面积(AR)/体积(V)] <距离>: v↙     //选择"查询体积"模式
指定第一个角点或 [对象(O)/增加体积(A)/减去体积(S)/退出(X)] <对象(O)>: a↙//选择"增加体积"模式
指定第一个角点或 [对象(O)/减去体积(S)/退出(X)]: o↙     //选择"对象"模式
("加"模式) 选择对象:     //以鼠标拾取下方的长方体
```

```
体积 = 54000.0000        //显示当前长方体的体积
总体积 = 54000.0000      //显示当前的总体积
("加"模式) 选择对象:      //以鼠标拾取上方的棱锥体
体积 = 12000.0000        //显示当前棱锥体的体积
总体积 = 66000.0000      //显示当前的总体积
指定第一个角点或 [对象(O)/减去体积(S)/退出(X)]: x    //退出体积查询
总体积 = 66000.0000      //显示查询总体积
```

第 9 章 图 块

图块也称为块，它是由一组图形对象组成的集合，一组对象一旦被定义为图块，它们将成为一个整体，选中图块中任意一个图形对象，即可选中图块的所有对象。在设计绘图过程中，绘图者经常会遇到一些重复的图形，如果每次都重新绘制这些图形，不仅造成不必要的重复劳动，而且储存这些图形及其信息也要占用很大的磁盘空间。

AutoCAD 2010 中的图块功能很好地解决了以上问题。设计者可以把一个图块作为一个对象进行编辑修改等操作，可以根据绘图需要，将图块插入到图中的指定位置，在插入时，还可以指定不同的缩放比例和旋转角度。

9.1 图 块 操 作

9.1.1 定义图块

"定义块"命令用于指定块的名称。名称最多可以包含 255 个字符，包括字母、数字、空格，以及操作系统或程序未作他用的任何特殊字符。执行"定义块"命令的方法如下。

- 功能区："常用"选项卡→"块"面板→ 按钮。
- AutoCAD 经典模式菜单：绘图→块→创建。
- 命令：Block。
- 简化命令：B。

执行上述操作后，系统打开如图 9-1 所示的"块定义"对话框，利用该对话框，可定义块，并为之命名。

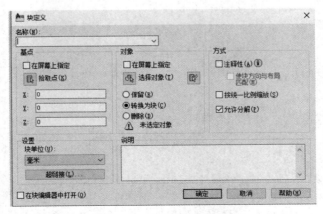

图 9-1 "块定义"对话框

1. "基点"选项区

指定块的插入基点，默认值是(0，0，0)，其中，各参数的含义如下。

- 在屏幕上指定：关闭对话框时，将提示用户指定基点。
- "拾取点"按钮：暂时关闭对话框，以使用户能在当前图形中拾取插入基点。
- X：指定 X 坐标值。
- Y：指定 Y 坐标值。
- Z：指定 Z 坐标值。

2. "对象"选项区

指定新块中要包含的对象，以及创建块之后如何处理这些对象，是保留还是删除选定的对象，或者是将它们转换成块。其中，各参数的含义如下。

- 在屏幕上指定：关闭对话框时，将提示用户指定对象。
- 选择对象：暂时关闭"块定义"对话框，允许用户选择块对象。完成对象选择后，按 Enter 键重新显示"块定义"对话框。
- 快速选择：显示"快速选择"对话框，该对话框定义选择集。
- 保留：创建块以后，将选定对象保留在图形中，作为区别对象。
- 转换为块：创建块以后，将选定对象转换成图形中的块实例。
- 删除：创建块以后，从图形中删除选定的对象。

3. "方式"选项区

定义块的缩放、分解与注释性等参数。其中，各参数的含义如下。

- 注释性：使用此特性，用户可以自动完成缩放注释的过程，从而使注释能够以正确的大小在图纸上打印或显示。
- 使块方向与布局匹配：指定在图纸空间视口中的块参照的方向与布局的方向匹配。如果未选择"注释性"选项，则该选项不可用。
- 按统一比例缩放：指定是否阻止块参照不按统一比例缩放。
- 允许分解：指定块参照是否可以被分解。

4. "设置"选项区

定义块的单位和超链接属性，各参数的含义如下。

- 块单位：指定块参照插入单位。
- 超链接：打开"插入超链接"对话框，可以使用该对话框将某个超链接与块定义相关联。

5. "说明"选项区

编辑定义指定块的文字说明。

9.1.2 图块存盘

利用 Block 命令定义的图块保存在其所属的图形中，该图块只能在该图形中插入，而不能插入到其他图形中。但有些图块在许多图形中要经常用到，此时，可以用"写块"命令把图块以图形文件的形式写入磁盘，图形文件可以在任意图形中用 Insert 命令插入。

执行"写块"命令的方法如下。

- 命令：Wblock。
- 简化命令：W。

执行上述命令后，系统弹出"写块"对话框，如图 9-2 所示，利用此对话框，可把图形对象保存为文件。

图 9-2 "写块"对话框

1．"源"选项区

指定块和对象，将其另存为文件并指定插入点。其中，各参数的含义如下。

- 块：指定要另存为文件的现有块，从列表中进行选择。
- 整个图形：选择要另存为其他文件的当前图形。
- 对象：选择要另存为文件的对象，指定基点并选择下面的对象。

2．"基点"选项区

指定块的基点，默认值是(0，0，0)，其中，各参数的含义如下。

- 拾取点：暂时关闭对话框，以使用户能在当前图形中拾取插入基点。
- X：指定基点的 X 坐标值。
- Y：指定基点的 Y 坐标值。
- Z：指定基点的 Z 坐标值。

3．"对象"选项区

设置用于创建块的对象上的块创建的效果。其中，各参数的含义如下。

- 保留：将选定对象另存为文件后，在当前图形中仍保留它们。
- 转换为块：将选定对象另存为文件后，在当前图形中将它们转换为块，块指定为"文件名"中的名称。

- 从图形中删除：将选定对象另存为文件后，从当前图形中删除它们。
- "选择对象"按钮：临时关闭该对话框以便可以选择一个或多个对象以保存至文件。
- "快速选择"按钮：打开"快速选择"对话框，从中可以过滤选择集。
- 选定的对象：指示选定对象的数目。

4．"目标"选项区

指定文件的新名称和新位置，以及插入块时所用的测量单位。其中，各参数的含义如下。

- 文件名和路径：指定文件名和保存块或对象的路径。
- 插入单位：指定从设计中心拖动新文件或将其作为块插入到使用不同单位的图形中时用于自动缩放的单位值。

9.1.3　插入图块

在绘图过程中，可根据需要，随时把已经定义好的图块或图形文件插入到当前图形的任意位置，在插入的同时，还可以改变图块的大小、旋转角度或把图块分解等。

执行"插入"命令的方法如下。

- 功能区："常用"选项卡→"块"面板→ 按钮。
- AutoCAD 经典模式菜单：插入→块。
- 命　令：Insert。
- 简化命令：I。

执行上述命令后，系统弹出"插入"对话框，如图 9-3 所示，利用此对话框，可指定需要插入的图块及插入位置。

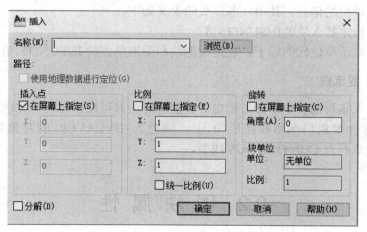

图9-3　"插入"对话框

1．名称和路径选项区

指定要插入块的名称，或指定要作为块插入的文件的名称。其中，各参数的含义如下。

- "浏览"按钮：从中可选择要插入的块或图形文件。

- 路径：指定块的路径。
- 使用地理数据进行定位：插入将地理数据用作参照的图形，指定当前图形和附着的图形是否包含地理数据，此选项仅在这两个图形均包含地理数据时才可用。
- 预览：显示要插入的指定块的预览。

2. "插入点" 选项区

指定块的插入点。其中，各参数的含义如下。

- 在屏幕上指定：用定点设备指定块的插入点。
- X：设置 X 坐标值。
- Y：设置 Y 坐标值。
- Z：设置 Z 坐标值。

3. "比例" 选项区

指定插入块的缩放比例，如果指定负的 X、Y 和 Z 缩放比例因子，则插入块的镜像图像。其中，各参数的含义如下。

- 在屏幕上指定：用定点设备指定块的比例。
- X：设置 X 比例因子。
- Y：设置 Y 比例因子。
- Z：设置 Z 比例因子。
- 统一比例：为 X、Y 和 Z 坐标指定单一的比例值，为 X 指定的值也反映在 Y 和 Z 的值中。

4. "旋转" 选项区

显示有关块单位的信息。其中，各参数的含义如下。

- 单位：指定插入块的INSUNITS值。
- 比例：显示单位比例因子，它是根据块和图形单位的 INSUNITS 值计算出来的。

5. "分解" 复选框

分解块并插入该块的各个部分。选定"分解"时，只可以指定统一比例因子。在图层 0 上绘制的块的部件对象仍保留在图层 0 上。颜色为 BYLAYER 的对象为白色。线型为 BYBLOCK 的对象具有 CONTINUOUS 线型。

9.2　图　块　属　性

图块除了包含图形对象外，还可以具有非图形信息，这些非图形信息叫作块的属性，它是图块的组成部分，与图形对象构成一个整体。在插入图块时，AutoCAD 把图形对象连同属性一起插入到图形中。

9.2.1　图块属性的定义

块的属性特征包括标识属性的名称、插入块时显示的提示、值的信息、文字格式、块中的位置和所有可选模式，如不可见、常数、验证、预设、锁定位置和多行等。这些属性可以利用"定义属性"命令来实现。

执行"定义属性"命令的方法如下。

- 功能区："常用"选项卡→"块"面板→ 按钮。
- AutoCAD 经典模式菜单：绘图→块→定义属性。
- 命令：Attdef。
- 简化命令：Att。

执行命令后，系统弹出"属性定义"对话框，利用此对话框可定义属性模式、属性标记、属性提示、属性值、插入点和属性的文字设置等，如图 9-4 所示。

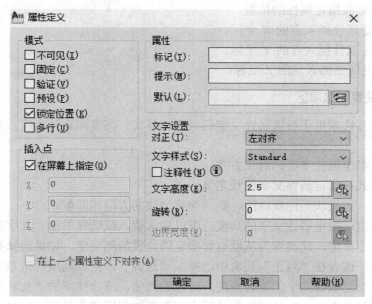

图 9-4　"属性定义"对话框

1. "模式"选项区

该选项区的各选项用于设置与块关联的属性值选项。其中，各参数的含义如下。

- 不可见：指定插入块时不显示或打印属性值。
- 固定：在插入块时赋予属性固定值。
- 验证：插入块时提示验证属性值是否正确。
- 预设：插入包含预设属性值的块时，将属性设置为默认值。
- 锁定位置：锁定块参照中属性的位置，解锁后，属性可以相对于使用夹点编辑的块的其他部分移动，并且可以调整多行文字属性的大小。
- 多行：指定属性值可以包含多行文字，选定此选项后，可以指定属性的边界宽度。

2. "属性"选项区

该选项区的各选项用于设置属性数据。其中，各参数的含义如下。

- 标记：标识图形中每次出现的属性，可以使用任何字符组合(空格除外)输入属性标记，输入时，小写字母会自动转换为大写字母。
- 提示：指定在插入包含该属性定义的块时显示的提示，如果不输入提示，属性标记将用作提示，如果在"模式"区域选择"常数"模式，"属性提示"选项将不可用。
- 默认：指定默认属性值。

3. "插入点"选项区

该选项区的各选项用于指定属性位置。输入坐标值或者选择"在屏幕上指定"，并使用定点设备根据与属性关联的对象指定属性的位置。其中，各参数的含义如下。

- 在屏幕上指定：关闭对话框后将显示"起点"提示。使用定点设备相对于要与属性关联的对象指定属性的位置。
- X：指定属性插入点的 X 坐标。
- Y：指定属性插入点的 Y 坐标。
- Z：指定属性插入点的 Z 坐标。

4. "文字设置"选项区

该选项区的各选项用于设置属性文字的对正、样式、高度和旋转角度。其中，各参数的含义如下。

- 对正：指定属性文字的对正方式。
- 文字样式：指定属性文字的预定义样式。
- 注释性：如果块是注释性的，则属性将与块的方向相匹配。
- 文字高度：指定属性文字的高度。可以输入值，或选择单击"文字高度"按钮，用鼠标指定高度，此高度为从原点到指定的位置的测量值。如果选择有固定高度的文字样式，或者在"对正"列表中选择了"对齐"，则"高度"选项不可用。
- 旋转：指定属性文字的旋转角度。可以输入值，或选择单击"旋转"按钮，用鼠标指定旋转角度，此旋转角度为从原点到指定的位置的测量值。如果在"对正"列表中选择了"对齐"，则"旋转"选项不可用。
- 边界宽度：指定多行文字属性中文字行的最大长度，如果值设为 0.000，则表示对文字行的长度没有限制。此选项不适用于单行文字属性。

5. "在上一个属性定义下对齐"复选框

将属性标记直接置于之前定义的属性的下面。如果之前没有创建属性定义，则此选项不可用。

9.2.2 编辑属性定义

执行"编辑属性定义"命令的方法如下。

- AutoCAD 经典模式菜单：修改→对象→文字→编辑。
- 命令：Ddedit。
- 简化命令：Ed。

执行上述命令后，系统弹出"编辑属性定义"对话框，利用此对话框，可修改属性定义的标记、提示和默认值，如图 9-5 所示。

图 9-5　"编辑属性定义"对话框

其中，各参数的含义如下。

- 标记：指定在图形中标识属性的属性标记。
- 提示：指定属性提示。当插入包含此属性定义的块时，显示指定的属性提示。
- 默认：指定默认属性值。要将一个字段用作该值，应单击鼠标右键，然后选择快捷菜单中的"插入字段"命令，将显示"字段"对话框。

9.2.3　图块属性编辑

(1) 执行"编辑属性定义"命令的方法如下。

- 功能区："常用"选项卡→"块"面板→按钮。
- AutoCAD 经典模式菜单：修改→对象→属性→多个。
- 命令：Attedit。
- 简化命令：Ate。

执行上述命令后，系统弹出"编辑属性"对话框，利用此对话框，可更改块中的属性信息，如图 9-6 所示。

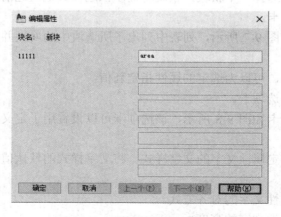

图 9-6　"编辑属性"对话框

其中，各参数的含义如下。

● 块名：指明选定块的名称，包含在块中的每个属性值都将显示在此对话框中。

● 属性列表：显示块中包含的前 8 个属性，如果块还包含其他属性，可以使用"上一个"和"下一个"按钮来浏览属性列表。此操作不能编辑锁定图层中的属性值。

(2) 用户还可以通过"增强属性管理器"对话框来编辑属性。

执行"增强属性管理器"命令的方法如下。

● 功能区："常用"选项卡→"块"面板→💟按钮。

● AutoCAD 经典模式菜单：修改→对象→属性→块属性管理器。

● 命令：Eattedit。

执行上述命令后，系统弹出"增强属性编辑器"对话框，如图 9-7 所示。

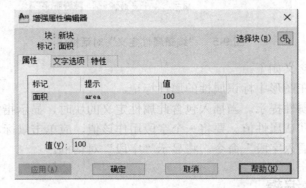

图 9-7　"增强属性编辑器"对话框的"属性"选项卡

利用此对话框可列出选定的块实例中的属性，显示每个属性的特性，并可以更改属性特性和属性值。

其中，各参数的含义如下。

● 块：编辑其属性的块的名称。

● 标记：标识属性的标记。

● 选择块：在使用鼠标选择块时临时关闭对话框。如果修改了块的属性，并且未保存所做的更改就选择一个新块，系统将提示在选择其他块之前先保存更改。

① "属性"选项卡。

"属性"选项卡如图 9-7 所示，列表中列出了所选块中的属性并显示每个属性的标记、提示和值。

在"值"文本框中，可以为选定的属性指定新值。

② "文字选项"选项卡。

"文字选项"选项卡如图 9-8 所示，该选项卡可以设置用于定义属性文字在图形中的显示方式的特性。

● 文字样式：指定属性文字的文字样式。将文字样式的默认值指定给在此对话框中显示的文字特性。

● 对正：指定属性文字的对齐方式。

● 高度：指定属性文字的高度。

- 旋转：指定属性文字的旋转角度。
- 注释性：指定属性为注释性。
- 反向：指定属性文字是否反向显示，对多行文字属性不可用。
- 倒置：指定属性文字是否倒置显示，对多行文字属性不可用。
- 宽度因子：设置属性文字的字符间距，输入小于 1.0 的值将压缩文字；输入大于 1.0 的值则扩大文字。
- 倾斜角度：指定属性文字自其垂直轴线倾斜的角度，对多行文字属性不可用。
- 边界宽度：换行至下一行前，指定多行文字属性中一行文字的最大长度；值 0.000 表示一行文字的长度没有限制，对单行文字属性不可用。

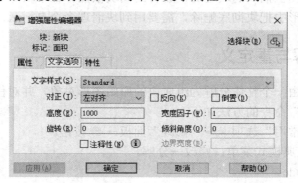

图 9-8　"增强属性编辑器"对话框的"文字选项"选项卡

③ "特性"选项卡。

"特性"选项卡如图 9-9 所示，该选项卡可以设置用于设置块的图层、线型、颜色、线宽、打印样式等特性。

- 图层：指定属性所在图层。
- 线型：指定属性的线型。
- 颜色：指定属性的颜色。
- 打印样式：指定属性的打印样式；如果当前图形使用颜色相关打印样式，则"打印样式"列表不可用。
- 线宽：指定属性的线宽。

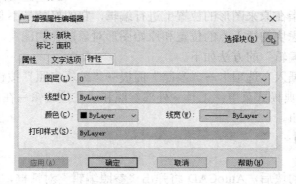

图 9-9　"增强属性编辑器"对话框的"特性"选项卡

9.3　块的编辑与修改

定义完成的图块在使用时是作为一个整体插入到图形中的，用户可以对图块整体进行复制、删除、镜像、旋转等操作，但不能对组成块的各个对象单独进行操作。AutoCAD 中提供了三种对块进行修改的方式，分别是块的分解与重定义、块的在位编辑和块编辑器。

需要注意的是，可以在图形中利用删除命令删除插入的块，但是，由于块是存储于一个专门的块库中，删除图上插入的块之后，原有的图块依然存在于块库中，需要时，可以随时插入。如果想要在图形中把块彻底删除，需要用到块清理命令 Purge。

9.3.1　块的分解与重定义

图块分解后，将由一个整体分解为组成块的原始图形对象，并对任意图形对象进行编辑与修改。执行"分解"命令的方法如下。

- 功能区："常用"选项卡→"修改"面板→ 按钮。
- AutoCAD 经典模式菜单：修改→分解。
- 命令：Explode。
- 简化命令：X。

执行命令后，命令行提示"选择对象"，选择待分解的块即可。使用"分解"命令，每次只能分解一级的图块，如果是嵌套块，则还需要对嵌套的块进一步分解。如果在创建块的时候没有选择"允许分解"复选框，则创建出来的块将不能被分解。

"分解"命令不仅可以对图块进行分解，同时，也可以将多段线、标注、图案填充或块参照复合对象转变为单个的元素。

分解后的块仅仅停留在图面上，而块库中的定义不会有任何变化。此时再次插入块，依旧是原来的图形，只有将原始图线编辑修改后重定义成同名块，块库中的定义才会被修改。

9.3.2　块的在位编辑

块的在位编辑是指在原来图形的位置上进行编辑，它的好处是不必分解块就可以直接进行编辑，并且无须考虑块的插入点的位置和原始图形对象所在的图层。

执行"块的在位编辑"的方法如下。

- 功能区："插入"选项卡→"参照"面板→"编辑参照"按钮 。
- AutoCAD 经典模式菜单：工具→外部参照和块在位编辑→在位编辑参照。
- 命令：Refedit。

【命令执行步骤】

(1)　调用命令。

(2)　选中要编辑的块后，AutoCAD 将弹出"参照编辑"对话框，如图 9-10 所示。在对话框中左侧的"参照名"区域内显示出要编辑的块的名字"2"，如果块中有嵌套块，还会将嵌套的树状结构显示出来。在右侧预览区内，还将会将所选的块预览出来。

（3）单击"确定"按钮，回到绘图界面。此时，块中各单独结构的图形对象均处于可编辑状态，同时，在"插入"选项卡中增加了"编辑参照"面板，如图9-11所示。

图9-10 "参照编辑"对话框

图9-11 "编辑参照"面板

（4）在处于可编辑状态下的块中对块进行修改，修改完成后，单击"编辑参照"面板中的保存修改按钮 ，AutoCAD将弹出警示对话框，如图9-12所示。

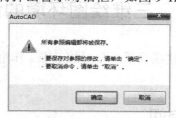

图9-12 警示对话框

（5）单击"确定"按钮，完成块的在位编辑。

9.3.3 块编辑器

块编辑器的使用方法与在位编辑相似，不同之处在于，它将会打开一个专门的编辑器，而不是在原有图形的位置上进行编辑。调用"块编辑器"的方法如下。

- 功能区："插入"选项卡→"参照"面板→"块编辑器"按钮 。
- AutoCAD经典模式菜单：工具→块编辑器。
- 命令：Bedit。
- 简化命令：Be。

执行"块编辑器"命令后，在功能区内将增加一个"块编辑器"选项卡，如图9-13所示。

图9-13 "块编辑器"选项卡

对块进行编辑后，单击"关闭块编辑器"按钮，完成块的编辑工作。

第 10 章　三维绘图基础

在 AutoCAD 2010 中，提供了性能完备的三维绘图功能。

AutoCAD 中的三维图形以模型形式来表现，共有三类三维模型，即三维线框模型、三维曲面模型和三维实体模型。

(1)　三维线框模型是由三维直线和曲线命令创建的轮廓模型，没有面和体的特征。

(2)　三维曲面模型是由曲面命令创建的、没有厚度的表面模型，具有面的特征。

(3)　三维实体模型是由实体命令创建的具有线、面、体特征的实体模型。

AutoCAD 提供了丰富的实体编辑和修改命令，各实体之间可以进行多种布尔运算，从而可以创建出复杂形状的三维实体模型。

10.1　三维绘图环境的设置

AutoCAD 2010 中，为三维建模设置了专用的三维工作空间，并提供了多种三维坐标系，便于用户的使用。

10.1.1　启用三维建模空间

进行三维建模时，需要首先启用三维建模工作空间，在工作空间列表中选择"三维建模"即可，如图 10-1 所示。

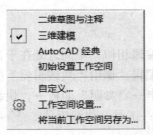

图 10-1　工作空间列表

启用三维建模工作空间后，在新建图形文件时，选用 acadiso3D.dwt 样板图，则绘图区域变为三维建模模式，如图 10-2 所示。同时，功能区的选项卡和面板内容也发生了变化，如图 10-3 所示。

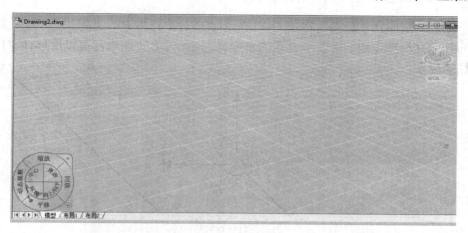

图 10-2　三维建模工作空间

图 10-3　三维建模环境下的功能区

10.1.2　三维坐标系

AutoCAD 2010 中的三维坐标系统主要有三维笛卡尔坐标系、柱坐标系和球坐标系三种。

1. 三维笛卡尔坐标系

三维笛卡尔坐标系通过使用坐标值(x，y，z)来确定点的精确位置，如图 10-4 所示。

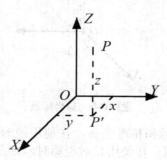

图 10-4　三维笛卡尔坐标系

与平面笛卡尔坐标系相同，三维笛卡尔坐标系也分为绝对坐标和相对坐标。在使用绝对坐标时，可以直接在命令行按照"x,y,z"的格式输入坐标值；在使用相对坐标时，则在命令行按照"@x,y,z"的格式输入坐标值。

2. 柱坐标系

柱坐标系是极坐标系在三维空间中的扩展，如图 10-5 所示，建立一个空间直角坐标系

O-XYZ，设 P 为空间任意一点，它在 O-XY 平面上的投影点为 P'，此时用 (ρ, θ) 来表示 P' 在 O-XY 平面上的极坐标，用 z 来表示 P 点的 Z 坐标，则此时 P 点的坐标可以用 (ρ, θ, z) 来表示，被称为柱坐标系。

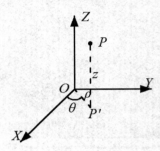

图 10-5　柱坐标系

柱坐标系同样分为绝对坐标和相对坐标，在使用绝对坐标时，可以直接在命令行按照 "$\rho < \theta, z$" 的格式输入坐标值；在使用相对坐标时，则在命令行按照 "$@\rho < \theta, z$" 的格式输入坐标值。

3. 球坐标系

球坐标系是极坐标系在三维空间中的另一种扩展，如图 10-6 所示，建立一空间直角坐标系 O-XYZ，设 P 为空间任意一点，它在 O-XY 平面上的投影点为 P'，OP' 与 X 轴正向的夹角为 θ，连接 OP，记 $|OP| = r$，OP 与 O-XY 平面所夹的角为 φ，则此时 P 点的坐标可以用 (ρ, θ, φ) 来表示，被称为球坐标系。

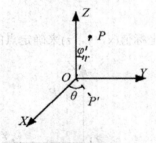

图 10-6　球坐标系

球坐标系同样分为绝对坐标和相对坐标，在使用绝对坐标时，可以直接在命令行按照 "$\rho < \theta < \varphi$" 的格式输入坐标值；在使用相对坐标时，则在命令行按照 "$@\rho < \theta < \varphi$" 的格式输入坐标值。

10.1.3　世界坐标系与用户坐标系

与二维绘图相同，AutoCAD 中的坐标系可以分为世界坐标系(WCS)和用户坐标系(UCS)，其中，世界坐标系是固定的，是唯一的；而用户坐标系是根据用户的需要自己创建的坐标系。创建用户坐标系可以理解为坐标系的转换，创建用户坐标系的方法如下。

● 功能区："视图"选项卡→"坐标"面板。

- AutoCAD 经典模式菜单：工具→新建 UCS。
- 命令：Ucs。

在如图 10-7 所示的"坐标"选项卡中，用户可以根据自己的需要点击相应的按钮，由此建立对应的用户坐标系。

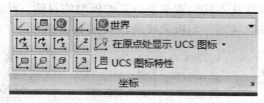

图 10-7　"坐标"选项卡

如果按照 UCS 命令来定义用户坐标系，则当执行命令后，命令行会提示"指定 UCS 的原点或[面(F)/命名(NA)/对象(OB)/上一个(P)/视图(V)/世界(W)/X/Y/Z/Z 轴(ZA)]<世界>"，其中，各选项的含义如下。

- 指定 UCS 的原点：使用一点、两点或三点定义一个新的 UCS。如果指定单个点，当前 UCS 的原点将会移动而不会更改 X、Y 和 Z 轴的方向。如果指定第二点，UCS 将绕先前指定的原点旋转，以使 UCS 的 X 轴正半轴通过该点。如果指定第三点，UCS 将绕 X 轴旋转，以使 UCS 的 XY 平面的 Y 轴正半轴包含该点。这三点可以指定原点、正 X 轴上的点以及正 XY 平面上的点。
- 面：将用户坐标系与三维实体上的面对齐，通过单击面的边界内部或面的边来选择面。UCS X 轴与选定原始面上最靠近的边对齐。
- 命名：按名称保存并恢复通常使用的 UCS 方向。
- 对象：将用户坐标系与选定的对象对齐，UCS 的正 Z 轴与最初创建对象的平面垂直对齐。对于大多数对象，新 UCS 的原点位于离选定对象最近的顶点处，并且 X 轴与一条边对齐或相切。对于平面对象，UCS 的 XY 平面与该对象所在的平面对齐。对于复杂对象，将重新定位原点，但是轴的当前方向保持不变。
- 上一个：恢复上一个 UCS，AutoCAD 保留了最后 10 个在模型空间中创建的用户坐标系以及最后 10 个在图纸空间布局中创建的用户坐标系。
- 视图：将用户坐标系的 XY 平面与垂直于观察方向的平面对齐。原点保持不变，但 X 轴和 Y 轴分别变为水平和垂直。
- 世界：将当前用户坐标系设置为世界坐标系(WCS)。
- X：将当前 UCS 绕 X 轴旋转指定的角度，角度有正负之分，将右手拇指指向 X 轴的正向，卷曲其余四指，则其余四指所指的方向即绕轴的正旋转方向。
- Y：将当前 UCS 绕 Y 轴旋转指定角度，角度同样有正负之分，正负的定义方式与前者相同。
- Z：将当前 UCS 绕 Z 轴旋转指定角度，角度同样有正负之分，正负的定义方式与前者相同。
- Z 轴：用指定的新原点和指定一点为 Z 轴正方向的方法创建新的 UCS。

10.1.4 观察三维模型

创建三维模型不但需要经常变换用户坐标系，还要不断变化三维模型的显示方位，即改变三维视点的位置，以实现从不同位置来观察三维模型的目的。此项操作主要通过"视图"标签中的"导航"面板和"视图"面板来实现，如图 10-8 所示。

图 10-8 "导航"面板和"视图"面板

1. 从固定的视点观察三维模型

AutoCAD 在"视图"面板中提供了 10 种固定视点的观察视图，分别为俯视、仰视、左视、右视、前视、后视、西南等轴测、东南等轴测、东北等轴测、西北等轴测。用不同视图观察同一三维模型的效果如图 10-9 所示。

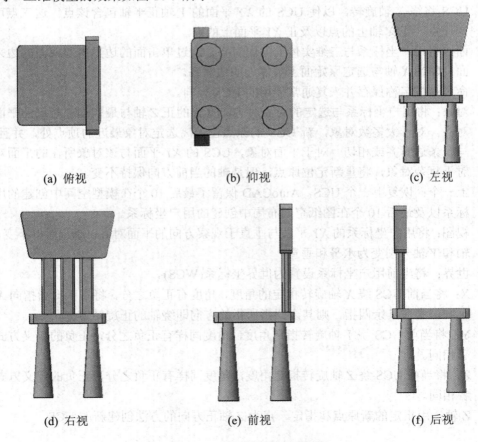

（a）俯视　　　　　　　（b）仰视　　　　　　　（c）左视

（d）右视　　　　　　　（e）前视　　　　　　　（f）后视

图 10-9 不同视图的观察效果

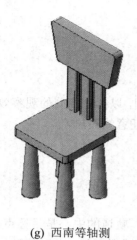
(g) 西南等轴测

(h) 东南等轴测

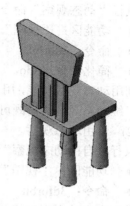
(i) 东北等轴测

(j) 西北等轴测

图 10-9　不同视图的观察效果(续)

2. 使用动态观察查看三维模型

AutoCAD 中的动态观察可以动态、交互式、直观地观察和显示三维模型，从而使创建三维模型更加方便。

动态观察通过"视图"标签中的"导航"面板上的"动态观察"下拉式按钮来实现，其中有三个按钮，分别为"动态观察"、"自由动态观察"和"连续动态观察"，如图 10-10 所示。

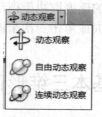

图 10-10　"动态观察"下拉按钮

（1）动态观察。

执行"动态观察"命令的方法如下。

● 功能区："视图"选项卡→"导航"面板→ ⊕ 图标。

● 命令：3dorbit。

● 简化命令：3do。

利用动态观察功能，用户可以使用鼠标来实时控制和改变视图，以得到不同的观察效果。使用三维动态观察器，既可以查看整个图形，也可以查看模型中任意的对象。

（2）自由动态观察。

执行"自由动态观察"命令的方法如下。

● 功能区："视图"选项卡→"导航"面板→ ⊘ 图标。

● 命令：3dforbit。

进入自由动态观察模式后，将会出现一个三维动态圆形轨道，轨道的中心是目标点，如图 10-11 所示。当光标位于圆形轨道的四个小圆上时，光标图形变成椭圆形，此时拖动鼠标，三维模型将会绕中心的水平轴或垂直轴旋转。当光标在圆形轨道内拖动时，三维模型绕目标点旋转。当光标在圆形轨道外拖动时，三维模型将绕目标点顺时针方向旋转。

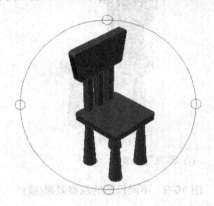

图 10-11　自由动态观察

（3）连续动态观察。

执行"连续动态观察"命令的方法如下。

● 功能区："视图"选项卡→"导航"面板→ ⊘ 图标。

● 命令：3dcorbit。

进入连续动态观察模式后，按住鼠标左键，沿一定方向拖动模型旋转后松开鼠标，则模型会沿着拖动的方向继续旋转，旋转的速度取决于拖动模型旋转时的速度。可以通过两次单击并拖动，来改变连续动态观察的方向或单击一次来停止转动。

10.2　基本三维形体的绘制

在 AutoCAD 2010 中，可以直接创建 8 种基本形体，即长方体、圆柱体、圆锥体、球体、棱锥体、楔体、圆环体和多段体。绘制这些形体所对应的快捷按钮都集成在"三维建模"工作空间下的"常用"标签→"建模"面板中，如图 10-12 所示。

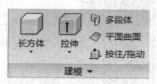

图 10-12   "建模"面板

10.2.1   绘制长方体

使用"长方体"命令，可以创建一个实心的长方体或立方体。执行"长方体"命令的方法如下。

- 功能区："常用"选项卡→"建模"面板→▢按钮。
- AutoCAD 经典模式菜单：绘图→建模→长方体。
- 命令：Box。

【命令执行步骤】

(1) 调用命令。

(2) 命令行提示"指定第一个角点或[中心(C)]"。利用坐标或以鼠标在屏幕定点的方式指定长方体的一个角点，如果选择"中心"选项，则指定长方体的中心点。

(3) 命令行提示"指定其他角点或[立方体(C)/长度(L)]"。利用坐标或以鼠标在屏幕定点的方式指定长方体的其他一个角点；选项"立方体"用来创建各边长度相同的长方体；选项"长度"按照指定长宽高创建长方体。长度与 X 轴对应，宽度与 Y 轴对应，高度与 Z 轴对应。

(4) 命令行提示"指定高度或[两点(2P)]"。输入正值将沿当前 UCS 的 Z 轴正方向绘制高度，输入负值将沿 Z 轴负方向绘制高度。如果在前一步中，长方体的另一角点指定的 Z 值与第一个角点的 Z 值不同，将不显示高度提示。

需要注意的是，AutoCAD 始终将长方体的底面绘制为与当前 UCS 的 XY 平面(工作平面)平行。在 Z 轴方向上指定长方体的高度。

例 10-1：绘制长方体。

```
命令: box↙      //输入"长方体"命令
指定第一个角点或 [中心(C)]: 100,200↙      //指定第一个长方体的角点坐标，默认 Z 坐标为 0
指定其他角点或 [立方体(C)/长度(L)]: @100,200↙      //利用相对平面直角坐标确定长方体底面对角点
指定高度或 [两点(2P)] <50>: 100↙      //指定长方体的高度
命令: box↙      //输入"长方体"命令
指定第一个角点或 [中心(C)]: 100,200,100↙      //指定第二个长方体的角点坐标
指定其他角点或 [立方体(C)/长度(L)]: @50,100,50↙      //利用相对空间直角坐标确定长方体对角点
命令: box↙      //输入"长方体"命令
指定第一个角点或 [中心(C)]: 100,200,150↙      //指定第三个长方体的角点坐标
指定其他角点或 [立方体(C)/长度(L)]: c↙      //绘制立方体
指定长度 <50.0000>: 25↙      //指定立方体的边长
```

命令执行完成后，绘制的图形如图 10-13 所示。

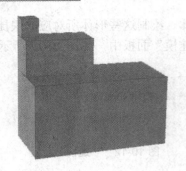

图 10-13　绘制的长方体

10.2.2　绘制圆柱体

使用"圆柱体"命令，可以创建圆柱体或椭圆柱体。执行"圆柱体"命令的方法如下。

● 功能区："常用"选项卡→"建模"面板→🔲按钮。

● AutoCAD 经典模式菜单：绘图→建模→圆柱体。

● 命令：Cylinder。

● 简化命令：Cyl。

【命令执行步骤】

(1) 调用命令。

(2) 命令行提示"指定底面的中心点或[三点(3P)/两点(2P)/切点、切点、半径(T)/椭圆(E)]"。按照选定的方法，绘制圆柱体(或椭圆柱体)底面的圆(或椭圆)。

(3) 命令行提示"指定高度或[两点(2P)/轴端点(A)]"。选项"两点"是指定圆柱体的高度为两个指定点之间的距离；选项"轴端点"指定圆柱体轴的端点位置，轴端点是圆柱体的顶面圆心。轴端点可以位于三维空间的任何位置。轴端点定义了圆柱体的长度和方向。

例 10-2：绘制圆柱体。

```
命令: cyl✓      //输入"圆柱体"命令
CYLINDER 指定底面的中心点或 [三点(3P)/两点(2P)/切点、切点、半径(T)/椭圆(E)]:      //以鼠标指定
底面中心点
指定底面半径或 [直径(D)] <20.0000>: 20✓      //输入半径值
指定高度或 [两点(2P)/轴端点(A)] <60.0000>: 60✓      //输入高度值
```

命令执行完成后，绘制的图形如图 10-14 所示。

图 10-14　绘制圆柱体

10.2.3　绘制圆锥体

使用"圆锥体"命令，可以创建圆锥体或椭圆锥体。执行"圆锥体"命令的方法如下。

● 功能区："常用"选项卡→"建模"面板→⚠按钮。

● AutoCAD 经典模式菜单：绘图→建模→圆锥体。

● 命令：Cone。

【命令执行步骤】

(1)　调用命令。

(2)　命令行提示"指定底面的中心点或[三点(3P)/两点(2P)/切点、切点、半径(T)/椭圆(E)]"。按照选定的方法，绘制圆锥体(或椭圆锥体)底面的圆(或椭圆)。

(3)　命令行提示"指定高度或[两点(2P)/轴端点(A)]"。选项"两点"是指定圆锥体的高度为两个指定点之间的距离；选项"轴端点"指定圆锥体轴的端点位置，轴端点是圆锥体的顶面圆心。轴端点可以位于三维空间的任何位置。轴端点定义了圆锥体的长度和方向。

例 10-3：绘制椭圆锥体。

```
命令: cone↙      //输入"圆锥体"命令
指定底面的中心点或 [三点(3P)/两点(2P)/切点、切点、半径(T)/椭圆(E)]: e↙   //选择"绘制椭圆"模式
指定第一个轴的端点或 [中心(C)]://以鼠标在屏幕上指定第一个轴的端点
指定第一个轴的其他端点: 30↙   //以鼠标沿 X 方向拖动，输入距离值
确定第一个轴的端点
指定第二个轴的端点: 8↙      //以鼠标沿 Y 方向拖动，输入距离值，确
定第二个轴的端点
指定高度或 [两点(2P)/轴端点(A)/顶面半径(T)] <50.0000>: 50↙ //输入
高度值
```

命令执行完成后，绘制的图形如图 10-15 所示。

10.2.4　绘制球体

使用"球体"命令，可以创建球体。执行"球体"命令的方法如下。

图 10-15　绘制椭圆锥体

● 功能区："常用"选项卡→"建模"面板→⚪按钮。

● AutoCAD 经典模式菜单：绘图→建模→球体。

● 命令：Sphere。

【命令执行步骤】

(1)　调用命令。

(2)　命令行提示"指定中心点或[三点(3P)/两点(2P)/切点、切点、半径(T)]"。各选项的含义如下。

● 指定中心点：通过指定球心和半径上的点创建球体。

● 三点：通过在三维空间的任意位置指定三个点，来定义球体的圆周，三个指定点也可以定义圆周平面。

● 两点：通过在三维空间的任意位置指定两个点来定义球体的圆周，第一点的 Z 值定

义圆周所在平面。

- 切点、切点、半径：通过指定半径定义可与两个对象相切的球体。

例 10-4：绘制球体。

```
命令: Sphere✓     //输入"球体"命令
指定中心点或 [三点(3P)/两点(2P)/切点、切点、半径(T)]:     //以鼠标选择球体的中心点
指定半径或 [直径(D)] <20.0000>: 20✓     //输入半径值
```

命令执行完成后，绘制的图形如图 10-16 所示。

图 10-16　绘制的球体

10.2.5　绘制棱锥体

"棱锥体"命令的功能，是用来创建棱锥体，创建时，可以定义棱锥体的侧面数。执行"棱锥体"命令的方法如下。

- 功能区："常用"选项卡→"建模"面板→⬦按钮。
- AutoCAD 经典模式菜单：绘图→建模→棱锥体。
- 命令：Pyramid。
- 简化命令：Pyr。

【命令执行步骤】

(1)　调用命令。

(2)　命令行提示"4 个侧面 外切 指定底面的中心点或[边(E)/侧面(S)]"。AutoCAD 默认绘制四棱锥，如果需要改变侧面的数量，可以通过选项"侧面"进行更改；确定侧面数后，按照与 Polygon 命令相同的方式绘制底面正多边形。

(3)　命令行提示"指定高度或[两点(2P)/轴端点(A)/顶面半径(T)]"。确认棱锥体的高度，其中，选项"两点"和"轴端点"的含义与绘制圆柱体和圆锥体命令中对应的选项相同，选项"顶面半径"是指确定棱锥体的顶面半径，并创建棱锥体平截面。

例 10-5：绘制棱锥体。

```
命令:pyr✓     //输入"棱锥体"的简化命令
PYRAMID 4 个侧面　外切     //系统提示当前参数
指定底面的中心点或 [边(E)/侧面(S)]: s✓     //设置侧面数
输入侧面数 <4>: 5✓     //输入侧面数
指定底面的中心点或 [边(E)/侧面(S)]:     //在屏幕上确定棱锥底面的中心点
指定底面半径或 [内接(I)] <20.0000>: 20✓     //输入底面半径值
指定高度或 [两点(2P)/轴端点(A)/顶面半径(T)] <50.0000>: t✓     //设置顶面半径
指定顶面半径 <0.0000>: 5✓     //输入顶面半径值
指定高度或 [两点(2P)/轴端点(A)] <50.0000>: 50✓     //输入棱锥的高度
```

命令执行完成后，绘制的图形如图 10-17 所示。

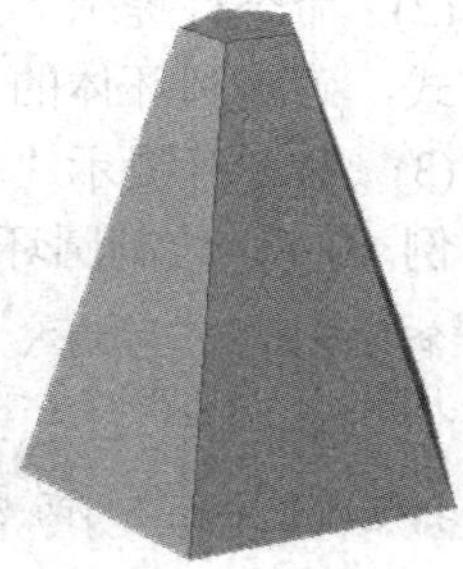

10.2.6　绘制楔体

使用"楔体"命令，可以创建底面为矩形或正方形的楔体，创建时，楔体的底面与当前 UCS 的 XY 平面平行，楔体的斜面正对第一个角点，楔体的高度与 Z 轴平行。执行"楔体"命令的方法如下。

- 功能区："常用"选项卡→"建模"面板→按钮。
- AutoCAD 经典模式菜单：绘图→建模→楔体。
- 命令：Wedge。
- 简化命令：We。

图 10-17　绘制的棱锥体

【命令执行步骤】

(1)　调用命令。

(2)　命令行提示"指定第一个角点或[中心(C)]"。给定楔体底面的角点，或给定楔体底面的中心点。

(3)　命令行提示"指定其他角点或[立方体(C)/长度(L)]"。确定对角点的位置，或通过选项设置生成立方体楔体或依据各边长度生成楔体。

(4)　命令行提示"指定高度或[两点(2P)]"。给出楔体的高度。

例 10-6：绘制楔体。

```
命令: we↙      //输入"楔体"的简化命令
WEDGE 指定第一个角点或 [中心(C)]: 200,700↙      //给定第一个角点
的坐标，默认 Z 坐标为 0
指定其他角点或 [立方体(C)/长度(L)]: l↙      //选择以长度方式绘制楔体
指定长度 <25.0000>: 50↙      //以鼠标沿 X 轴方向拖动，输入长度值
指定宽度 <100.0000>: 30↙      //输入宽度值
指定高度或 [两点(2P)] <50.0000>: 60↙      //输入高度值
```

图 10-18　绘制的楔体

命令执行完成后，绘制的图形如图 10-18 所示。

10.2.7　绘制圆环体

使用"圆环体"命令，可以创建圆环体。圆环体具有两个半径值。一个值定义圆管，另一个值定义从圆环体的圆心到圆管的圆心之间的距离。默认情况下，圆环体将绘制为与当前 UCS 的 XY 平面平行，且被该平面平分。当圆管半径大于圆环体半径时，圆环体自交，即没有中心孔。执行"圆环体"命令的方法如下。

- 功能区："常用"选项卡→"建模"面板→按钮。
- AutoCAD 经典模式菜单：绘图→建模→圆环体。
- 命令：Torus。
- 简化命令：Tor。

【命令执行步骤】

(1)　调用命令。

(2) 命令行提示"指定中心点或[三点(3P)/两点(2P)/切点、切点、半径(T)]"。根据选定的方式,确定圆环体的位置与大小。

(3) 命令行提示"指定圆管半径或[两点(2P)/直径(D)]"。给出圆管的半径或直径。

例 10-7:绘制圆环体。

```
命令: tor↙      //输入"圆环体"的简化命令
TORUS 指定中心点或 [三点(3P)/两点(2P)/切点、切点、半径(T)]:      //以鼠标确定圆环体的中心点
指定半径或 [直径(D)] <20.0000>: 20↙      //给定圆环体的半径值
指定圆管半径或 [两点(2P)/直径(D)] <25.0000>: 5↙      //给定圆管的半径值
```

命令执行完成后,绘制的图形如图 10-19 所示。

图 10-19　绘制的圆环体

10.2.8　绘制多段体

使用"多段体"命令,可以创建矩形轮廓的实体,也可以将现有的直线、二维多段线、圆弧或圆转换为具有矩形轮廓的实体,类似于建筑墙体。执行"多段体"命令的方法如下。

● 功能区:"常用"选项卡→"建模"面板→按钮。

● 命令:Polysolid。

● 简化命令:Psolid。

【命令执行步骤】

(1) 调用命令。

(2) 命令行提示"指定起点或[对象(O)/高度(H)/宽度(W)/对正(J)]"。各选项的含义如下。

● 指定起点:直接根据点位绘制多段体。

● 对象:根据现有的多段线、圆、圆弧、多边形等二维图形按指定参数生成多段体。

● 高度:设置多段体的高度。

● 宽度:设置多段体的宽度。

● 对正:设置多段体的对正方式,有左对正、右对正、居中对正三种形式。

例 10-8:绘制多段体。

```
命令: pl↙      //输入"多段线"的简化命令
PLINE 指定起点:      //在屏幕上确定起点位置
当前线宽为 0.0000      //系统提示当前线宽设置
指定下一个点或 [圆弧(A)/半宽(H)/长度(L)/放弃(U)/宽度(W)]: @-20,0↙      //利用相对直角坐标确定
多段线的第二点
指定下一点或 [圆弧(A)/闭合(C)/半宽(H)/长度(L)/放弃(U)/宽度(W)]: @0,30↙      //利用相对直角坐标
确定多段线的第三点
指定下一点或 [圆弧(A)/闭合(C)/半宽(H)/长度(L)/放弃(U)/宽度(W)]: @20,20↙      //利用相对直角坐标
确定多段线的第四点
```

命令: psolid↙　　//输入"多段体"的简化命令
POLYSOLID 高度 = 80.0000, 宽度 = 5.0000, 对正 = 居中　　//系统提示当前多段体命令的参数
指定起点或 [对象(O)/高度(H)/宽度(W)/对正(J)] <对象>: h↙　　//进入多段体高度设置选项
指定高度 <80.0000>: 50↙　　//输入高度值
高度 = 50.0000, 宽度 = 5.0000, 对正 = 居中　　//系统提示当前多段体
命令的参数
指定起点或 [对象(O)/高度(H)/宽度(W)/对正(J)] <对象>: w↙　　//进入多
段体宽度设置选项
指定宽度 <5.0000>: 5↙　　//输入宽度值
高度 = 50.0000, 宽度 = 5.0000, 对正 = 居中　　//系统提示当前多段体
命令的参数
指定起点或 [对象(O)/高度(H)/宽度(W)/对正(J)] <对象>: o↙　　//选择将
已有对象转换为多段体
选择对象:　　//选择刚刚绘制的多段线

图 10-20　绘制的多段体

命令执行完成后，绘制的图形如图 10-20 所示。

10.3　由二维图形生成三维形体

在 AutoCAD 中，可以将封闭的平面二维图形作为截面，通过采用拉伸、选择、扫掠、放样的方式创建三维实体。

10.3.1　拉伸

"拉伸"命令是指将封闭的二维图形作为截面拉伸至三维空间来创建实体和曲面。如果拉伸具有一定宽度的多段线，则将忽略宽度并从多段线路径的中心拉伸多段线。如果拉伸具有一定厚度的对象，则将忽略厚度。拉伸的对象必须是闭合的二维图形，而且必须是一个整体的对象。如果是多段直线或弧线组成的闭合线条，则可将其先合并为多段线，也可以将对象转化为面域。

执行"拉伸"命令的方法如下。

- 功能区："常用"选项卡→"建模"面板→🔲按钮。
- AutoCAD 经典模式菜单：绘图→建模→拉伸。
- 命令：Extrude。
- 简化命令：Ext。

【命令执行步骤】

(1) 调用命令。

(2) 命令行提示"选择要拉伸的对象"。选取要拉伸的闭合二维图形。

(3) 命令行提示"指定拉伸的高度或[方向(D)/路径(P)/倾斜角(T)]"。各参数的含义如下。

- 指定拉伸的高度：如果输入正值，将沿对象所在坐标系的 Z 轴正方向拉伸对象。如果输入负值，将沿 Z 轴负方向拉伸对象。对象不必平行于同一平面。如果所有对象处于同一平面上，将沿该平面的法线方向拉伸对象。
- 方向：通过指定的两点指定拉伸的长度和方向，其中，方向不能与拉伸创建的扫掠曲线所在的平面平行。

- 路径：基于选择的对象指定拉伸路径，路径将移动到轮廓的质心，然后沿选定路径拉伸选定对象的轮廓以创建实体或曲面。
- 倾斜角：设置拉伸的倾斜角度，正角度表示从基准对象逐渐变细地拉伸，而负角度则表示从基准对象逐渐变粗地拉伸。默认角度 0 表示在与二维对象所在平面垂直的方向上进行拉伸。所有选定的对象和环都将倾斜到相同的角度。如果指定一个较大的倾斜角或较长的拉伸高度，将导致对象或对象的一部分在到达拉伸高度之前就已经汇聚到一点。

例 10-9：按照指定高度拉伸二维图形，生成三维实体。

根据图 10-21 中的二维线框拉伸生成三维实体。

```
命令: ext↙    //输入"拉伸"的简化命令
EXTRUDE 当前线框密度：ISOLINES=4    //系统提示当前参数
选择要拉伸的对象：    //选择要拉伸的二维图形
找到 1 个    //系统提示所选对象的数量
选择要拉伸的对象：↙    //直接按 Enter 键结束对象选择
指定拉伸的高度或 [方向(D)/路径(P)/倾斜角(T)] <10.0000>: 7↙    //输入拉伸的高度
```

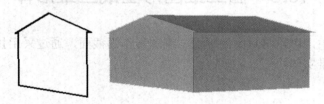

图 10-21　按照指定高度拉伸二维图形生成三维实体

例 10-10：按照指定路径拉伸二维图形生成三维实体。

将图 10-22 中的五角星沿三维多段线方向按照 3° 倾斜角拉伸，生成三维实体。

```
命令: ext↙    //输入"拉伸"的简化命令
EXTRUDE 当前线框密度：ISOLINES=4    //系统提示当前参数
选择要拉伸的对象：    //选择要拉伸的五角星
找到 1 个    //系统提示所选对象的数量
选择要拉伸的对象：↙    //直接按 Enter 键结束对象选择
指定拉伸的高度或 [方向(D)/路径(P)/倾斜角(T)]: t↙    //设置倾斜角
指定拉伸的倾斜角度 <3>: 3↙    //输入倾斜角度数
指定拉伸的高度或 [方向(D)/路径(P)/倾斜角(T)]: p↙    //选择沿指定路径拉伸图形
选择拉伸路径：    //选择绘制好的三维多段线
```

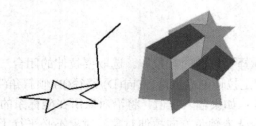

图 10-22　按照指定路径拉伸二维图形生成三维实体

10.3.2　旋转

"旋转"命令可以绕指定的轴线旋转开放或闭合的对象来创建实体或曲面。如果旋转对象是封闭的，则生成实体；如果旋转目标是开放的，则生成曲面。旋转时，既可以将对象旋转 360°，也可以指定其他旋转角度。旋转轴既可以通过指定两点来确定，也可以由选定的对象来确定。

可以旋转的对象包括圆、圆弧、椭圆、椭圆弧、直线、多段线、样条曲线、面域等。对于包含有相交线段的块或多段线内的对象，无法进行旋转。对多段线进行旋转时，将忽略多段线的宽度，并从多段线路径的中心开始旋转。

执行"旋转"命令的方法如下。

- 功能区："常用"选项卡→"建模"面板→ 按钮。
- AutoCAD 经典模式菜单：绘图→建模→旋转。
- 命令：Revolve。
- 简化命令：Rev。

【命令执行步骤】

(1) 调用命令。

(2) 命令行提示"选择要旋转的对象"。选取要旋转的二维图形。

(3) 命令行提示"指定轴起点或根据以下选项之一定义轴[对象(O)/X/Y/Z]"。指定旋转轴。选项"对象"代表通过选取已有的直线作为旋转轴；选项 X 代表以 X 轴正向作为旋转轴；选项 Y 代表以 Y 轴正向作为旋转轴；选项 Z 代表以 Z 轴正向作为旋转轴。

(4) 命令行提示"指定旋转角度或[起点角度(ST)]"。确定原始对象的旋转角度，输入正值，将按逆时针方向旋转对象；输入负值，将按顺时针方向旋转对象。系统默认将从所选目标所在处开始旋转，也可以通过选项"起点角度"来设置目标开始旋转的位置。

需要注意的是，在指定旋转轴时，旋转的原始对象必须位于旋转轴的同一侧，即旋转对象不能与旋转轴相交。

例 10-11：旋转生成三维实体(二维多段线见图 10-23)。

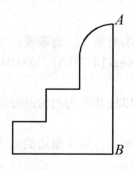

图 10-23　二维多段线

将图 10-23 中的二维多段线绕直线 AB 旋转 270 度。

```
命令: rev↙      //输入"旋转"的简化命令
REVOLVE 当前线框密度:  ISOLINES=4     //提示当前参数
```

选择要旋转的对象:　　//选择二维多段线
找到 1 个　　//系统提示所选的对象的数量
选择要旋转的对象: ↙　　//直接按 Enter 键结束对象的选择
指定轴起点或根据以下选项之一定义轴 [对象(O)/X/Y/Z] <对象>:　　//以鼠标捕捉到 A 点
指定轴端点:　　//以鼠标捕捉到 B 点
指定旋转角度或 [起点角度(ST)] <360>: 270↙　　//设置旋转角度为 270°

命令执行完成后,绘制的实体如图 10-24 所示。

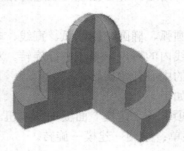

图 10-24　旋转生成的三维实体

10.3.3　扫掠

"扫掠"命令是通过沿路径扫掠二维对象,来创建三维实体或曲面。扫掠的对象可以是直线、圆、圆弧、多段线、样条曲线、面域等开放或闭合的二维图形或三维实体,扫掠的路径可以是直线、多段线、曲线等二维路径,也可以是螺旋线、三维多段线等三维路径。

如果扫掠的对象是闭合曲线,则生成实体;如果扫掠的对象是开放的曲线,则生成曲面。"扫掠"与"拉伸"的区别之处,在于扫掠轮廓时,轮廓将被移动并与路径垂直对齐,然后沿路径扫掠该轮廓,在扫掠过程中,可以扭曲或缩放对象。

执行"扫掠"命令的方法如下。

- 功能区:"常用"选项卡→"建模"面板→ 按钮。
- 命令:Sweep。

【命令执行步骤】

(1) 调用命令。

(2) 命令行提示"选择要扫掠的对象"。选取要扫掠的原始对象。

(3) 命令行提示"选择扫掠路径或[对齐(A)/基点(B)/比例(S)/扭曲(T)]"。指定扫掠的路径,其中各选项的含义如下。

- 对齐:指定是否对齐轮廓以使其作为扫掠路径切向的法向,默认情况下,轮廓是对齐的。
- 基点:指定要扫掠对象的基点。如果指定的点不在选定对象所在的平面上,则该点将被投影到该平面上。
- 比例:指定比例因子以进行扫掠操作。从扫掠路径的开始到结束,比例因子将统一应用到扫掠的对象。
- 扭曲:设置正被扫掠的对象的扭曲角度。扭曲角度为沿扫掠路径全部长度的旋转量。

例 10-12：扫掠生成三维实体。

将图 10-25 中的六边形沿直线扫掠，生成三维实体，扫掠比例为 2，扭曲角度为 180°。

```
命令: sweep↙        //输入"扫掠"命令
当前线框密度：ISOLINES=4      //系统提示当前参数
选择要扫掠的对象：    //选择六边形
找到 1 个     //系统提示选择的对象数
选择要扫掠的对象：↙     //直接按 Enter 键结束对象的选择
选择扫掠路径或 [对齐(A)/基点(B)/比例(S)/扭曲(T)]: s↙      //选择设置比例
输入比例因子或 [参照(R)] <1.0000>: 2↙     //设置比例为 2
选择扫掠路径或 [对齐(A)/基点(B)/比例(S)/扭曲(T)]: t↙     //选择设置扭曲度数
输入扭曲角度或允许非平面扫掠路径倾斜 [倾斜(B)] <0.0000>: 180↙     //设置扭曲度数为 180°
选择扫掠路径或 [对齐(A)/基点(B)/比例(S)/扭曲(T)]:     //选择直线路径
```

命令执行完成后，绘制的实体如图 10-25 右侧的实体所示。

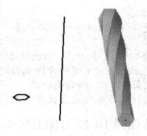

图 10-25　扫掠生成的三维实体

10.3.4　放样

"放样"命令用来在若干横截面之间创建三维实体或曲面。其中，横截面用于定义实体或曲面的轮廓，横截面可以是封闭的，也可以是开放的。

执行"放样"命令的方法如下。

- 功能区："常用"选项卡→"建模"面板→🛡按钮。
- 命令：Loft。

【命令执行步骤】

(1) 调用命令。

(2) 命令行提示"按放样次序选择横截面"。顺次选取已有的横截面。

(3) 命令行提示"输入选项[导向(G)/路径(P)/仅横截面(C)]"。其中各选项的含义如下。

- 导向：指定控制放样实体或曲面形状的导向曲线。导向曲线可以是直线或曲线，可通过将其他线框信息添加至对象来进一步定义实体或曲面的形状。
- 路径：指定放样实体或曲面的单一路径，路径曲线必须与横截面的所有平面相交。
- 仅横截面：仅利用横截面生成实体，显示"放样设置"对话框，如图 10-26 所示。

其中，"直纹"代表指定实体或曲面在横截面之间是直纹，并且在横截面处具有鲜明的边界；"平滑拟合"代表指定在横截面之间绘制平滑实体或曲面，并且在起点和终点横截面处具有鲜明的边界；"法线指向"用来控制实体或曲面在其通过横截面处的曲面法线；"拔模斜度"用来控制放样实体或曲面的第一个和最后一个横截面的拔模斜度和幅值。

图 10-26 "放样设置"对话框

例 10-13：放样生成三维实体。

根据图 10-27 中的三个六边形横截面放样生成三维实体。

```
命令: loft✓        //输入"放样"命令
按放样次序选择横截面: 找到 1 个      //选择第一个横截面
按放样次序选择横截面: 找到 1 个，总计 2 个      //选择第二个横截面
按放样次序选择横截面: 找到 1 个，总计 3 个      //选择第三个横截面
按放样次序选择横截面: ✓     //直接按 Enter 键结束横截面的选择
输入选项 [导向(G)/路径(P)/仅横截面(C)] <仅横截面>:✓     //直接按 Enter 键，默认采用"仅横截面"
模式放样生成实体，在"放样设置"对话框内设置相关参数后，单击"确定"按钮
```

命令执行完成后，绘制的实体如图 10-27 右侧的实体所示。

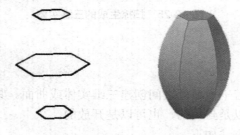

图 10-27 放样生成三维实体

10.4 三维实体的布尔运算

对于不能一次生成的复杂三维实体，可以根据 8 种基本三维实体和由二维图形生成的三维实体，利用布尔运算生成。AutoCAD 中的布尔运算主要包括并集、交集和差集运算。

10.4.1 并集运算

"并集"运算是指将两个或两个以上的实体合并成为一个复合对象。

执行"并集"命令的方法如下。

● 功能区："常用"选项卡→"实体编辑"面板→⑩按钮。

● AutoCAD 经典模式菜单：修改→实体编辑→并集。

● 命令：Union。

● 简化命令：Uni。

【命令执行步骤】

(1) 调用命令。

(2) 命令行提示"选择对象"。选择要进行并集运算的实体对象。

例 10-14：并集运算。

对图 10-28(a)中的圆柱体和圆锥体进行并集运算。

```
命令: uni↙    //输入"并集"的简化命令
UNION 选择对象: 找到 1 个    //选择圆柱体
选择对象: 找到 1 个, 总计 2 个    //选择圆锥体
```

命令执行后，并集运算的结果如图 10-28(b)所示。

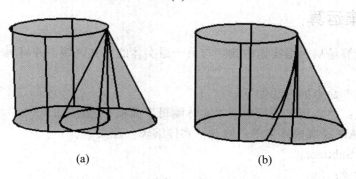

(a)　　　　　　　　　(b)

图 10-28　并集运算

10.4.2　交集运算

"交集"运算是从两个或两个以上重叠实体的公共部分创建实体，并将非重叠部分删除。选择集可包含位于任意多个不同平面中的面域、实体和曲面。

执行"交集"命令的方法如下。

● 功能区："常用"选项卡→"实体编辑"面板→按钮。

● AutoCAD 经典模式菜单：修改→实体编辑→交集。

● 命令：Intersect。

● 简化命令：In。

【命令执行步骤】

(1) 调用命令。

(2) 命令行提示"选择对象"。选择要进行交集运算的实体对象。

例 10-15：交集运算。

对图 10-29(a)中的圆柱体和圆锥体进行交集运算。

```
命令: in↙    //输入"交集"的简化命令
INTERSECT 选择对象: 找到 1 个    //选择圆柱体
选择对象: 找到 1 个, 总计 2 个    //选择圆锥体
```

命令执行后，交集运算的结果如图 10-29(b)所示。

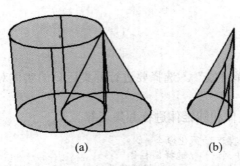

(a)   (b)

图 10-29 交集运算

10.4.3 差集运算

"差集"运算是从一组实体中删除与另一组实体的公共区域,并将另一组实体的其余部分删除。

执行"差集"命令的方法如下。

● 功能区:"常用"选项卡→"实体编辑"面板→⓪按钮。

● AutoCAD 经典模式菜单:修改→实体编辑→差集。

● 命令:Subtract。

● 简化命令:Su。

【命令执行步骤】

(1) 调用命令。

(2) 命令行提示"选择要从中减去的实体、曲面和面域"。选择要减去实体的对象。

(3) 命令行提示"选择要减去的实体、曲面和面域"。选择与前者相交的实体对象。

例 10-16:差集运算。

对图 10-30(a)中的圆柱体和圆锥体进行差集运算。

```
命令:su↙    //输入"差集"的简化命令
SUBTRACT 选择要从中减去的实体、曲面和面域...    //选择圆柱体
选择对象: 找到 1 个    //提示选择一个对象
选择对象: 选择要减去的实体、曲面和面域...    //选择圆锥体
选择对象: 找到 1 个    //提示选择一个对象
```

命令执行后,差集运算的结果如图 10-30(b)所示。

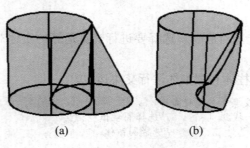

(a)   (b)

图 10-30 差集运算

10.5 三维实体的基本编辑操作

与二维图形类似，生成三维实体后，也可以对齐进行系列的编辑操作，这些操作包括倒角、圆角、移动、旋转、镜像、阵列、对齐等，还可以对三维实体中的面、边、体等进行编辑，或根据三维实体生成二维图形。

10.5.1 三维倒角与圆角

与二维图形类似，在三维实体中，同样可以对有棱角的点或线进行倒角和圆角处理，其倒角命令和圆角命令的执行方式与平面中相同。

1. 三维倒角

对三维实体进行倒角处理与二维倒角命令相同，选择三维实体后，系统将提示三维倒角的相关操作。

【命令执行步骤】

(1) 调用命令。

(2) 命令行提示"选择第一条直线或[放弃(U)/多段线(P)/距离(D)/角度(A)/修剪(T)/方式(E)/多个(M)]"。选择要进行倒角处理的三维实体中的一条边。

(3) 命令行提示"基面选择"。指定与选定边相邻的两个表面中的一个为基准表面。

(4) 命令行提示"指定基面的倒角距离"。设定在基面上的倒角长度。

(5) 命令行提示"指定其他曲面的倒角距离"。设定在另一个面上的倒角长度。

(6) 命令行提示"选择边或[环(L)]"。选择了基面和倒角距离后，应选择需倒角的基面的边。可以一次选择一条边，也可利用选项"环"一次选择一个面上的所有边。

例 10-17：三维倒角。

对图 10-31(a)中的长方体上表面的四条边进行倒角处理。

```
命令: cha↙        //输入"倒角"的简化命令
CHAMFER ("修剪"模式) 当前倒角距离 1 = 3.0000，距离 2 = 5.0000    //系统提示当前倒角参数
选择第一条直线或 [放弃(U)/多段线(P)/距离(D)/角度(A)/修剪(T)/方式(E)/多个(M)]: //选择长方体的 AB 边
基面选择...    //系统默认将 ABC 面作为基面
输入曲面选择选项 [下一个(N)/当前(OK)] <当前(OK)>: n↙     //输入"n"切换至 ABD 面
输入曲面选择选项 [下一个(N)/当前(OK)] <当前(OK)>: ↙     //直接按 Enter 键采用 ABD 面作为基面
指定基面的倒角距离 <3.0000>: 3↙     //输入基面上的倒角距离 3
指定其他曲面的倒角距离 <5.0000>: 5↙    //输入与基面相邻的面上的倒角距离 5
选择边或 [环(L)]: l↙    //选择"环"模式
选择边环或 [边(E)]:    //选择 ABD 面上的环
```

命令执行完成后，效果如图 10-31(b)所示。

2. 三维圆角

对三维实体进行圆角处理也与二维圆角命令相同，选择三维实体后，系统同样将提示三维圆角的相关操作。

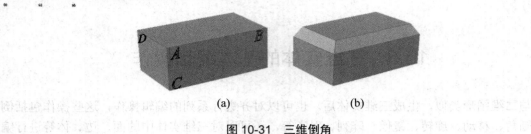

(a) (b)

图 10-31 三维倒角

【命令执行步骤】

(1) 调用命令。

(2) 命令行提示"选择第一个对象或[放弃(U)/多段线(P)/半径(R)/修剪(T)/多个(M)]"。选择要进行倒角处理的三维实体中的一条边。

(3) 命令行提示"输入圆角半径"。设置圆角半径。

(4) 命令行提示"选择边或[链(C)/半径(R)]"。选择要进行圆角处理的边，或者由多条边组成的链。

例 10-18：三维倒角。

对图 10-32(a)中的圆柱体上表面的边进行圆角处理。

```
命令: f↙      //输入"圆角"的简化命令
FILLET 当前设置: 模式 = 修剪，半径 = 5.0000      //系统提示当前圆角参数
选择第一个对象或 [放弃(U)/多段线(P)/半径(R)/修剪(T)/多个(M)]:      //选择圆柱体
输入圆角半径 <5.0000>: 8↙      //设置圆角半径为 8
选择边或 [链(C)/半径(R)]:      //选择圆柱上表面的边
已拾取到边。      //系统提示已拾取到边
选择边或 [链(C)/半径(R)]: ↙      //直接按 Enter 键结束边的选择
已选定 1 个边用于圆角。      //系统提示已对拾取边完成圆角
```

命令执行完成后，效果如图 10-32(b)所示。

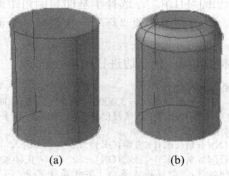

(a) (b)

图 10-32 三维圆角

10.5.2 三维移动、旋转与对齐

1. 三维移动

"三维移动"命令可以自由移动三维对象和子对象的选择集。执行"三维移动"命令的

方法如下。

- 功能区："常用"选项卡→"修改"面板→⊕按钮。
- 命令：3Dmove。
- 简化命令：3M。

【命令执行步骤】

(1) 调用命令。

(2) 命令行提示"选择对象"。选择要移动的三维实体。

(3) 命令行提示"指定基点或[位移(D)]"。指定移动的基点。

(4) 命令行提示"指定第二个点或<使用第一个点作为位移>"。通过指定第二个点的位置或指定位移量进行实体的移动。

2. 三维旋转

"三维旋转"命令用于将三维模型绕指定旋转轴在空间内旋转一定角度。执行"三维旋转"命令的方法如下。

- 功能区："常用"选项卡→"修改"面板→⊕按钮。
- 命令：3Drotate。
- 简化命令：3R。

【命令执行步骤】

(1) 调用命令。

(2) 命令行提示"选择对象"。选择要旋转的三维实体。

(3) 命令行提示"指定基点或[位移(D)]"。设置旋转的中心点。

(4) 命令行提示"拾取旋转轴"。在如图 10-33 所示的三维缩放小控件上指定旋转轴，移动鼠标直至要选择的轴轨迹变为黄色，然后单击以选择此轨迹。

(5) 命令行提示"指定角的起点或键入角度"。设置旋转的相对起点，也可以输入角度值，如果设置了旋转的起点，则将出现一条旋转指示线，带动对象绕轴旋转，旋转至适当位置，单击鼠标结束旋转。

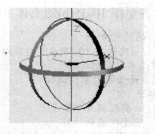

图 10-33　三维缩放控件

例 10-19：三维旋转。

将图 10-34(a)中的立方体绕 X 轴和 Y 轴各旋转 45°。

```
命令: 3r↙    //输入"三维旋转"的简化命令
3DROTATE UCS 当前的正角方向: ANGDIR=逆时针  ANGBASE=0    //系统提示当前设置
选择对象: 找到 1 个    //选择立方体
选择对象: ↙    //直接按 Enter 键结束选择
```

指定基点:　//以鼠标拾取立方体的角点
拾取旋转轴:　//在三维缩放控件中拾取 Y 轴
指定角的起点或键入角度: 45↙　//输入旋转角度

用同样过程，将旋转后的立方体绕 X 轴再旋转 45°，结果如图 10-34(b)所示。

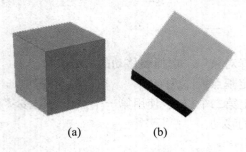

(a)　　　　　(b)

图 10-34　三维旋转

3. 三维对齐

"三维对齐"命令用于将指定对象在三维空间中与其他对象对齐。与二维"对齐"命令不同的是，"三维对齐"命令无法对源目标进行缩放。执行"三维对齐"命令的方法如下。

- 功能区："常用"选项卡→"修改"面板→按钮。
- AutoCAD 经典模式菜单：修改→三维操作→三维对齐。
- 命令：3Dalign。
- 简化命令：3Al。

【命令执行步骤】

(1) 调用命令。

(2) 命令行提示"选择对象"。选择要对齐至其他三维实体的对象。

(3) 命令行提示"指定源平面和方向"。在源对象上依次指定三个点。

(4) 命令行提示"指定目标平面和方向"。依次指定与三个源点相对应的目标点。

例 10-20：三维对齐。

将图 10-35(a)中的三维实体对齐至图 10-35(b)的实体上。

命令: 3al↙　//输入"三维对齐"的简化命令
3DALIGN 选择对象: 找到 1 个　//选择图 10-35(a)中的实体
选择对象: ↙　//直接按 Enter 键结束对象的选择
指定源平面和方向 ...　//系统提示开始源对象的选择
指定基点或 [复制(C)]:　//捕捉端点"1"
指定第二个点或 [继续(C)] <C>:　//捕捉端点"2"
指定第三个点或 [继续(C)] <C>:　//捕捉端点"3"
指定目标平面和方向 ...　//系统提示开始目标对象的选择
指定第一个目标点:　//捕捉端点"4"
指定第二个目标点或 [退出(X)] <X>:　//捕捉端点"5"
指定第三个目标点或 [退出(X)] <X>:　//捕捉端点"6"

命令执行完成后，三维实体如图 10-35(c)所示。

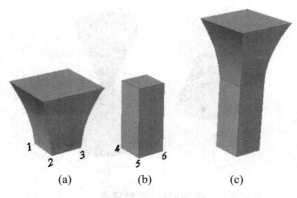

图 10-35　三维对齐

10.5.3　三维镜像与阵列

1. 三维镜像

"三维镜像"命令用于创建对称于选定平面的三维镜像模型，其与二维"镜像"命令的区别在于二维"镜像"以线镜像，而三维"镜像"命令以面镜像。执行"三维镜像"命令的方法如下。

- 功能区："常用"选项卡→"修改"面板→⅍按钮。
- 命令：Mirror3d 或 3Dmirror。

【命令执行步骤】

(1) 调用命令。

(2) 命令行提示"选择对象"。选择要镜像的三维实体。

(3) 命令行提示"指定镜像平面(三点)的第一个点或[对象(O)/最近的(L)/Z 轴(Z)/视图(V)/XY 平面(XY)/YZ 平面(YZ)/ZX 平面(ZX)/三点(3)]"。

其中各选项的含义如下。

- 三点：输入或选择三个点确定一个平面，以此平面作为镜像平面。
- 对象：选定一个二维对象，以此对象所在的平面作为镜像平面。
- 最近的：相对于最后定义的镜像平面对选定的对象进行镜像处理。
- Z 轴：根据平面上的一个点和该平面法线上的一个点定义镜像平面。
- 视图：将镜像平面与当前视口中通过指定点的视图平面对齐。
- XY 平面：以一个通过指定点的 XY 平面作为镜像平面。
- YZ 平面：以一个通过指定点的 YZ 平面作为镜像平面。
- ZX 平面：以一个通过指定点的 ZX 平面作为镜像平面。

例 10-21：三维镜像。

利用图 10-36(a)中的三维实体镜像生成如图 10-36(b)所示的三维实体。

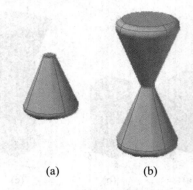

(a)　　　　　　　(b)

图 10-36　三维镜像

```
命令: 3dmirror↙       //输入"三维镜像"命令
选择对象: 找到 1 个      //选择三维实体
选择对象: ↙       //直接按 Enter 键结束选择
指定镜像平面 (三点) 的第一个点或  [对象(O)/最近的(L)/Z 轴(Z)/视图(V)/XY 平面(XY)/YZ 平面
(YZ)/ZX 平面(ZX)/三点(3)] <三点>: z↙     //采用"Z轴"模式进行镜像
在镜像平面上指定点:     //开启圆心捕捉,以鼠标捕捉上表面的圆心点
在镜像平面的 Z 轴 (法向) 上指定点:     //在竖直向上方向任意位置单击鼠标
是否删除源对象? [是(Y)/否(N)] <否>:↙     //直接按 Enter 键,默认不删除源对象
```

2. 三维阵列

"三维阵列"命令用于创建三维实体模型的三维阵列,与二维"阵列"命令相似,"三维阵列"也包括矩形阵列和环形阵列两种模式。执行"三维对齐"命令的方法如下。

- 功能区:"常用"选项卡→"修改"面板→按钮。
- AutoCAD 经典模式菜单:修改→三维操作→三维阵列。
- 命令:3Darray。
- 简化命令:3A。

(1) 三维矩形阵列。

【命令执行步骤】

① 调用命令。

② 命令行提示"选择对象"。选择要阵列的三维实体。

③ 命令行依次提示"输入行数"、"输入列数"、"输入层数"。对应输入行、列、层的数目。

④ 命令行依次提示"指定行间距"、"指定列间距"、"指定层间距"。对应输入行、列、层的间距。

例 10-22:三维矩形阵列。

利用图 10-37(a)中的小立方体阵列生成如图 10-37(b)所示的三维实体。

```
命令: 3a↙       //输入"三维阵列"的简化命令
3DARRAY 选择对象: 找到 1 个      //选择立方体
选择对象: ↙       //直接按 Enter 键结束对象选择
输入阵列类型 [矩形(R)/环形(P)] <矩形>: r↙     //选择矩形阵列模式
输入行数 (---) <1>: 4↙     //输入行数"4"
输入列数 (|||) <1>: 3↙     //输入列数"3"
```

```
输入层数 (...) <1>: 2↙        //输入层数 "2"
指定行间距 (---): 15↙         //指定行间距 "15"
指定列间距 (|||): 20↙         //指定列间距 "20"
指定层间距 (...): 25↙         //指定层间距 "25"
```

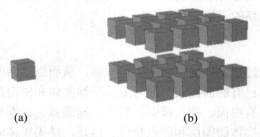

(a)　　　　　　　　　　　　(b)

图 10-37　三维矩形阵列

(2) 三维环形阵列。

【命令执行步骤】

① 调用命令。

② 命令行提示 "选择对象"。选择要阵列的三维实体。

③ 命令行依次提示 "输入阵列中的项目数目"。指定阵列后项目的总数(包括源对象)。

④ 命令行依次提示 "指定要填充的角度"。指定阵列对象的分布范围，"+" 代表逆时针填充，"-" 代表顺时针填充。

⑤ 命令行提示 "旋转阵列对象？"。指定是否旋转源对象以保持中心轴与阵列对象相对位置的一致性。

⑥ 命令行提示 "指定阵列中心点"。指定阵列对象的中心点。

⑦ 命令行提示 "指定旋转轴上的第二点"。所指定的点与阵列中心点相连，确定阵列的旋转轴。

例 10-23：三维环形阵列。

利用图 10-38(a)中的三维实体，生成如图 10-38(b)所示的三维实体。

```
命令: 3a↙        //输入 "三维阵列" 的简化命令
3DARRAY 选择对象: 找到 1 个     //选择 "螺丝" 实体
选择对象: ↙      //直接按 Enter 键结束对象选择
输入阵列类型 [矩形(R)/环形(P)] <矩形>: p↙     //选择环形阵列模式
输入阵列中的项目数目: 6↙       //设定阵列项目数
指定要填充的角度 (+=逆时针, -=顺时针) <360>: 360↙      //设定填充角度
旋转阵列对象？ [是(Y)/否(N)] <Y>: ↙       //默认旋转对象
指定阵列的中心点: ↙      //捕捉底座上表面的圆心点
指定旋转轴上的第二点: ↙      //捕捉底座下表面的圆心点
```

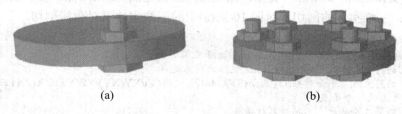

(a)　　　　　　　　　　　　(b)

图 10-38　三维环形阵列

10.5.4　剖切与加厚

"剖切"和"加厚"命令都可以通过对现有三维实体或曲面的操作，改变现有三维实体或曲面的状态，进而生成新的三维实体。

1. 剖切

"剖切"命令可以通过定义的剖切面来剖切实体，从而创建新的实体。剖切面既可以指定点来创建，也可以选择已有的曲面或平面对象。三维实体和曲面都可以是剖切的对象，可以作为剖切面的对象主要有曲面、圆、圆弧、椭圆、椭圆弧、二维样条曲线、三维多段线线段等。剖切对象将保留原实体的图层和颜色特性。但是，结果实体或结果曲面对象将不保留原始对象的历史记录。执行"剖切"命令的方法如下。

- 功能区："常用"选项卡→"修改"面板→⬚按钮。
- 命令：Slice。
- 简化命令：Sl。

【命令执行步骤】

(1) 调用命令。

(2) 命令行提示"选择要剖切的对象"。选择要进行剖切的三维实体。

(3) 命令行提示"指定切面的起点或[平面对象(O)/曲面(S)/Z 轴(Z)/视图(V)/XY(XY)/YZ(YZ)/ZX(ZX)/三点(3)]"。其中各项参数的含义如下。

- 指定切面的起点：创建一个与当前 UCS 的 XY 平面垂直的剖切面，依次指定剖切平面上的两个点。
- 平面对象：以包含选定的圆、椭圆、圆弧、椭圆弧、二维样条曲线或二维多段线的平面作为剖切面。
- 曲面：以曲面作为剖切面。
- Z 轴：根据平面上的一个点和该平面法线上的一个点定义剖切平面。
- 视图：将剖切平面与当前视口中通过指定点的视图平面对齐。
- XY：以一个通过指定点的 XY 平面作为剖切平面。
- YZ：以一个通过指定点的 YZ 平面作为剖切平面。
- ZX：以一个通过指定点的 ZX 平面作为剖切平面。
- 三点：使用三点定义剖切平面。

(4) 命令行提示"在所需的侧面上指定点或[保留两个侧面(B)]"。剖切后原有的三维实体被分为两个实体，在需要保留的实体一侧任意位置指定点，如果两侧都要保留，则输入"B"。

例 10-24：三维实体的剖切。对图 10-39(a)中的三维实体沿对角线剖切。

```
命令: sl↙      //输入"剖切"的简化命令
SLICE 选择要剖切的对象: 找到 1 个    //选择三维实体
选择要剖切的对象: ↙    //直接按 Enter 键结束对象选择
指定 切面 的起点或 [平面对象(O)/曲面(S)/Z 轴(Z)/视图(V)/XY(XY)/YZ(YZ)/ZX(ZX)/三点(3)] <三点>:
    //捕捉上表面的一个角点
指定平面上的第二个点:    //捕捉其对角点
在所需的侧面上指定点或 [保留两个侧面(B)] <保留两个侧面>:    //捕捉在两个对角点连线后侧的角点
```

执行命令后，剖切生成的三维实体，如图 10-39(b)所示。

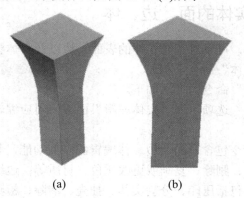

(a)　　　　　　　(b)

图 10-39　三维实体的剖切

2. 加厚

"加厚"命令用于以指定的厚度将曲面转换为三维实体。执行"加厚"命令的方法如下。

- 功能区："常用"选项卡→"修改"面板→⬦按钮。
- 命令：Thicken。

【命令执行步骤】

(1) 调用命令。

(2) 命令行提示"选择要加厚的曲面"。指定要加厚成为实体的一个或多个曲面。

(3) 命令行提示"指定厚度"。设置厚度值。

例 10-25：加厚曲面生成三维实体。

利用图 10-40(a)中的样条曲线生成如图 10-40(b)所示的三维实体。

```
命令: ext↙    //输入"拉伸"简化命令，先将样条曲线拉伸生成曲面
EXTRUDE 当前线框密度: ISOLINES=4    //系统提示当前参数
选择要拉伸的对象: 找到 1 个    //选择样条曲线
选择要拉伸的对象:↙    //直接按 Enter 键结束对象选择
指定拉伸的高度或 [方向(D)/路径(P)/倾斜角(T)] <-20.0000>: 25↙    //输入拉伸高度
命令: thicken↙    //输入"加厚"命令
选择要加厚的曲面: 找到 1 个    /选择样条曲线拉伸生成的曲面/
选择要加厚的曲面:↙    //直接按 Enter 键结束对象选择
指定厚度 <20.0000>: 10↙    //输入厚度值
```

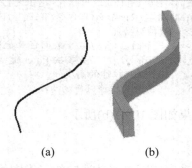

(a)　　　　　　　(b)

图 10-40　加厚曲面生成三维实体

10.5.5 编辑三维实体的面、边、体

三维实体建立完成后，可以对三维实体的表面、边以及实体整体进行编辑操作，系列操作均可通过"编辑三维实体"命令来实现。

执行"编辑三维实体"命令的方法如下。

● 功能区："常用"选项卡→"实体编辑"面板→对应编辑功能的按钮。

● 命令：Solidedit。

"编辑三维实体"命令包含对面、边、体编辑的多项功能，其中面编辑主要包括拉伸、移动、旋转、偏移、倾斜、删除、复制或更改颜色、材质等；边编辑主要包括复制边和修改边的颜色等；体编辑主要包括压印、分割实体、抽壳、清除、检查等。以下对主要的编辑操作进行介绍。

1. 拉伸面

"拉伸面"是按指定的距离或路径拉伸实体的指定面。

【命令执行步骤】

(1) 调用命令。

(2) 命令行提示"选择面或[放弃(U)/删除(R)]"。选择要进行拉伸的面；"放弃"选项可以取消选择最近添加到选择集中的面；"删除"选项可以从实体中删除选定的面。

(3) 命令行提示"指定拉伸高度或[路径(P)]"。确定该面要拉伸的高度，或者沿指定的路径拉伸面，拉伸路径可以是直线、圆、圆弧、椭圆、椭圆弧、多段线或样条曲线。拉伸路径不能与面处于同一平面。

(4) 命令行提示"指定拉伸的倾斜角度"。指定-90度到90之间的角度，正角度将往里倾斜选定的面，负角度将往外倾斜面。默认角度为 0，可以垂直于平面拉伸面。选择集中所有选定的面将倾斜相同的角度。如果指定了较大的倾斜角或高度，则在达到拉伸高度前，面可能会汇聚到一点。

例 10-26：拉伸面。

拉伸图 10-41(a)中长方体的上表面，拉伸高度为 20，倾斜角为 15°。

```
命令: solidedit↙    //输入"编辑三维实体"命令
实体编辑自动检查:   SOLIDCHECK=1    //系统提示当前参数
输入实体编辑选项 [面(F)/边(E)/体(B)/放弃(U)/退出(X)] <退出>: f↙    //选择编辑"面"功能
输入面编辑选项[拉伸(E)/移动(M)/旋转(R)/偏移(O)/倾斜(T)/删除(D)/复制(C)/颜色(L)/材质(A)/放弃(U)/
退出(X)] <退出>: e↙    //选择"拉伸"功能
选择面或 [放弃(U)/删除(R)]: 找到一个面。    //在上表面任意位置单击鼠标
选择面或 [放弃(U)/删除(R)/全部(ALL)]: ↙    //直接按 Enter 键结束对象的选择
指定拉伸高度或 [路径(P)]: 20↙    //输入拉伸的高度
指定拉伸的倾斜角度 <30>: 15↙    //输入拉伸倾斜的角度
```

命令执行后，三维实体效果如图 10-41(b)所示。

2. 移动面

"移动面"是指沿指定的高度或距离移动选定的三维实体对象的面，其与"拉伸面"的

最大区别在于"移动面"是垂直拉伸的,而"拉伸面"也有这个功能,但增加了倾斜拉伸。

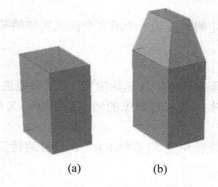

(a) (b)

图 10-41 拉伸面

【命令执行步骤】

(1) 调用命令。

(2) 命令行提示"选择面或[放弃(U)/删除(R)]"。选择要进行移动的面。

(3) 命令行提示"指定基点或位移"。指定移动的基点。

(4) 命令行提示"指定位移的第二点"。设置用于指示选定面移动的距离和方向的位移矢量。

例 10-27:移动面。

将图 10-42(a)中圆锥台的上表面向上移动 15。

```
命令: solidedit↙    //输入"编辑三维实体"命令
实体编辑自动检查: SOLIDCHECK=1    //系统提示当前参数
输入实体编辑选项 [面(F)/边(E)/体(B)/放弃(U)/退出(X)] <退出>: f↙    //选择编辑"面"的功能
输入面编辑选项[拉伸(E)/移动(M)/旋转(R)/偏移(O)/倾斜(T)/删除(D)/复制(C)/颜色(L)/材质(A)/放弃(U)/
退出(X)] <退出>: m↙    //选择"移动"功能
选择面或 [放弃(U)/删除(R)]: 找到一个面。    //在上表面任意位置单击鼠标
选择面或 [放弃(U)/删除(R)/全部(ALL)]: ↙    //直接按 Enter 键结束对象的选择
指定基点或位移:    //捕捉上表面的圆心
指定位移的第二点: @0,0,15↙    //利用相对直角坐标指定位移值
```

命令执行后,三维实体的效果如图 10-42(b)所示。

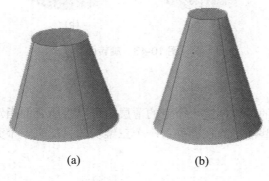

(a) (b)

图 10-42 移动面

3. 旋转面

"旋转面"可以根据指定的轴旋转一个或多个面或实体的某些部分。

【命令执行步骤】

(1) 调用命令。

(2) 命令行提示"选择面或[放弃(U)/删除(R)]"。选择要进行旋转的面。

(3) 命令行提示"指定轴点或[经过对象的轴(A)/视图(V)/X 轴(X)/Y 轴(Y)/Z 轴(Z)]"。按照不同的方式确定旋转轴。

(4) 命令行提示"指定旋转角度或[参照(R)]"。设置旋转角度,或按照"参照"模式设置旋转角。

例 10-28:旋转面。

将图 10-43(a)中圆柱体的上表面向上绕直径方向旋转 45°。

```
命令: solidedit↙      //输入"编辑三维实体"命令
实体编辑自动检查:  SOLIDCHECK=1      //系统提示当前参数
输入实体编辑选项 [面(F)/边(E)/体(B)/放弃(U)/退出(X)] <退出>: f↙      //选择编辑"面"功能
输入面编辑选项[拉伸(E)/移动(M)/旋转(R)/偏移(O)/倾斜(T)/删除(D)/复制(C)/颜色(L)/材质(A)/放弃(U)/
退出(X)] <退出>: r↙      //选择"旋转"功能
选择面或 [放弃(U)/删除(R)]: 找到一个面。      //在圆柱上表面任意位置单击鼠标
选择面或 [放弃(U)/删除(R)/全部(ALL)]: ↙      //直接按 Enter 键结束对象的选择
指定轴点或 [经过对象的轴(A)/视图(V)/X 轴(X)/Y 轴(Y)/Z 轴(Z)] <两点>:      //捕捉上表面的圆心
在旋转轴上指定第二个点:      //利用极轴追踪功能,在 X 轴方向任意位置单击鼠标
指定旋转角度或 [参照(R)]: 45↙      //输入旋转角
```

命令执行后,三维实体的效果如图 10-43(b)所示。

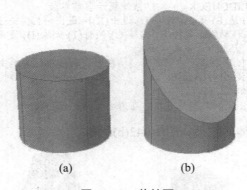

(a)   (b)

图 10-43 旋转面

4. 抽壳

"抽壳"是用指定的厚度创建一个空的薄层,可以为所有面指定一个固定的薄层厚度,通过选择面,可以将这些面排除在壳外。一个三维实体只能有一个壳。

【命令执行步骤】

(1) 调用命令。

(2) 命令行提示"选择三维实体"。选择要进行抽壳的三维实体。

(3) 命令行提示"删除面或[放弃(U)/添加(A)/全部(ALL)]"。选择要删除的实体中的一个面。

(4) 命令行提示"输入抽壳偏移距离"。设置偏移的大小。指定正值将在实体内部创建抽壳，而指定负值则将在实体外部创建抽壳。

例 10-29：抽壳。

根据图 10-44(a)中的四棱锥创建抽壳。

```
命令: solidedit✓        //输入"编辑三维实体"命令
实体编辑自动检查：SOLIDCHECK=1        //系统提示当前参数
输入实体编辑选项 [面(F)/边(E)/体(B)/放弃(U)/退出(X)] <退出>: b✓        //选择编辑"体"功能
输入体编辑选项[压印(I)/分割实体(P)/抽壳(S)/清除(L)/检查(C)/放弃(U)/退出(X)] <退出>: s✓        //选择
"抽壳"功能
选择三维实体：        //选择四棱锥体
删除面或 [放弃(U)/添加(A)/全部(ALL)]: 找到一个面,已删除 1 个。        //选择要删除的面
删除面或 [放弃(U)/添加(A)/全部(ALL)]: ✓        //直接按 Enter 键结束对象选择
输入抽壳偏移距离: 3✓        //输入抽壳的偏移距离
```

命令执行后，三维实体的效果如图 10-44(b)所示。

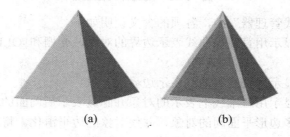

(a)   (b)

图 10-44　抽壳

10.6　视觉样式与渲染

三维实体绘制完成后，为了直观地、全方位地观察与显示三维实体，可以对视觉样式进行修改，也可以对三维实体进行渲染。

10.6.1　视觉样式

视觉样式是一组设置，用来控制视口中边和着色的显示。AutoCAD 2010 中提供了五种默认的视觉样式，即二维线框、三维线框、三维隐藏、真实、概念。不同的视觉样式可以在"视觉样式管理器"内来选择，"视觉样式管理器"如图 10-45 所示。

(1) 调用"视觉样式管理器"的方法如下。

● 功能区："视图"选项卡→"三维选项板"面板→图标。
● 命令：Visualstyles。
● 简化命令：Vsm。

图 10-45　视觉样式管理器

(2)　在"视觉样式管理器"中，各项的含义说明如下。

● 二维线框：显示用直线和曲线表示边界的对象，光栅和 OLE 对象、线型和线宽均可见。

● 三维线框：显示用直线和曲线表示边界的对象。

● 三维隐藏：显示用三维线框表示的对象并隐藏表示后向面的直线。

● 真实：着色多边形平面间的对象，并使对象的边平滑化，将会显示已附着到对象的材质。

● 概念：着色多边形平面间的对象，并使对象的边平滑化，着色使用古氏面样式，这是一种冷色和暖色之间的过渡，而不是从深色到浅色的过渡。这种效果缺乏真实感，但可以更方便地查看模型的细节。

(3)　用户也可以根据需要自定义视觉样式，步骤如下。

①　在"视觉样式管理器"中单击"创建新的视觉样式"按钮 ，出现"创建新的视觉样式"对话框，如图 10-46 所示，从中指定新的样式名称和必要的说明信息后，单击"确定"按钮。

图 10-46　"创建新的视觉样式"对话框

②　在"视觉样式管理器"中，根据需要，分别进行面设置、环境设置和边设置。

③　设置完成后，单击"将选定的视觉样式应用于当前视口"按钮 ，将设置好的视觉样式应用于当前视口。

10.6.2　渲染

三维实体生成后，可以设置三维实体的材质、场景、环境光源，等要素，然后对其进行渲染处理，以获得具有真实感和材质感的图像效果，如图 10-47 所示。

1. 材质

为对象设置材质，可以增强三维实体的真实感，设置材质可以准确描述对象反射或发射光线的情况。

设置材质的方法如下。

- 功能区："视图"选项卡→"三维选项板"面板→图标。
- 命令：Materials。
- 简化命令：Mat。

命令执行后，会出现"材质"对话框，如图 10-48 所示。在"材质"对话框中，可以对材质的有关材料进行设置。

图 10-47　渲染

图 10-48　"材质"对话框

2. 贴图

贴图的功能是在实体附着带纹理的材质后，调整实体或面上纹理贴图的方向。

设置贴图的方法如下。

- 命令：Materialmap。
- 简化命令：Setuv。

贴图模式主要有长方体、平面、球面、柱面等模式。

3. 光源

根据环境设置相关的光源，可以使图像渲染得更加真实。

光源的设置可以通过命令 Light 执行，执行命令后，命令行会提示"输入光源类型[点光源(P)/聚光灯(S)/光域网(W)/目标点光源(T)/自由聚光灯(F)/自由光域(B)/平行光(D)]"，即光源分为点光源、聚光灯、光域网、目标点光源、自由聚光灯、自由光域、平行光等。

(1) 点光源：创建可从所在位置向所有方向发射光线的点光源。

(2) 聚光灯：创建可发射定向圆锥形光柱的聚光灯。

(3) 光域网：创建光域灯光。

(4) 目标点光源：创建目标点光源，它可以特定指向一个对象。

(5) 自由聚光灯：创建与未指定目标的聚光灯相似的自由聚光灯。

(6) 自由光域：创建与光域灯光相似但未指定目标的自由光域灯光。

(7) 平行光：创建平行光。

4. 渲染

根据用户要求，对材质、贴图、光源等方面设置完成后，即可渲染。

执行"渲染"命令的方法如下。

- 功能区："视图"选项卡→"三维选项板"面板→图标。
- 命令：Rpref。
- 简化命令：Rpr。

命令执行后，出现"高级渲染设置"对话框，如图 10-49 所示。

图 10-49 "高级渲染设置"对话框

在"高级渲染设置"对话框中，可以对所有渲染相关的选项进行设置，设置完成后，单击 按钮，即可进行渲染，如图 10-50 所示。

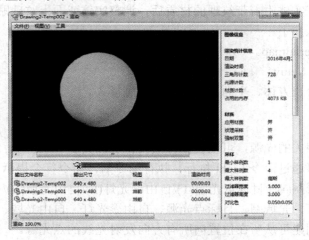

图 10-50 "渲染"对话框

第 11 章　AutoCAD 二次开发基础

AutoCAD 的二次开发主要包含两方面内容：一是利用系统提供的开发环境和开发工具进行系统功能的开发，例如扩充系统的命令、开发专用绘图系统等；二是根据 AutoCAD 系统的一些基本自定义特性，通过修改、扩充和创建 ASCII 文本文件的方式进行系统功能的扩充，例如开发用户自己的菜单、图例符号库等。由于第一种方式要进行大量的程序编制，因此开发的难度较大，而第二种方式几乎不涉及编程，相对比较简单。

11.1　形与形文件

在绘图的过程中，经常会遇到一些机构简单、大小不固定的图形，例如地形图中的植被地物和控制点等图示符号。这样的图示符号，如果用形来定义和处理，不仅紧凑简单，而且图形生成速度快，操作也十分方便。

11.1.1　形的概念

形是一种特殊实体，它是用直线、圆弧或圆来定义的复杂图形对象，文本字体就是一种特殊类型的形。系统在调用形时，将其视为一个整体，既可以很方便地被绘入到图形中，也可以根据需要选定缩放比例、旋转角度，以获得不同的位置和大小。

形的调用与块的调用有些类似，但 AutoCAD 系统对二者的定义完全不同。从块和形在图形数据库中的结构形式上来分析，形只有在被调用时，图形数据库中才会有记录，记录的仅是形名和变换参数(插入点、比例系数和旋转角度)，而块无论是否被调用，只要被定义，就会全部被图形数据库记录。

形的最大特点是节约大量的内存空间，而且绘图效率高。绘图时，当需要把一些简单的图形符号多次重复绘制在图形的不同位置时，采用形是比较合适的。因此，在实际绘图时，一般将常用的符号、字体等定义为形，建立图形符号库。

在 AutoCAD 系统中，形从定义到绘入图形，需要经过以下步骤。

(1)　按照规定的格式定义形。

(2)　用文本编辑器或文字处理器建立形文件，该文件是 ASCII 码文件，类型为 ".shp"。

(3)　编译已经定义的形文件，生成编译文件，类型为 ".shx"。

(4)　把编译后的形文件装入内存。

(5)　将形插入图形中。

通过上面的介绍，形的调用过程可用表 11-1 来表示。

表 11-1　形从定义到调用的过程

	编辑形文件	编译形文件	装入形文件	调　用　形
工具及命令	文件编辑程序	COMLILE 命令	LOAD 命令	SHAPE 命令
结　　果	源文件(*.shp)	编译文件(*.shx)	形装入内存	将形插入图中

11.1.2　形的定义

形的定义是通过文本文件来保存的，该文件称为形文件。形文件的扩展名是".shp"，它是一个 ASCII 码文件。建立或修改形文件必须使用文本编译软件。

1. 形的定义格式

在 AutoCAD 系统中，形的定义具有一定的格式和规定，用户必须严格遵守，每一个形的定义都包括一个标题行和若干个描述行。

(1) 标题行。

标题行以"*"开始，说明形的编号、大小及名称。格式如下：

*Shapenumber, Defbytes, Shapename

各个字段说明如下。

- Shapenumber：是形编号。在形文件是唯一的一个 1~258(对于 Unicode 字体，最多为 32768)数字，前面带有星号。对于非 Unicode 字体文件，用 256、257 和 258 分别作为符号标识符 Degree_Sign、Plus_Or_Minus_Sign 和 Diameter_Symbol 的形编号。对于 Unicode 字体，这些字形以 U+00B0、U+2205 作为形编号并且是 Latin Extended-A 子集的一部分。对于字体(包括每个字符的形定义的文件)的编号，要与每个字符的 ASCII 码对应，其他行可指定任意数字。
- Defbytes：用于说明定义形的数据字节(Specbytesd)的数目，包括末尾的零。每个形最多可有 2000 个字节。
- Shapename：形的名称。形的名称必须大写，以便于区分。小写的形名只起到形的一种标志作用，不会被存入存储器中，因此该形名就被系统忽略，无法被调用。

(2) 描述行。

描述行的格式如下：

Specbyte1, Specbyte2, Specbyte3, …, 0

Specbyte：形定义的字节。每个形定义字节都是一个代码，或者用描述码定义矢量长度和方向，或者是特殊代码的对应值之一。在形定义文件中，定义字节可以用十进制或十六进制值表示。如果行定义字节的第一个字符为 0(零)，则后面的两个字符解释为十六进制值。

用于描述形定义的字节必须用逗号隔开，最后用"0"结束形定义。描述形可以用多行表示，但是每行的字符数不得超过 128 个，形定义的总字节数不可多于 2000 个。

2. 形的描述码

在 AutoCAD 系统中，形的定义有两种编码：标准矢量码和特殊描述码。

(1) 标准矢量描述码。

描述一段标准矢量应包含矢量的长度和方向，标准矢量描述码采用三个字符的字符串来描述标准矢量段，占用一个字节。第一个字符必须为 0，称为前导 0，用于表明后面的两个字符为十六进制数。第二个字符表示矢量的长度，第三个字符表示矢量的方向。矢量方向代码如图 11-1 所示。

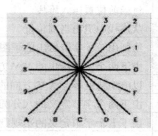

图 11-1　标准矢量代码

从图 11-1 中可以看出共有 16 个标准方向的矢量，按十六进制编码，即 0~F，凡符合这 16 个标准方向的矢量就可以写出其方向编码。

例如，图 11-2 所示的正方形加一条对角线，共有 5 条线段。若把它定义为一个形 BOX，则该形的定义格式如下：

```
*230, 6, BOX
014, 010, 01C, 018, 012, 0
```

第一行为标准行，它说明形编号为 230，定义的字节数为 6，形名为 BOX。第二行是描述行，用 5 个字节描述 5 段直线，最后一个字节为 0，表示形定义的结束。

对于非垂直和非水平方向(对角线)的矢量，其长度大小按直角三角形中水平与垂直方向矢量中长的矢量确定。图 11-2 中，由于水平与垂直矢量长度相等，所以对角线矢量的长度为 1，描述码为 012。

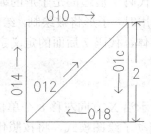

图 11-2　BOX 的描述

(2) 特殊描述码。

由于定义的图形对象不同，如非标准方向线段、圆弧等，以及描述绘图过程中的各种状态，如抬笔、落笔等，仅靠 16 种标准矢量线段不能描述内容丰富的形。为此，AutoCAD 系统设定了特殊描述码，极大地方便了形的描述。这些常用的特殊描述码的定义如表 11-2 所示。

表 11-2　常用的特殊描述码

十 进 制	十六进制	定义和功能
0	000	形状定义结束
1	001	启动绘图模式(即落笔画线)
2	002	退出绘图模式(即抬笔移动,不画线)
3	003	用下一个字除矢量长度(即、缩小系数)
4	004	用下一个字乘矢量长度(即放大系数)
5	005	将当前位置压入堆栈
6	006	从堆栈中退出当前位置
7	007	绘制由下一字节给出的子图形
8	008	由下两个字节给出的 X,Y 方向的位移量
9	009	以(0,0)结束多个 X,Y 方向的位移量
10	00A	由下两个字节定义的八分圆弧
11	00B	由下五个字节定义的不规则圆弧
12	00C	用位移方式绘制一段圆弧
13	00D	用位移方式绘制多段圆弧
14	00E	仅用于双向字体说明中

各个特殊描述码的含义如下。

① 代码 0：形结束码，1 个字节，放置在描述行的末尾。

② 代码 1 和代码 2：描绘模式的控制代码，各占 1 个字节。每当绘制图形时，必须启动绘图模式，根据后跟的矢量说明来绘制图形。若绘图结束或抬笔移动时，则关闭绘图模式，后跟矢量说明只移动到新位置。

③ 代码 3 和代码 4：尺寸控制码，用于控制每个矢量的相对大小。跟在该代码后边的是缩放系数(整数)，用 1 个字节表示。

④ 代码 5 和代码 6：保存/恢复码，在绘制形时，保存和恢复当前的坐标值，这样可以从形的其他点返回该点。

⑤ 代码 7：子形引用，跟在代码 7 后边的是子形的编号，用 1 个字节表示，该形编号必须在同一个形文件中。当代码调用时，子形将被绘制，绘图模式将被沿用前面的绘制模式。当子形绘制结束，对于 Unicode 字体，代码 7 后面的定义字节是 1~65636 的形数字编号。

格式：8(X, Y)
例如：8, (-8, 4)

⑥ 代码 8：为特殊码。-8 表示沿 X 方向左移 8 个单位，4 表示沿 Y 方向向上移动 4 个单位。如果使用该特殊码之前，启动了绘图模式，将按照代码 8 提供的两个字节的位移画出一段直线，反之关闭绘图模式，仅将笔抬到目标点。在描述的过程中，代码 8 的参数可用括号表示，也可不加括号直接书写。当该特殊码执行完毕后，形返回标准矢量模式。

⑦ 代码 9：给出多个连续矢量，代码后面可以跟任意数量的坐标点，最终用(0,0)结束。因此，代码 9 可用来连续绘制直线段，绘制结束后，返回标准矢量模式。

格式：9, (X1, Y1), (X2, Y2), (X3, Y3), …, (0, 0)
例如：9, (2, 1), (3, 2), (-2, 2), (-3, -2), (0, 0)

对于代码 9 后面的矢量，结束时必须用(0.0)表示，当 AutoCAD 系统读到此标识符后，自动返回到标准矢量模式。在描述的过程中，代码 9 的参数可用括号表示，也可不加括号直接书写。

⑧　代码 10：定义一段圆弧，代码后跟两个字节的参数以说明圆弧的结构。所定义的圆弧称为八分圆弧，如图 11-3 所示。这是因为它跨越了一个或多个 45°的八分圆弧，圆弧的起点和终点定义在一个八分圆弧的边界上。圆弧的定义为：

> 10, 半径, (-)0SC

其中，半径为正整数，一个字节，取值范围在 1~255。第二个字节定义圆弧的绘制方向。起点和终点的位置。

对于圆弧的方向规定如下：从起点画至终点，如果为逆时针方向，则为正值；反之，顺时针方向为负值。若为正值时，"+"可以省略。"0"为前导符，"S"表示圆弧起点所在八分弧上的位置，其值为 0~7 的整数。"C"表示圆弧所跨越的八分弧的个数，其值为 0~7 的整数，在此，0 表示 8 个八分圆弧或一个完整圆。例如，在图 11-4 中，定义两段圆弧，其形描述如下。

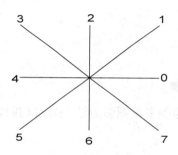

图 11-3　八分圆弧分界

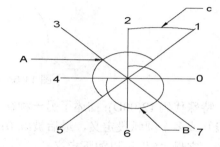

图 11-4　圆弧的形描述

圆弧 A：10, (2, 014)，表示圆弧 A 的半径为 2 个单位，圆弧的起点在八分圆弧的一分点处，逆时针跨越了 4 个八分圆弧。圆弧 B：(1, -026)，表示圆弧 B 的半径为 1 单位，圆弧的起点在八分弧的 2 分点处，顺时针跨越了 6 个八分圆弧。在描述的过程中，代码 10 的参数可用括号表示，也可不加括号直接书写。

⑨　代码 11：定义一段不规则圆弧，后跟 5 个字节的参数，用以定义不规则圆弧的结构。所谓不规则圆弧，也就是说，圆弧的起点和终点不在八分圆弧的分界上。定义格式如下：

> 11, 起点偏移, 终点偏移, 高位半径, 低位半径, (-)0SC
> 起点偏移=(圆弧起始角度 - 起点所在八分圆弧界点角度)×256÷45
> 终点偏移=(圆弧终止角度 - 终止所在八分圆弧界点角度)×256÷45

高位半径表示半径的高八位有效数字，只有当半径大于 255 个单位时，它才不为 0，否则，其值为 0。例如，绘制从 55°~95°，半径为 3 个单位的圆弧。

圆弧的计算如下：

起点所在八分圆弧界点=45°

终点所在八分圆弧界点=90°

起点偏移=(55-45)×256÷45=56(取整)

终点偏移=(95-45)×256÷45=28(取整)

高位半径：由于圆弧的半径为 3 个单位，小于 255，所以高位半径为 0。

形描述为：11, (56, 28, 0, 3, 012)

⑩ 特殊代码 12(00C)：描述了另一种在形说明中绘制一段圆弧方法。它与代码 8 相似，在代码 12 中，通过制定 X-Y 位移和凸度因子来绘制圆弧。

代码 12(00C)后必须跟上三个描述圆弧的字节：

12, X, Y, B

X, Y, 位移和凸度(用于指定圆弧的曲率)的取值范围均为-127~+127。如图 11-5 所示，如果位移指定的直线长度为 D，垂直于该线段中点的距离为 H，则凸度因子为：

B=(2×H÷D)×127

如果圆弧从当前位置到新位置是顺时针走向，则符号为负，反之为正。

半圆的凸度因子为 127(或-127)，表示的是最大的单位圆弧(可用两个连续的弧线段表示更大的圆弧)。凸度因子为 0，则表示直线段。

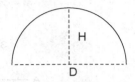

图 11-5　凸度因子计算

⑪ 特殊代码 12(00D)：描述了另一种在形说明中绘制多段圆弧方法。多段圆弧代码(00D)后面可跟 0 或多个圆弧段定义，最后被(0, 0)位移终止。

例如，字母"S"可以如下定义：

13, (0, 5, 127), (0, 5, -127), (0, 0)

零凸度线段用于在多段圆弧中表示直线段，它们相当有用。与终止多线段圆弧、插入直线段后再开始另一多线段圆弧这种方法相比，其效率要高得多。

⑫ 特殊代码 14(00E)：仅用于双向字体说明中。双向字体说明中的字体在水平和垂直两个方向使用。在字符定义中遇到此特殊代码时，下一代码是否进行处理由该字符的方向决定。如果方向为垂直的，则下一代码被处理；如果方向为水平的，则下一代码被忽略。

在水平文字中，每个字符的起点是基线的左端；在垂直文字中，起点为字符上方正中。在每个字符的结尾，通常需要用提笔线段绘至下个字符的起点。对于水平位子，该线段是向右绘制的；而对垂直文字，该线段是向下绘制的。特殊代码 00E(14)主要用于调整不同的起点和终点，使同一字符形定义可用于水平文字，也可用于垂直文字。

如图 11-6 所示，对大写 D 的定义可用于水平文字，也可用于垂直文字。

*68, 22, UCD
2, 14, 8(-2, 6), 1, 030, 012, 044, 016, 038, 2, 010, 1, 06C, 2, 050, 14, 8, (-4, -3), 0

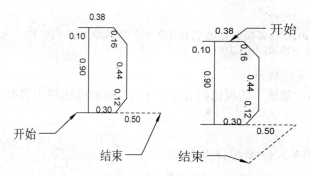

图 11-6　文字"D"形描述

3. 形定义实例

在测绘工程图件中，经常要插入或绘制植被、第五、控制点等符号，而且在不同比例尺的图中的大小、方向经常发生变化，而且只写符号量大，占用大量图形空间。因此，用形定义这些符号显得更为方便。下面列举几个形的定义。

例 11-1：用形定义"亭"的符号。

用形定义地形图中"亭"的地物符号，符号尺寸见图 11-7，试用形描述该图例符号。

对于"亭"的图例符号分别采用标准矢量码和特殊描述码进行形描述。取形的编码为 237，形名采用"亭"的汉语拼音 TING。描述如下：

```
*237, 35, TING
3, 100, 5, 2, 8, (-65, 0), 4, 10, 1, 8, (13, 3), 1, 0DC, 6, 2, 0D4, 1, 9, (12, 0), (-12, 11), (-12, -11), (12, 0), (0,0),0
```

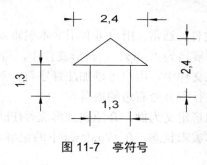

图 11-7　亭符号

例 11-2：用形定义控制点符号。

如图 11-8 所示，为"不埋石导线点"的符号及其尺寸，使用形描述该图例符号。

图 11-8　不埋石导线点符号

取形的编号为 238，形名采用"不埋石导线点"的汉语拼音字头 BMSDXD，形的描述均采用十进制表示，"不埋石导线点"图例符号的形描述如下。

*238, 41, BMSDXD
3, 100, 5, 2, 010, 1, 101, 000, 2, 010, 1, 10, 2, 000, 2, 010, 1, 10, 3, 000, 6, 4, 10, 2, 8,
(10, -10), 1, 9, (0, 20), (-20, 0), (0, -20), (20, 0), (0, 0), 0

例 11-3: 用形定义植被符号。

如图 11-9 所示为"菜地"的汉语拼音字头 CD,形的描述用十进制表示,"菜地"符号的形描述如下:

*240, 15, CD
3, 10, 0a0, 0a0, 0a0, 0a8, 5, 8, (-8, 10), 6, 8, 12, 20, 0

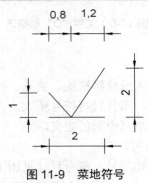

图 11-9　菜地符号

11.1.3　形文件的建立

1. 建立形文件

形文件是一个 ASCH 码文件,通常,用户可利用文本编辑或字处理器将定义好的一个或多个形编辑成文件,文件的扩展名为".shp"。在形文件中,每行的字符数不超过 128 个,过长的形会导致编译失败。在文件中,用户可以加注释字符,对于 AutoCAD 系统来说,在形编译时间,会忽略所有的空行和分号右边的内容。

下面以上述各图例符号的形定义为例,介绍建立形文件(Fhk.shp)的方法。过程如下。

(1) 启动并进入任一文本编辑状态,在 Windows 下的记事本、写字板和 Word 等都可作为文本编辑器使用。

(2) 在打开的文本编辑器中,键入上述符号的文本文件。

(3) 按文本编辑文件的操作过程,将 Fhk.shp 文件存盘。

2. 编译形文件

用文本编辑器建立的形文件(Fhk.shp)是 ASCII 码文件,不能被 AutoCAD 系统直接调用,必须经过系统编译后,才能被系统调用。编译形文件就是将原来的".shp"文件转换成".shx"文件,编译后的形文件(.shx)是二进制文件。

编译形文件的 AutoCAD 的命令是 COMPILE,该命令的执行过程如下。

在软件界面的命令提示行中,输入"COMPILE",然后按 Enter 键。该命令执行后,屏幕上弹出"选择形或字体"对话框。从对话框中的文件名列表中选择需要编译的形文件(.shp),然后确认,系统开始编译形文件。系统在编译形文件的过程中,如果发现文件有错误,则显示出错信息,提示错误的类型及出错所在的行号。若编译成功,从命令窗口可看出,编译生成的 ".shx" 文件名与 ".shp" 文件名相同,而原来的形文件(.shp)仍然存在。

11.1.4　形的调用

把定义的形插绘到图形中,这个过程称为形的调用。形被编译后仍然存储在磁盘上,要把形插绘到当前图中,需要经过两步,即加载和插入。

1. 加载形文件

所谓加载形文件,就是把形文件读入内存,以便在插入时调用。加载形文件的命令是 LOAD,该命令的执行过程如下。

在命令提示行中,输入 "LOAD",然后按 Enter 键。该命令执行后,屏幕上弹出 "选择形文件" 对话框,从对话框的文件名列表中,选择需编辑的形文件,然后单击 "确定" 按钮,系统自动将选定的形文件加载到内存中。

2. 把形插入图形

当形文件被加载后,用户可以利用 SHAPE 命令把形插入到图形中。在插入形的过程中,可根据需要,放大、缩小或者旋转角度。SHAPE 命令的执行过程如下。

- 命令:-shape。
- 输入形名称或[?]:此时,用户可直接输入形名(如 ST)。若用户要查询调入内存的形名,可输入 "?" 然后按 Enter 键,系统接着显示如下内容。
- 插入指定点:可直接用键盘插入指定点的坐标,也可用鼠标在屏幕上直接拾取点。
- 指定高度<1.0000>:可输入高度值,也可用鼠标拖动来控制形的高度。
- 指定旋转角度<0>:输入角度值(单位:度),也可用鼠标拖动来控制形的旋转角度。

11.2　AutoLISP 程序的开发

AutoCAD 采用开放式的体系结构,允许用户或二次开发商扩展新的功能和设计各种应用程序。随着系统功能的逐渐增强和版本的不断升级,AutoCAD 提供了一系列的开发环境和工具。AutoCAD 提供的二次开发语言包括从最初因引进 LISP 表处理语言而生成的 AutoLISP 语言,到随后因引进 C 语言而生成的 ADS 语言。这两种语言都属于结构化的编程语言,是基于顺序、条件、循环和转移语句等结构化编程方式的语言。20 世纪 80 年代,随着面向对象编程技术的蓬勃发展,AutoCAD 也紧随其后,推出了强大的 VBA 语言。同时,又推出了以 C++语言为基础的功能更强大的 ObjectARX 语言。由于面向对象语言的推出,AutoCAD 添加了 ActiveX 对象模型及自动化接口技术 Active Automation。因为 AutoLISP 语言历史长久,已有大量的 AutoLISP 应用程序正在使用,为了不使这部分投资浪费,又将 AutoLISP 改造成了可使用 ActiveX 对象模型的 Visual LISP 语言。

11.2.1 Visual LISP 开发环境

1. 关于 Visual LISP

Visual LISP 是 20 世纪末推出的面向对象的集成开发环境。Visual LISP 采用与 AutoLISP 完全兼容的模式，其语法完全包容了 AutoLISP 语法，集成并加强了 AutoLISP 程序开发所需要的工具和技术，充分利用了集成开发的优势，极大地减轻了 Visual LISP 程序的开发工作量，提高了程序开发的效率。Visual LISP 是一个扩展 AutoLISP 自定义功能的强有力的工具。AutoLISP 语言有它自身的局限性。例如，当用一个文本编辑器写 AutoLISP 程序时，想要查找和检查圆括号 AutoLISP 函数变量是比较困难的。调试也是一个重要的问题，因为如果没有调试工具，将很难发现程序在干什么及引起程序错误的原因。通常，程序员会在程序中增加一些语句以在程序的不同运行状态中检查变量的值。当程序最终完成后，再删除这些附加语句。括号是否成对以及代码的语法也是传统 AutoLISP 编程中经常引起错误的地方。

Visual LISP 被设计成一种简单高效的编辑工具。它包括一个功能强大的编辑器和格式化器。其文本编辑器用不同的颜色来区分括号、函数名、变量名和其他各种元素。格式化器可以使代码以一种比较好阅读的方式来显示，它同时还具有观察能力，可以用来查看变量和表达式的值。Visual LISP 还具有一个交互式的智能控制台，这使得程序设计更加方便。它也提供对 AutoLISP 函数的动态文本帮助以及对指定功能符号的搜索功能。而调试工具使调试程序和检查源程序变得容易。这些以及其他的一些功能，使得 Visual LISP 成为一个优秀的编程工具。Visual LISP 与 AutoLISP 一同工作，并拥有自己的窗口集。当使用 Visual LISP 时，AutoCAD 必须处于运行状态。

2. Visual LISP 的启动和界面

由于 Visual LISP 集成于 AutoCAD 系统内部，因此，用户必须先启动 AutoCAD，然后才能进入 Visual LISP IDE 环境。启动 Visual LISP 的方式如下。

- 菜单栏：工具→AutoLISP→Visual LISP 编辑器。
- 命令行：VLIDE(或 VLISP)。

启动 Visual LISP 后，其主要界面如图 11-10 所示。

图 11-10 Visual LISP 的界面

各组成部说明如下。

(1) 菜单栏：通过选取各菜单项来发出 Visual LISP 命令。

(2) 工具栏：提供了对常用 Visual LISP 命令的快速调用。Visual LISP 共提供了五个工具栏"标准"、"搜索"、"视图"、"调试"和"工具"，每个工具栏分别代表不同功能的命令组。

(3) 编辑窗口：用于编辑 LISP 文件代码。如果用户同时编辑多个文件，则 Visual LISP 使用多个编辑窗口来分别显示文件。

(4) 控制台窗口：类似于 AutoCAD 的命令窗口，可在其中输入 AutoLISP 命令，也可以不使用菜单或工具栏，而直接在控制台窗口中调用 Visual LISP 命令。

(5) 跟踪窗口：在启动 Visual LISP 时，该窗口将显示 Visual LISP 当前版本上的信息。而如果 Visual LISP 在启动时遇到错误，它还会包含相应的错误信息。

(6) 状态栏：显示提示信息。例如，当菜单上某一个菜单项被亮显时，则状态栏上将显示相关命令功能的简介；当鼠标指针在工具栏某按钮上停留几秒钟后，Visual LISP 将显示工具提示，说明按钮的功能，并同时在状态栏上显示更详细的描述；当 Visual LISP 在编辑窗口中打开文件时，状态栏上将显示文件名称及其路径。

(7) 其他窗口：有些 Visual LISP 函数将创建它们自己的窗口来显示结果。用户不能在这些输出窗口中输出文本，但可以从中复制，并将其粘贴到编辑器或控制台窗口中。

3. 使用 Visual LISP 文本编辑器

使用 Visual LISP 文本编辑器输入程序代码，它具有许多文本编辑器所没有的功能。例如，当输入文本时，它可以根据字符串的属性自动地设置一种颜色，如果输入的是圆括号，将被指定为红色；如果是 Visual LISP 函数，将指定为蓝色。Visual LISP 文本编辑器也允许在文本编辑器中执行 AutoLISP 函数，并可以检查括号是否成对，这些功能使得 Visual LISP 文本编辑器成为一个理想的编程工具。

(1) 从"文件"菜单中选择"新建文件"命令，可弹出 Visual LISP 文本编辑器窗口，在编辑窗口的顶端，显示默认文件"未命名"。

(2) 单击 Visual LISP 文本编辑器中的任意地方，激活该编辑器。

(3) 键入下列程序，并注意 Visual LISP 文本编辑器与使用其他文本编辑器编辑 AutoLISP 程序的不同。

```
;;; 绘制多点房屋
(de fun c:text ()
(setq p1(list 141107.78    153171.27))
        (setq p2(list 141101.44    153166.95)
        (setq p3(list 141105.77    153160.59)
        (setq p4(list 141108.31    153162.32)
        (setq p5(list 141107.46    153163.56)
        (setq p6(list 141111.27    153166.15))
        (command "pline" p1 p2 p3 p4 p5 p6 "c")
)
```

(4) 从"文件"菜单中选择"保存"或者"另存为"命令。在"另存为"对话框中，输入文件名"多点房屋.lsp"。完成后，该文件名将显示在文本编辑器的顶部。

4. 加载和运行 AutoLISP 程序

确保 Visual LISP 文本编辑器窗口已被激活,如果还未激活,则可单击窗口任意一处激活。从"工具"菜单中选择"加载文本到编辑器"命令。也可以在选择工具条中选择"加载文本到编辑器"来加载程序。Visual LISP 将在控制窗口中显示一个信息,内容是程序已被加载。如果在加载过程中出现问题,则会显示错误信息。

如果正在使用 AutoCAD,也可通过命令行来加载。在命令行加载以上创建的"绘制多点房屋.lsp"的方法是,在命令行输入(load "绘制多点房屋".lsp)。圆括号是必需的,因为它表示正在输入的是一个 AutoLISP 表达式。AutoLISP 要求双引号,因为要指定文件名。

在输入命令加载文件名时,AutoCAD 搜索所有的支持路径,查找该文件,如果所需文件不在 AutoCAD 支持文件搜索路径的文件夹中,则必须指定全路径名。要为该文件指定全路径名,则应该输入:

```
(load "D:\\ProgramFile\\AutoCAD 2007\\Support\\绘制多点房屋.lsp)
```

或:

```
(load "D:/ProgramFile/AutoCAD 2007/Support/绘制多点房屋.lsp)
```

反斜杠(\)在 AutoLISP 中具有特殊的含义,因此,在指定路径时,需要用两个反斜杠或者用一个正斜杠。在安装目录的 Support 文件夹下可以看到,AutoCAD 已经使用的许多命令都是 AutoLISP 例程,其中包括 3DARRAY、MVSETUP、AIBOX 和其他一些命令。用户通常观察这些应用程序,即可得到如何处理复杂问题的示例。

要运行程序,可在控制台提示符("$"符号)下键入函数名(text),函数名必须被包含在圆括号中。该程序在 AutoCAD 中画一个多点房屋。

要查看输出结果,可以在"窗口"菜单中选择"激活 AutoCAD"命令,以切换到 AutoCAD。也可以在 AutoCAD 中运行程序,其方法是:先切换到 AutoCAD 中,并在命令提示行中输入函数名 text。AutoCAD 将运行该程序。应在屏幕上画出一个多点房屋,如图 11-11 所示。

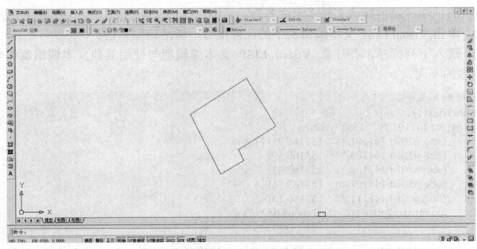

图 11-11　绘制的多点房屋

5. 加载一个已经存在的 AutoLISP 程序文件

也可以在 Visual LISP 中调用 AutoLISP 文件，然后在 Visual LISP 中进行调试、编辑、加载、运行。

(1) 启动 AutoCAD。在命令提示中键入 VLIDE 命令来启动 Visual LISP。

(2) 在 Visual LISP 文本编辑器中。从"文件"菜单中选择"打开文件"命令，弹出"打开文本编辑器/查看"对话框。

(3) 选定需要加载的 AutoLISP 程序文件，然后单击"打开"按钮，则程序将被加载到 Visual LISP 文本编辑器中。

(4) 从工具中选择"设置选定代码格式"，可在编辑窗口中格式化程序源码。程序将自动格式化。

(5) 要加载程序，可以从工具条中选择"加载活动编辑窗口"选项。

(6) 在 Visual LISP 控制台窗口中的 $ 提示符下输入带括号的函数名，即可运行程序。

6. Visual LISP 控制台

Visual LISP 大多数的编程工作是在 Visual LISP 文本编辑器中进行的。但是，也可以在 Visual LISP 控制台中输入一些代码，并立即观察其运行结果。例如，用户在控制台的 $ 提示后面输入(sqrt 37.2)并按 Enter 键，则 Visual LISP 将执行这条语句并返回运算结果 6.09918。

(1) Visual LISP 控制台中，可以在同一行中输入多条语句，然后按 Enter 键。Visual LISP 将执行语句，然后返回运行结果。在 $ 提示符后面输入下列语句：

```
$(setq x 37.5)(setq y (/x 2))
```

Visual LISP 将在控制台中显示 X 和 Y 变量的值。

(2) 如果在程序开发中，需要查看某一变量的值，只要在$提示符后输入变量名，Visual LISP 将会返回变量的值，将其显示在控制台中。例如，需要查看变量 X 的值，则在$提示符后面输入 X 即可。

(3) Visual LISP 允许将一个 Auto LISP 表达式分成多行来写，这只要在每一行的结尾输入 Ctrl+Enter 键即可。例如，如果需要将下列两个表达式分成两行来写，则可以输入第一行后键入 Ctrl+Enter，此时，注意到 Visual LISP 在下一行上并没有$提示符，这表明本行是前一行的延续，输入本行的内容，并按 Enter 键。

```
$(setq n 38)    按住 Ctrl + Enter
(setq counter (-n 1))
```

(4) 为了查看在前面语句中已经输入的内容，在 Visual LISP 控制台的$提示符后按 Tab 键即可。在任何时候按下 Tab 键，上次输入的内容就会显示出来，用户可以连续按 Tab 键，依次查阅以前在 Visual LISP 控制台下输入的内容。如果相同的语句连续被输入多次，按 Tab 键时，只显示一次该内容。按 Shift+Tab 键将以相反的顺序显示内容。

(5) 按 Esc 键，将清除控制台提示符$后的文本，然而，如果用户按下 Shift+Esc，则提示符$后的内容将不执行，其文本仍然保持不变，但是，光标将移动到控制台下的下一个提示符上。

(6) 如果在 Visual LISP 控制台上的任何一处单击鼠标右键或按下 Shift+F10 键,则 Visual

LISP 显示上下文菜单，提供了常用的功能。

(7) Visual LISP 的一个重要功能，是提供一个动态的 Visual LISP 函数帮助功能。如果需要获取任何 Visual LISP 函数的帮助信息，只要输入或选定相应的函数名，然后从工具栏中点击帮助按钮即可。

(8) Visual LISP 允许用户通过控制台窗口在盘上保存一个记录文件(.log)。要建立一个记录文件，可在"文件"菜单或前面所介绍的上下文菜单中选择"切换控制台日志"选项。建立记录文件时，Visual LISP 控制台必须被激活。

(9) 当输入文字时，Visual LISP 将自动设定一个颜色。所设定的颜色是根据字符串特性来选定的。例如，如果文本是 AutoLISP 内置函数或者保留字，则设定的颜色是蓝色。同理，字符串为紫色、整数为绿色、括号为红色、实数为深青色、注释为紫色。

虽然原始的 Auto LISP 和 Visual LISP 的编程环境不同，但仍然可以将任何在 Visual LISP 控制台输入的文本转换到 AutoCAD 命令行中。为了完成这种转换。只需在控制台中输入代码，然后从上下文菜单中选择"AutoCAD 模式"即可。控制台提示将由命令取代。按 Tab 键，可以显示在控制台中输入的文本。按 Enter 键可以切换到 AutoCAD 屏幕，带文本显示在 AutoCAD 命令提示行中。

7. 调试程序

在编写一个程序时，很少有程序一次运行就成功的情况。即使程序可以运行，往往并不能完全执行所需要的功能。所出现的错误可能是：语法错误、括号不配对、函数名称拼写错误、不适合的函数调用或参数的选择错误等。要找到错误，往往要花很长时间，且常有一定的难度。Visual LISP 含有的几个调试工具，必须确保"调试"工具栏出现在屏幕上。

(1) 为了试验一些调试工具，在 Visual LISP 文本编辑器中输入以下程序，然后将程序以文件 triang2.lip 保存：

```
; ; ; This program will draw a triangle and arc
(de fun tr2()e
(setq p1 (get point "\n Enter First point p1:"))
(setq p2 (get point "\n Enter Second point p2:"))
(setq p3 (get point "\n Enter Third point p3:"))
(command "arc" p1 p2 p3)
(command "line" p1 p2 p3 "c")
```

(2) 用前面已经介绍过的方法对代码进行格式化。

(3) 通过工具栏上的"加载编辑活动窗口"来加载程序。

(4) 在 Visual LISP 的文本编辑器中，将光标放置在如下所示的首行，然后在"调试"工具栏中，选择"切换断点"工具，也可以在"调试"菜单中选择此工具。Visual LISP 将在当前光标位置处插入一个断点。

(5) 在 Visual LISP 的控制台提示符下输入函数名称，然后按 Enter 键运行程序。

```
_$(tr2)
```

此时，将出现 AutoCAD 窗口，且程序中的第一条提示(Enter point p1)将显示在命令提示区中。拾取一个点，则可弹出 Visual LISP 窗口，注意到在断点后面的行被高亮显示。

(6) 在"调试"工具栏中单击"下一嵌套表达式"按钮，也可在"调试"菜单中选择，还可以用功能键 F8 来调用此命令。

该命令使程序开始运行，直到下一表达式出现。下一个在圆括号中的表达式被高亮显示。注意，断点位置在表达式的左边，光标正处在表达式的前面。

(7)　再次选择"下一嵌套表达式"按钮，出现 AutoCAD 窗口，且程序中的第二个提示(Enter second pine t p2)出现在命令提示区中。从窗口中拾取一个点，可返回到 Visual LISP 窗口。

(8)　要执行整个表达式，可选择"下一个表达式"，可直接跳过表达式中嵌套的表达式执行完成一条语句。

8. 跟踪变量

往往需要跟踪程序中所使用的变量，例如，假如程序在运行时出现了问题或不能按需要进行，此时，急需找到问题出现的地方。以下步骤演示这个过程。

(1)　在 Visual LISP 文本编辑器中打开含有程序的代码文件，也可以通过"文件"菜单来打开文件。

(2)　通过从工具栏中选择"加载编辑活动窗口"来加载程序。

(3)　通过在 Visual LISP 控制台的控制台符号(_$)下输入函数名(tr2)可运行程序，执行程序中所定义文件的操作。在本程序中，将绘制一个三角形，并在用户定义的点之间画出一条圆弧。现在，需要查找点 p1 p2 p3 的坐标。为了完成坐标的查找，可打开"监视窗口"。

(4)　选中高亮显示变量 p1，然后在工具栏中选中添加监视，则 Visual LISP 将显示列出 p1 的 X、Y、Z 的坐标监视窗口。用同样的方法，可以跟踪程序中其他变量的值。

9. 退出 Visual LISP

用户可选择"文件"→"退出"菜单命令，或单击窗口右上角的按钮，来退出 Visual LISP 环境，并返回 AutoCAD 系统窗口。Visual LISP 将保存退出时的状态，并在下一次启动 Visual LISP 时，自动打开上次退出时打开的文件和窗口。

11.2.2　Visual LISP 的基本知识

1. AutoLISP 程序结构

AutoLISP 程序一般是由一系列按顺序排列的表组成的，例如：

```
(setq x 10); 给变量 X 赋值 10
(setq x 20); 给变量 Y 赋值 20
(+(-x y)x); 求值并返回值
```

上述代码是由三个标准表组成的程序。各表的第一个元素为函数名，如 setq 为赋值函数，+为加函数，-为减函数。函数名后的其他元素为参数。

AutoLISP 的书写格式特点如下。

(1)　程序的所有括号都必须左右配对。

(2)　程序执行时，按从左到右，从上到下的顺序。

(3)　函数名必须放在表中的第一个元素的位置。表中的函数名的参数，各参数之间至少要用一个空格分开。

(4) 表与表之间和表内的多余空格及回车不起作用，因此，一行得写多个表，一个表也占多行。如上面的例子也可以写成下面的形式：

```
(set x 10)(set y 20)(+(x y)x)
```

(5) 行中的分号";"后为注释文字，用以提高程序的可读性。注释文字可独立成行，也可放在行中程序语言的后面。注释文字过长，一行放不下时可用多行，但每行前必须加分号。在程序执行时，注释将被忽略。

(6) 程序的执行过程是对一个函数的调用，而调用是通过标准来实现的。程序的运行是对标准表依次进行求值。标准表或者说函数调用的一般格式如下：

```
函数名[<参数 1>][<参数 2>]...[<参数 n>]
```

其中的"[]"表示可选项，"<>"表示函数所要求的参数，"..."表示参数类型相同，但数目不限。

2. 数据类型

AutoLISP 表达式是根据在括号中的代码的顺序和数据类型来进行求值的。在完全应用 AutoLISP 之前，必须理解不同数据类型之间的差别及如何使用它们。下面列出了 AutoLISP 中所有数据类型的定义和相应的取值范围。

(1) 整数型。

整数是指不包括小数点的数字。AutoLISP 的整数是 32 位带符号的数值，取值范围为 +2147473648 ~ -2147473647。在 AutoLISP 表达式中直接使用整数时，这个数值必须作为一个常数来看待。例如，数字 3、-12、100434 都是合法的 AutoLISP 整数。

(2) 实数型。

实数是指包不含小数点的数。在-1 和+1 之间的数字包含整数 0。实数是作为双精度浮点数格式来保存的，提供了至少 14 位的精度。实数可通过科学技术法来表示，例如，0.0000041 和 4.1e-6 是相同的。

(3) 字符型。

字符串是由包含在一对引号内的一组字符组成的。引号内的反斜杠(\)可以表示控制字符。当一个 AutoLISP 表达式中显示应用字符串时，这个值被看作一个文字字符串或一个字符串常量。例如，"String"和"n Enter a Base Point:"都是合法的字符串。表 11-3 为 AutoLISP 能够识别的控制符。

表 11-3　AutoLISP 控制符

代　码	描　述	代　码	描　述
\\	\字符	\r	返回符
\"	"字符	\t	制表符
\e	取消字符	\nnn	八进制代码为 nnn 的字符
\n	换行字符		

(4) 表。

一个 AutoLISP 表就是一组包含在一对括号中的用空格分开的相关数据的集合。表提供了保存各种各样数据的有效办法。AutoCAD 用一个包含了 3 个实型数的表，来表示一个三维点。例如，下面都是有效的表：

```
(1.211 2.110)
("this" "is" "list")
(20 "wenty")
```

(5)　选择集。

选择集是一个或多个对象(实体)组成的集合。通过 AutoLISP 函数交互地向选择集中添加实体，或从选择集中删除实体。例如，用 SSGET 函数返回一个包含当前图形中所有对象的选择集：

```
-$(ssget "X")
<Selection set 9>
-$
```

(6)　实体名。

实体名又称图元名，是指设置在一个图形文件中的某个对象上的数字标签。它实际上是一个指向由 AutoLISP 维护的某个文件的指针，并能够被用来查找对象的数据库记录和它的向量(如果这个对象是可以被显示的)。AutoLISP 函数可以引用这个数字标签，来允许对选择的对象进行各种各样的处理。在 AutoCAD 内部，对象可以被看作实体。例如，ENTLAST 函数在图形中最后生成的对象的实体名。

```
-$(entlast)
<Entity name : 14925a8>
-$
```

(7)　VLA 对象。

一个图像中，对象用时可以描述为 VLA(Visual LISP ActiveX)对象，这是一个在 Visual LISP 中引入的数据类型。

(8)　文件描述符。

文件描述符是指通过 AutoCAD 函数打开的文件上的数字标签。当一个 AutoCAD 函数需要读或者写一个文件时，必须引用这个文件标签。

例如，以只读的方式打开文件 myinfo.dat，可用下面的语句：

```
-$(setq file1 (open "C:\\myinfo.tet" "r"))
```

执行后，open 函数将返回文件描述符：

```
#<file "C:\\ my info. text">
```

变量 file1 保存该文件描述符，一直保存到程序用关闭函数 close 将文件关闭为止：

```
-$(close file1)
Nil
```

AutoLISP 是使用符号来引用数据的。符号名不分大小写，可包含除下面字符外的任何字母和符号的组合：

- ( )　左右括号。
- .　句号。
- '　撇号。

- " 引号。
- ; 分号。

符号名中不能只包含数字或以数字开头。变量用于保存数据的符号名。例如，用 SETQ 函数把一个字符串"this is a string"赋值给该变量 STR1：

```
-$(SETQ STR1 "This is a string")
"This is a string"
-$
```

在 AutoLISP 中，已经定义了三个变量，用户可以在程序中直接使用它们：

- P1   该变量定义为常量(pi)，其近似值为 3.1415926。
- T   该变量定义成常量 T，它作为非空值(非 nil)。
- Pause   该变量将斜杠(\)字符定义成一个字符串，可以用于暂停。

没有被赋值的任何变量被称为 nil(空)变量，与 T 变量相对。

3. 定义变量

变量是程序可以对其进行操作的符号的名称。变量的类型根据所赋的值自动确定，并一直保持到下一次再赋值为止。使用 setq 函数可以命名并给某一个变量赋值：

```
(setq 变量名 1 值 1 [变量名 2 值 2])
```

其中，参数"值"可以是一个表达式，执行结果返回变量的值。例如：

```
(setq x 5)      x=5      整数型
(setq 5.0)      x=5.0    实数型
(setq x "hello") x="hello"    字符串
setq x '(3.7 6.6) x=(3.7 6.5)    表
```

若要在命令行显示这个变量，可在它前面放一个惊叹号(!)，例如：

```
命令：!x
5
```

4. 自定义函数

利用 defun 函数在 AutoLISP 中可以定义满足用户特殊要求的函数。一旦完成定义，这些函数可以同标准函数一样，在 AutoLISP 命令提示行、Visual LISP 控制台提示行或者在其他 AutoLISP 表达式中使用。同时，用户也可以创建自己的 AutoCAD 命令，因为命令是一种专用的函数类型。defun 函数在函数或命令中合并了一组表达式。defun 函数至少需要三个参数，第一个是要定义的函数名(符号名)，将来用户在使用这一自己定义的函数时，就用此名称调用；第二个参数是参数表(被定义函数所使用的参数和局部变量的列表)，参数表可以是 nil 或空列表；如果提供局部变量，则它们作为第三个参数，将被斜杠(/)隔开。下面这些参数是一些用来组成函数的表达式。在函数定义中，至少要有一个表达式。

```
(defun  函数名(参数名/局部变量)
表达式
)
```

这样，可以定义一个能够在 AutoLISP 内部引用的用户函数，新函数的返回值是其中最后的表达式的值。

(1) <函数名>是代表函数的符号，必写。

(2) <函数表>声明了函数内部的变量和形式参数。内部变量和形式参数之间由前后各有一空格的左斜杠分解。左边是形式参数，右边是内容变量。如果没有任何参数和变量声明，也需要在<函数名>后面加一对空括号"()"。

(defun myfunc(x y)…)：函数有两个形式参数。

(defun myfunc(/a b)…)：函数有两个局部变量。

(defun myfunc(x/temp)…)：一个形式参数，一个局部变量。

(defun myfunc()…)：没有参数。

(3) 函数定义中，不能有同名的形式参数，但两个局部变量可以同名，局部变量可以与形式参数同名。

(defun fubar(a a/b))：非法定义。

(defun fubar(c d/a a b)…)：合法的，但最后一个 a 没有实际作用。

如果形式参数/局部参数表中有多个重名符号，则只是使用最先出现的一个，而把其后的同名符号忽略。没有接受参数的函数看起来没有用，但是，可以使用这种函数去查询某个系统变量的状态和条件，并且指示值作为函数的返回值。AutoCAD 能在每次启动新建对话框或打开新建的绘图文件时，自动地加载用户函数。当 AutoLISP 程序文件被加载时，程序文件中没有包含在 defun 语句部分之内的任何代码都将被执行。利用这一特性，可以设置某一参数或执行任何其他的初始化程序(除了显示文本信息)，例如，如何调用加载函数。

可以定义三种主要的函数：

● C:在由 defun 定义的命令名之前，AutoCAD 将它解释为命令并允许在 AutoCAD 的命令行上根据函数名称使用该函数。使用该函数像使用其他的 AutoCAD 命令一样。

● 创建不带 C:的函数定义。这种函数常用于由其他的 AutoLISP 操作调用函数的时候。如果需要在命令行上执行它，必须用圆括号把该函数名括起来。类似地，也可以把带 C:前缀的函数用圆括号括起来，作为 AutoLISP 的表达式。

● 第三种类型是 S:STARTUP。通过定义名是 S:STARTUP 的函数，在图形全部初始化后，此例程中的所有 AutoCAD 完全初始化可执行命令的组件后，使用 COMMAND 函数的 AutoLISP 例程才能执行。

11.3　VBA 程序开发

11.3.1　VBA 开发环境

1. VBA 概述

Microsoft VBA 是一个面向对象的编程环境，可提供类似 Visual Basic 的丰富开发功能。VBA 和 VB 的主要差别，是 VBA 和 AutoCAD 在同一进程空间中运行，提供的是具有 AutoCAD

智能的、非常快速的编程环境。

VBA 也向其他支持 VBA 的应用程序提供应用程序集成。这就意味着 AutoCAD 通过引用其他应用程序对象库，可以成为其他应用程序(如 Microsoft Word 或 Excel)的自动控制程序。

可以单独购买独立开发版的 Visual Basic，为 AutoCAD VBA 提供额外的组件，如外部的数据库引擎和报表编写功能。在 AutoCAD 中实现 VBA 有四大优点。

(1) VBA 及其环境易于学习和使用。

(2) VBA 可与 AutoCAD 在同一进程空间中运行。这使程序执行得非常快。

(3) 对话框的构造快速而有效。这使开发人员可以构造原型应用程序并迅速收到设计的反馈。

(4) 工程可以是独立的，也可以嵌入到图形中。这样，就为开发人员提供了非常灵活的方式来发布它们的应用程序。

VBA 通过 AutoCAD ActiveX Automation 接口，将消息发送到 AutoCAD。AutoCAD VBA 允许 VBA 环境与 AutoCAD 同时运行，并通过 ActiveX Automation 接口对 AutoCAD 进行编程控制。AutoCAD、ActiveX Automation 和 VBA 的这种结合方式不仅为操作 AutoCAD 对象，而且为向其他应用程序发送或检索数据提供了功能极为强大的接口。

在 AutoCAD 中，有三个定义 ActiveX 和 VBA 编程的基本元素，第一个是 AutoCAD 本身，它拥有一个丰富的对象集，其中，封装了 AutoCAD 图元、数据和命令。因为 AutoCAD 是一个设计为具有多层接口的开放架构应用程序，所以熟悉 AutoCAD 编程功能对于有效地使用 VBA 来说，是非常必要的。如果以前使用过 AutoLISP 编程来控制 AutoCAD，就应该对 AutoCAD 工具有一定的了解。然而，VBA 的基于对象的处理方式与 AutoLISP 的方式却很不一样。

第二个元素是 AutoCAD ActiveX Automation 接口，它建立与 AutoCAD 对象的消息传递(通信)。在 VBA 中，编程需要对 ActiveX Automation 有基本的了解。《ActiveX and VBA Reference》中介绍了 AutoCAD ActiveX Automation 接口。即使是有经验的 VB 编程人员，也会发现，要理解和开发 AutoCAD VBA 应用程序，AutoCAD ActiveX Automation 接口是非常重要的。

第三个元素是 VBA 编程环境，它具有自己的对象集、关键字和常量等，能提供程序流、控制、调试和执行等功能。AutoCAD VBA 帮助包含 Microsoft VBA 扩展帮助，可以从 VBA IDE 中对其进行访问。

2. VBA 管理器

VBA 管理器是一个管理所有 VBA 工程的工具，它用来加载、卸载、保存、新建、嵌入和提取 VBA 工程。通过以下两种方式，可打开"VBA 管理器"对话框，如图 11-12 所示。

● 菜单：选择"工具"→"宏"→"VBA 管理器"。

● 命令行：VBAMAN。

通过 VBA 管理器，可进行以下几种操作。

(1) 加载已有的工程。

点击"VBA 管理器"对话框中的"加载"按钮，弹出"打开 VBA 工程"对话框，在对话框中选择要加载的 dvb 文件，点击打开按钮完成已有工程的加载。在加载工程时，出现启用或禁用工程内程序代码的选项提示，作为防范病毒的措施。如果启用了带病毒的宏，程序中的病毒就会开始运行；如果禁用了该宏，工程会被调入，但是，该工程中的所有程序均不能执行。

图 11-12　VBA 管理器

(2)　卸载工程。

在 VBA 中选择要卸载的工程，单击"卸载"按钮。卸载工程可以释放内存，便于管理已加载的工程数量，但是，不能卸载内嵌的工程和那些被其他已加载的工程所引用的工程。

(3)　嵌入工程。

嵌入工程功能可以将工程嵌入至 AutoCAD 图形中，工程随着图形的打开和关闭而加载和卸载。在 VBA 管理器中选择想要嵌入的工程，单击"嵌入"按钮完成工程的嵌入。

(4)　提取工程。

提取工程是指从图形数据库中删除该工程，使该工程与图形不再有关联。在 VBA 管理器中，在图形下拉列表中选择要提取的工程图形，单击"提取"按钮，如果要将工程数据保存到外部工程文件中，在提取框中单击"是"按钮，在弹出的对话框中，选择工程保存的位置和名称。如果单击"否"按钮，则工程数据将从图形中删除。

(5)　新建工程。

单击 VBA 管理器中的"新建"按钮，可新建工程。

(6)　保存嵌入的工程。

一个已嵌入到图形中的工程在保存图形文件时一起被保存下来，而全局工程则需要使用VBA 管理器或者 VBAIDE 来保存。在 VBA 管理器中选择要保存的工程，单击"另存为"按钮，在弹出的"另存为"对话框中输入要保存的工程的文件名，单击"保存"按钮完成。

3. 宏

宏是一个可执行的 VBA 应用子程序，每一个 VBA 工程至少包含一个宏。通过以下两种方式，可打开"宏"对话框。

菜单：选择"工具"→"宏"。

命令行：VBARUN。

通过"宏"对话框，可进行以下几种操作。

(1) 运行宏。

在"宏"对话框中选择要运行的宏，单击"运行"按钮。

(2) 编辑宏。

在"宏"对话框中选择要编辑的宏，单击"编辑"按钮。

(3) 新建、删除宏。

在"宏"对话框中输入新宏名，单击"创建"按钮可新建宏。在"宏"对话框中，选择要删除的宏，单击"删除"按钮即可删除宏。

(4) 设置工程选项。

在"宏"对话框中选择"选项"按钮，弹出"选项"对话框，在该对话框中，可以设置工程中宏的启动方式和工程运行的处理方法。

(5) VBA 开发环境。

VBA 程序开发界面是一个集成开发环境，它集程序设计、调试、运行及管理于一体，管理着 VBA 程序开发的全过程。

● 菜单：选择"工具"→"宏"→"Visual Basic"编辑器。

● 命令行：VBAIDE。

通过以上两种方式，可打开 VBA 集成开发环境界面，如图 11-13 所示。

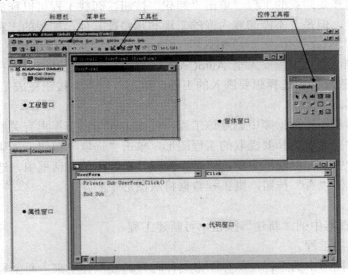

图 11-13 VBA 集成开发环境界面

(1) 各组成部件如下。

① 菜单栏：菜单工具栏上包含文件、编辑、视图、插入、格式、调试、运行、工具、外界程序、窗口、帮助 11 个菜单标题，通过选取各菜单的下拉菜单和子菜单，可以调用编辑器的所有功能。

② 工具栏：提供了对常用 VBA 命令的快速调用。VBA 共提供了 4 个工具栏，即"标准"、"编辑"、"调试"、"用户窗体"，每个工具栏各自代表不同功能的命令组。

③ 工程管理窗口：用于管理整个工程项目，其中显示有工程对象、程序模块、窗体、类等资源的树状列表。可以查看各类资源的层次结构，双击资源名称，可打开相应的资源编

辑窗口。

④　属性窗口：显示和修改所选对象的属性。

⑤　用户窗体窗口：用于用户窗体的设计编辑。

⑥　工具箱：显示标准的 Visual Basic 空间加上 ActiveX 控件及已添加在工程中的对象。可以通过添加页或使用"工具"→"附加控件"菜单命令来自定义工具箱。

⑦　其他窗口：通过视图下拉菜单，可打开其他窗口。立即窗口，显示来自程序代码中的变量声明及变量值，观察调试过程中变量的变化。监视窗口，显示表达式的内容，以便观察当前工程中已定义的表达式。

(2)　下面通过一个简单的例子来熟悉 VBA 的开发流程。

①　在 Visual Basic 编辑器菜单上选择"插入"→"添加模块"命令。

②　选择"插入"菜单中的"添加过程"命令，弹出"添加过程"对话框。

③　在"名称"文本框中输入过程名称，本例中键入了"draw_circle"。在类型选项组中选择"子程序"单选按钮，在范围选项组中选择"公用的"单选按钮，然后单击"确定"按钮。

④　单击"保存"按钮或者选择"文件"菜单中的"保存"命令，弹出"另存为"对话框，以"draw_circle"为文件名，保存程序。

⑤　运行程序。选择"运行"菜单中的"运行子程序/用户窗体"命令，或者按 F5 键，或者单击工具栏上的"运行"按钮，弹出"宏"对话框。

⑥　单击"运行"按钮，执行程序。

⑦　单击"确定"按钮，关闭对话框。

11.3.2　从 VBA 访问 AutoCAD 对象

1. 对象的引用

(1)　用户可以直接或通过自己定义的变量来引用对象。直接引用对象时，要将对象包含在调用层次结构中。例如，用下列语句在模型空间中添加一条直线。请注意，层次结构从 ThisDrawing 开始，再转到 ModelSpace 对象，然后调用 AddLine 方法。

```
Dim startPoint(0 To 2) As Double, endPoint(0 To 2) As Double
Dim LineObj as AutoCADLine
startPoint(0)=0: startPoint(1)=0: startPoint(2)=0
endPoint(0)=30: endPoint(1)=20: endPoint(2)=0
Set LineObj = ThisDrawing.ModelSpace.AddLine(startPoint, endPoint)
```

(2)　通过用户定义的变量引用对象时，首先将变量定义为所需类型，然后设置为相应的对象。例如，以下代码定义类型为 AutoCADModelSpace 的变量(moSpace)并将其设置为等于当前的模型空间：

```
Dim moSpace As AutoCADModelSpace
Set moSpace = ThisDrawing.ModelSpace
```

以下语句利用该用户定义的变量将直线添加到模型空间中：

```
Dim startPoint(0 To 2) As Double, endPoint(0 To 2) As Double
```

```
Dim LineObj as AutoCADLine
startPoint(0)=0: startPoint(1)=0: startPoint(2)=0
endPoint(0)=30: endPoint(1)=20: endPoint(2)=0
Set LineObj = moSpace.AddLine(startPoint.endPoint)
```

2. 对象的属性和方法

每个对象都具有关联的属性和方法。属性描述一个对象的各个方面，如颜色、线型、位置坐标和所在图层等。而方法则是可以在此对象上运行的功能。一旦对象建立后，就可以根据它的属性和方法来查询和编辑对象。

例如，CIRCLE 对象有 Center 属性，该属性代表在三维世界坐标系中圆的圆心。如果要改变圆心位置，只要将此圆心属性设置为新的坐标值即可，此外，CIRCLE 对象还有半径、周长和面积等属性。CIRCLE 对象有一个 OFFSET 方法，通过此方法，可以在偏移现有圆的一定距离处建立一个新对象。

3. 上级对象关系

每一个对象都有一个永久链接的上级对象。所有的对象都是从一个称为根对象的上级对象产生的。沿着从根对象到子对象的链接，用户可以访问接口中的多个对象。另外，所有具有 Application 属性的对象都可以直接链接到根对象 Application。

4. 一些对象访问

(1) 访问 Application 对象。

ThisDrawing 对象提供了指向 Document 对象的链接，用户可能还需要知道如何访问在对象层次结构中位于 Document 对象之上的根对象。Document 对象具有 Application 属性，提供了指向 Application 对象的链接。

例如，如下程序代码可以用来更新应用程序：

```
ThisDrawing.Application.Update
```

(2) 访问集合对象。

集合对象是一种预定义的对象，包含相似对象的所有实例(或是相似对象所有实例的上级对象)。ActiveX 接口中提供了大量的集合对象，重要的集合对象包括 Documents、ModelSpace、PaperSpace、Blocks、Groups、Layers、Linetypes、SelectionSets、TextStyles、UCSs、Views、Viewports。

大部分的集合对象都是通过 Document 对象访问的。对于每一个集合对象，Document 对象都包含一个相应的特性。例如，用下面的代码定义一个变量，并将其设置为当前图形的 Layers 集合：

```
Dim layerCollerction as AutoCADLayers
Set layerCollerction = ThisDrawing.Layers
```

Documents、Menubar 和 MenuGroups 集合都可以通过 Application 对象来访问。对于这些集合，Application 对象都包含相应的特性。例如，用下列代码定义一个变量，并将其设置为应用程序 MenuGroups 的集合：

```
Dim MenuGroupsCollection as AutoCADMenuGroup
Set MenuGroupsCollection = ThisDrawing.Application.MenuGroups
```

① 向集合对象中添加新的成员。

向集合中添加新的成员时，使用 Add 方法。例如，用下列代码创建一个新图层，并将其添加到 Layers 集合中：

```
Dim newLayer as AutoCADLayer
Set newLayer = ThisDrawing.Layers.Add("MyNewLayer")
```

② 选择集合中特定的成员。

选择集合对象的特定成员时，使用 Item 方法。Item 方法需要一个标识符，该标识符既可以是指定集合内项目位置的索引号，也可以是代表项目名称的字符串。

Item 方法是集合的默认方法。如果引用集合时未指定方法名称，那么，将使用 Item 方法。以下语句作用相同：

```
ThisDrawing.Layers.Item("ABC")
ThisDrawing.Layers("ABC")
```

通过循环函数，就可方便地遍历集合对象中的成员。

③ 删除集合对象中的成员。

删除特定的标注样式时，使用成员对象的 Delete 方法。例如，用下列代码删除图层 ABC：

```
Dim ABCLayer as AutoCADLayer
Set ABCLayer = ThisDrawing.Layers.Item("ABC")
ABCLayer.Delete
```

删除某个对象后，不能在程序中试图访问该对象了。

第 12 章　建筑信息模型

12.1　建筑信息模型概述

1. 引言

在过去的 20 年中，CAD(Computer Aided Design)技术的普及推广使建筑师、工程师们从手工绘图走向电子绘图。甩掉图板，将图纸转变成计算机中 2D 数据的创建，可以说是工程设计领域的第一次革命。但是，二维图纸应用的局限性非常大，不能直观体现建筑物的各类信息，所以建筑设计中，制作实体模型也是经常使用的建筑表现手段。为了在整个设计过程中沟通设计意图，建筑师有时需要同时用实体模型和图纸两种方式，以弥补单一方式的不足。应用计算机后，设计人员一直在探索如何使用软件在计算机上进行三维建模。最早实现的是用三维线框图去表现所设计的建筑物，但这种模型过于简化，仅仅是满足了几何形状和尺寸相似的要求。后来出现了诸如 3DStudioVIZ、FormZ 这类专门用于建筑三维建模和渲染的软件，可以给建筑物表面赋予不同的颜色，以代表不同的材质，再配上光学效果，可以生成具有照片效果的建筑效果图。但是，这种建立在计算机环境中的建筑三维模型，仅仅是建筑物的一个表面模型，没有建筑物内部空间的划分，更没有包含附属在建筑物上的各种信息，造成很多设计信息缺失，并不能用于施工。对于一个可以应用于施工的设计来说，附属在建筑物上的信息是非常多的，以墙体为例，设计人员除了需要确定墙体的几何尺寸、所用的材料外，还需要确定墙体的重量、施工工艺、传热系数等很多信息。如果不确定这些信息，建筑概预算、建筑施工等很多后续的工作就无法进行。而原有的建筑物三维表面模型是无法做到在模型上附加这么多信息的。

随着建筑工程规模越来越大，附加在建筑工程项目上的信息量也越来越大。当代社会对信息的日益重视，使人们认识到与建筑工程项目的有关信息会对整个建筑工程周期乃至整个建筑物生命周期都会产生重要的影响。例如，建筑物用地的地质资料、所用的建筑材料以及材料的各种数据，对项目的施工方式、生产成本及工期、使用后的维护都密切相关。对这些信息利用得好、处理得好，就能够节省工程开支，缩短工期，也可以惠及使用后的维护工作。因此，十分需要在建筑工程中广泛应用信息技术，快速处理与建筑工程有关的各种信息，合理安排工期，控制好生产成本，尽量消灭建筑项目中由于规划和设计不当甚至是错误所造成的工程损失以及工期延误。鉴于此，就必须在整个建筑工程周期乃至整个建筑物生命周期中，实现对信息的全面管理。建筑设计作为建筑工程的龙头专业，也是整个建筑工程信息的源头，在建筑业信息化中肩负着十分重要的责任。

建筑信息模型(BIM)给工程设计领域带来了第二次革命，即从二维图纸到四维设计和建造的革命，同时，对于整个建筑行业来说，建筑信息模型(BIM)也是一次真正的信息革命。

建筑信息模型是建筑学，工程学及土木工程的新工具。建筑信息模型或建筑资讯模型一词由 Autodesk 公司所创。

2. BIM 的概念

建筑信息模型(Building Information Modeling，BIM)是以三维数字技术为基础，集成了建筑工程项目各种相关信息的工程数据模型。BIM 是对工程项目设施实体与功能特性的数字化表达。在这里，信息的内涵不仅仅是几何形状描述的视觉信息，还包含大量的非几何信息，如材料的耐火等级、材料的传热系数、构件的造价、采购信息等。实际上，BIM 就是通过数字化技术，在计算机中建立一座虚拟建筑，一个建筑信息模型就是提供了一个单一的、完整一致的、逻辑的建筑信息库。建筑信息模型(BIM)的技术核心，是一个由计算机三维模型所形成的数据库，不仅包含了建筑师的设计信息，而且可以容纳从设计到建成使用，甚至是使用周期终结的全过程信息，并且各种信息始终是建立在一个三维模型数据库中。建筑信息模型(BIM)可以持续即时地提供项目设计范围、进度以及成本信息，这些信息完整可靠并且完全协调。建筑信息模型(BIM)能够在综合数字环境中保持信息不断更新并可提供访问，使建筑师、工程师、施工人员以及业主可以清楚、全面地了解项目。这些信息在建筑设计、施工和管理的过程中能促进加快决策进度、提高决策质量，从而使项目质量提高，收益增加。

3. BIM 的应用意义

建筑信息模型的应用，不仅仅局限于设计阶段，而是贯穿于整个项目全生命周期的各个阶段：设计、施工和运营管理。BIM 电子文件，将可在参与项目的各建筑行业企业间共享。建筑设计专业可以直接生成三维实体模型；结构专业则可取其中的墙材料强度及墙上孔洞大小进行计算；设备专业可以据此进行建筑能量分析、声学分析、光学分析等；施工单位则可取其墙上的混凝土类型、配筋等信息进行水泥等材料的备料及下料；发展商则可取其中的造价、门窗类型、工程量等信息进行工程造价总预算、产品订货等；而物业单位也可以用其进行可视化物业管理。BIM 在整个建筑行业从上游到下游的各个企业间不断完善，从而实现项目全生命周期的信息化管理，最大化地实现 BIM 的意义。建筑信息模型是数字技术在建筑工程中的直接应用，以解决建筑工程在软件中的描述问题，使设计人员和工程技术人员能够对各种建筑信息做出正确的应对，并为协同工作提供坚实的基础。建筑信息模型同时又是一种应用于设计、建造、管理的数字化方法，这种方法支持建筑工程的集成管理环境，可以使建筑工程在其整个进程中显著提高效率和大量减少风险。

由于建筑信息模型需要支持建筑工程全生命周期的集成管理环境，因此，建筑信息模型的结构是一个包含有数据模型和行为模型的复合结构。它除了包含与几何图形及数据有关的数据模型外，还包含与管理有关的行为模型，两相结合，通过关联，为数据赋予意义，因而可用于模拟真实世界的行为，例如模拟建筑的结构应力状况、围护结构的传热状况。

应用建筑信息模型，可以支持项目各种信息的连续应用及实时应用，这些信息质量高、可靠性强、集成程度高而且完全协调，可大大提高设计乃至整个工程的质量和效率，显著降低成本；应用建筑信息模型，马上可以得到的好处就是使建筑工程更快、更省、更精确，各工种配合得更好，和减少了图纸的出错风险，而长远得到的好处已经超越了设计和施工的阶段，惠及将来的建筑物的运作、维护和设施管理，并实现可持续地节省费用。

建筑信息模型，是应用于建筑业的信息技术发展到今天的必然产物。事实上，多年来，国际学术界一直在对如何在计算机辅助建筑设计中进行信息建模进行深入的讨论和积极的探索。可喜的是，目前，建筑信息模型的概念已经在学术界和软件开发商中获得共识，Graphisoft 公司的 ArchiCAD、Bentley 公司的 TriForma 以及 Autodesk 公司的 Revit 这些引领潮流的建筑设计软件系统，都是应用了建筑信息模型技术开发的、可以支持建筑工程全生命周期的集成管理环境。

12.2　建筑信息模型设计的核心理念

1. 参数化设计

参数化设计从实质上讲，是一个构件组合设计。建筑信息模型是由无数个虚拟构件拼装而成的，其构件设计并不需要采用过多的传统建模语言，如拉伸、旋转等，而是对已经建立好的构件(称为族)设置相应的参数，并使参数可以调节，进而驱动构件形体发生改变，满足设计的要求。而参数化设计，更为重要的是，将建筑构件的各种真实属性通过参数的形式进行模拟，并进行相关数据统计和计算。在建筑信息模型中，建筑构件并不只是一个虚拟的视觉构件，而是可以模拟除几何形状以外的一些非几何属性，如材料的耐火等级、材料的传热系数、构件的造价、采购信息、重量、受力状况等。

对参数定义属性的意义，在于可以进行各种统计和分析，例如，我们常见的门窗表统计，在建筑信息模型中是完全自动化的，而参数化更为强大的功能，是可以进行结构、经济、节能、疏散等方面的计算和统计，甚至可以进行建造过程的模拟，最终实现虚拟建造。这与犀牛、3ds Max 等软件中的三维模型是完全不同的概念，用 3ds Max 建立的模型，墙与梁并没有属性的差别，它们只是建筑师在视觉上假设的墙与梁，这些构件将无法参与到数据统计，也就不具备利用计算机进行各种信息处理的可能性。

2. 构件关联性设计

构件关联性设计，是参数化设计的衍生。当建筑模型中所有构件都是由参数加以控制时，如果我们将这些参数相互关联起来，那么，我们就实现了关联性设计。换言之，当建筑师修改某个构件时，建筑模型将进行自动更新，而且这种更新是相互关联的。例如，我们在实际工程中经常会遇到修改层高的情况，在建筑信息模型中，我们只要修改每层标高的数值，那么，所有的墙、柱、窗、门都会自动发生改变，因为这些构件的参数都与标高相关联，而且这种改变是三维的，并且是准确和同步的。我们不再需要去分别修改平、立、剖。关联性设计不仅提高了建筑师的工作效率，而且解决了长期以来图纸之间的错、漏、缺问题，其意义是显而易见的。

3. 参数驱动建筑形体设计

参数驱动建筑形体设计是指通过定义参数来生成建筑形体的方法，当建筑师改变一个参数时，形体可以进行自动更新，从而帮助建筑师进行形体研究。参数驱动建筑形体设计仍然可以采用定义构件的方法来实现。如果我们要设计一个形体复杂的高层建筑,可以将高层建筑的每一层作为一个构件,然后用参数(包含一些简单的函数)对这一层的几何形状进行定义和描述,最后将上下两层之间再用参数关联起来,例如,设定上下两层之间的扭转角度,这样,就可以通过修改所定义的角度来驱动模型,生成一系列建筑形体。这种模式,对于生成一些有规律的,但却很复杂的建筑形体是十分有用的。在 Revit 中,还有另外一种方便的工具——体量。体量设计更加接近建筑师的工作模式,建筑师可以从体量推敲做起,而不必关心体量与尺寸参数的关系,当体量推敲满意后,再为体量附着上具有真实属性的建筑构件,例如给形态附着幕墙、墙、楼板等。体量模式较为强大的功能还在于,当我们再次修改体量时,原先附着的建筑构件可以相应地更新。这实际上实现了"先形状后尺寸"的设计方式,其技术思想与"变量化实体造型技术"较为接近。

参数驱动建筑形体设计,并不是建筑信息模型所独有的技术,犀牛等软件具备同样的功能。但是,在建筑信息模型中,形体可以方便地转化成具有真实属性的建筑构件,如给形体附着幕墙,当我们改变参数,形体发生变化的同时,建筑构件也相应地同步变化,这就使视觉形体研究与真实的建筑构件关联起来,视觉模型也就转化为真正的"信息模型"。

4. 协作设计

在以往,我们理解的协作设计通常是建筑专业与结构水暖电的专业协作。而今天,随着建筑工程复杂性的增加,跨学科的合作成为建筑设计的趋势。在二维 CAD 时代,协作设计缺少一个统一的技术平台,但建筑信息模型为传统建筑工种提供了一个良好的技术协作平台,例如,结构工程师改变其柱子的尺寸时,建筑模型中的柱子也会立即更新,而且建筑信息模型还为不同的生产部门,甚至管理部门提供了一个良好的协作平台,例如,施工企业可以在建筑信息模型基础上添加时间参数进行施工虚拟,控制施工进度,政务部门可以进行电子审图等。这不仅改变了建筑师、结构工程师、设备工程师传统的工作协调模式,而且业主、政府政务部门、制造商、施工企业都可以基于同一个带有三维参数的建筑模型协同工作。

12.3　建筑信息模型的技术特点

虽然已经有一些建筑设计软件是基于建筑信息模型开发的(以下把这类软件简称为 BIM 软件),但由于不同软件公司在技术上的差异,所以,采用的技术不尽一致。这里介绍的建筑信息模型技术,特点是对现有软件所采用的建筑信息模型技术的一个归纳。总地来说,基于建筑信息模型的建筑设计软件系统融合了以下两种主要思想。

- 将设计信息以数字形式保存在数据库中,以便于更新和共享。
- 在设计数据之间创建实时的、一致性的关联,对数据库中数据的任何更改,都马上可以在其他关联的地方反映出来,这样,可以提高项目的工作效率和保证项目的工程质量。

正是这非常重要的两种思想,使计算机辅助建筑设计工作发生了本质上的变化。应用 BIM 软件来进行建筑设计时,就会发现与原来应用绘图软件搞设计会有很大的区别。BIM 建模工具不再提供低水平的几何绘图工具,操作的对象不再是点、线、圆等简单的几何对象,而是墙体、门、窗、梁、柱等建筑构件；在屏幕上建立和修改的不再是一堆没有建立起关联关系的点和线，而是由一个个建筑构件组成的建筑物整体。整个设计过程就是不断确定和修改各种建筑构件的参数，全面采用参数化设计方式。应用 BIM 建模，需要大量建筑领域中的具体知识，许多建模的操作都需要建筑师应用建筑设计相关的知识，例如门的设计就需要懂得根据使用条件选择门的类型、材质、大小、开启方式等，而不是画几条线就算了。在应用绘图软件搞设计时，对设计内容无须交待得很清楚，而应用 BIM 软件的设计则相反。当你要放置一个建筑构件到一个模型中时，你必须告诉模型这是什么，而不是它像什么。

BIM 软件立足于在数据关联的技术上进行三维建模，模型建立后，可以随意生成各种平、立、剖二维图纸。无须画一次平面图后，再分别去画立面图、剖面图，避免了不同视图之间出现不一致的现象。而且在任何视图上对设计的任何更改，都马上可以在其他视图上关联的地方反映出来，这种关联互动是实时的。由于建筑信息模型包含了所代表的建筑物的详尽信息，因此，可以生成各种门窗表、材料表以及各种综合表格。这样，就为建筑信息模型的进一步应用创造了条件。例如，应用这些表格进行概预算、向建筑材料供应商提供采购清单等。实际上，BIM 的应用范围已经超出了建筑设计的范畴。

建筑信息模型的建立，为进行各种可视化分析(空间分析、体量分析、效果图分析、结构分析、传热分析等)提供了方便，同时，还为其他专业要进行的设计分析(结构分析、传热分析等)创造了条件。

为了达到以上目的，BIM 软件建模必须符合以下要求。

(1) 必须保证建筑产品信息的完整性，能够对不同的抽象层次上的建筑产品信息进行描述和组织。

(2) 不同的应用能够根据它提取所需的信息，衍生出自身所需的模型，且能添加新的信息到建筑产品模型，保证信息的可重复使用性和一致性。

(3) 应该支持自顶向下设计，特别是概念设计和设计变更。

建筑设计需要涉及到许多不同的专业，如建筑、结构、设备等。由于 BIM 具有承载各种信息的能力，整个建筑相关的信息和一整套设计文档存储在集成数据库中，所有信息都已数字化，完全相互关联，这样，就可以在 BIM 上构建各个专业协同工作的平台。这不但消除了以前各个专业设计软件互不兼容的现象，还实现了各专业的信息共享。例如设计的修改或变更、施工计划安排以及施工进度的可视化模拟、各种文档协同管理、施工变更管理等，都可以在这个协同工作平台上实现。

正是 BIM 的应用，一种新的建筑业管理思想应运而生，这就是建筑物生命全周期管理(Building Lifecycle Management，BLM)。BLM 是一种以 BIM 为基础，创建、管理、共享信息的数字化方法，能够大大减少资产在建筑物整个生命周期(从构思到拆除)中的无效行为和各种风险。BLM 是建筑工程管理的最佳模式。

BIM 技术在发展过程中，吸纳了学术界中多年研究的一些成果，融入自身之中。例如，门和窗是开在墙上的，门、窗和墙的关系是紧密相连的。有不少关于智能 CAD 的研究指出，在修改设计时平移墙体，墙上的门和窗应当自动地跟着移动；删除墙体，墙上的门和窗也就自动地跟着删除，应当把这些列为设计专家系统里的规则。现在，这些功能已经在 BIM 软件上实现了。

12.4　建筑信息模型技术的应用

　　作为建筑信息技术新的发展方向，几年来，BIM 从一个理想概念成长为今日的应用工具，给整个建筑行业带来了多方面的机遇与挑战。设计师通过运用新式工具，改变了以往方案设计的思维方式；承建方由于得到新型的图纸信息，改变了传统的操作流程；管理者则因使用统筹信息的新技术，改变了其前前后后的工作日程、人事安排等一系列任务的分配方法。作为一项新的计算机软件技术，BIM 是继计算机辅助设计(CAD)之后的新生代，通过支持 BIM 技术或相关软件得以实现(Autodesk 2007)。同时，BIM 从 CAD 扩展到了更多的软件程序领域，如工程造价(Innovaya 2007)，还蕴藏着服务于设备管理等方面的潜能。BIM 给建筑行业 (Architecture, Engineering and Construction，AEC)的软件应用，增添了更多的智能工具，实现了更多的智能工序。

　　BIM 是建筑工程信息化历史上的一个革新。在实际应用上，BIM 的信息技术可以帮助所有工程参与者提高决策效率和正确性。比如，建筑专业完全是从三维考虑和推敲建筑内外的方案，而 2D 图纸信息仅通过映像截取就可轻松获得。结构专业则可在其参数化的信息中，取墙体材料强度及墙上孔洞大小进行计算。施工单位则可取其墙上参数化的混凝土类型、配筋等信息，进行水泥等材料的备料及下料。预算造价单位则可取门窗类型及制造商的产品数据库等综合信息，进行造价总预算、产品订货等。物业单位则可以用其进行可视化物业管理。这些过程在 BIM 的支持下，将大大地减少信息传递过程中的丢失及重建。

1. 设计类 BIM 软件

　　BIM 的技术是通过建筑业应用软件程序来实现的，这些软件类别包括建筑设计、工程设计、施工管理、预算、设备管理等。

　　当前，BIM 设计软件的市场中有三家主流公司，分别是 Autodesk 公司，Bentley 公司和 Graphisoft / Nemetschek AG 公司。Autodesk Revit 的三个系列，即 Revit Architecture、Revit Structure、Revit MEP(Revit 2008)分别对应于建筑、结构以及设备几个不同的专业领域。参数化建筑图元是 Revit 的核心，而参数化修改引擎提供的参数更改技术，使用户对建筑设计文档任何部分的更改都能够自动反映到其他视图，引起关联变更。建筑软件以墙柱、楼板、屋顶、门窗等构件为基本图元构件；结构软件以梁、板、柱为主；设备软件的基本图元构件比较多，大致规划成机械、电、泵、消防等几个系统(Revit MEP 2008)。每一种图元都被分成"族→类型→实例"的等级，最终落实搭建 BIM 模型的是"实例"。能够在整个项目中自动协调在任何时刻、任何地方所做的任何变更，从而确保设计和文档保持协调、一致与完整。另外，Autodesk 还提供其他一些基于 3D 并带参数设计的软件，如 AutoCAD Architecture 2008，AutoCAD MEP 2008。在北美地区，Autodesk Revit 在建筑师圈中占据明显优势(Khemlani 2007)。Bentley 提倡利用 Microstation 做平台，从 CAD 平稳向 BIM 过渡。Graphisoft(Nemetschek AG)的 ArchiCAD 是专门为建筑师服务的专业设计软件，它的特色，在于使用"几何设计语言"，是简单的参数化程序设计语言。用户可以通过它创建智能化建筑构件。

　　此外，一种新的基于 3D 的软件可以用来做冲突检测。这种程序可以根据各种不同的设计原则，让计算机自动地检测构件对象间的相互影响。比如，可以测试并显示出消防水管是否在梁上穿洞而过，可以提示出空调管道是否与天花板位置相互冲突。由于 BIM 软件的使用，这种冲突检测应用程序在 AEC 行业中开始变得越来越重要了。Innovaya(Innovaya 2007)和 Navisworks(Navisworks 2007)都提供该种应用软件。

2. 施工类 BIM 软件

随着 BIM 设计软件的发展，相应地出现了更多的应用程序去开拓 BIM 中"I"的用途。BIM 从 3D 模型的创建职能发展出 4D(3D+时间或进度)建造模拟职能 5F~5D(3D+开销或造价)施工的造价职能，让建筑师、工程师、承建公司能够更加轻松地预见到施工的开销花费与建设的时间进度。Innovaya 是最早推出 BIM 施工软件的公司之一，支持 Autodesk 公司的 BIM 设计软件及 Sage Timberline 预算、Microsoft Project 及 Primavera 施工进度。Innovaya 的重头产品，Visual Estimating 和 Visual Simulation，是针对辅助施工阶段工作任务的。具体来说，Innovaya Visual Estimating 支持 BIM 模型的自动计算并显示工程量，还可以将设计构件与预算数据库连接，以完成工程造价。工程造价是个复杂的过程，包括分析设计，根据施工需要对构件进行项目分类并集合，设定装配件、物料的定量和变量，编制数据库，再将工程项目的数据信息择录载入这些产品数据库，最终使它们价格化。当前的 BIM 设计软件程序不能精确统计到施工装配件上的细节，诸如一个"墙"构件上的钉子、龙骨、石膏板等。因此，BIM 在设计与施工间存在着一道沟堑，而 Innovaya Visual Estimating 的作用便体现于此。它可以结合设计模型，综合处理施工类的装配件与物料，进行分类集合、择录工作，直接为工程造价所使用。很重要的一点是，被 Visual Estimating 量化的信息，都能在三维空间中与构件直接链接。使用者通过简单的点选，即可看到有哪些构件、具体在什么位置、花费了多少开销，并可以随着设计的深入及时更新，真正实现 5D 施工(Khemlani 2006)。USCostSuccessDesign Exchange 和 Winest 也支持 Revit，但这些应用程序尚未达到 Innovaya 自动化、可视化和精细化的程度。对于进度策划的需求，由 Innovaya Visual Simulation(可视化模拟建造)给 BIM 的使用者提供程序工具。作为一个计划和施工分析的新型工具，Visual Simulation 可以将 MS Project 或者 Primavera 活动计划与 3DBIM 模型衔接。因此，项目进度计划可以通过 3D 构件将施工进度安排下的建造过程表现出来——这就是 4D(3D+时间)施工或 4D 模拟的概念。由这个方式产生出的任务，可以自动地关联到 BIM 构件上，并且还无须手写表格，即可快捷完成(Rundelland Stowe 2006)。一旦调整进度图表，则与其相关的 BIM 构件的施工安排也将相应地更改，并在 4D 摸拟建造时体现出来。这是因为，任务和构件是关联的，所以任务时间的改变，意味着构件的摸拟建造过程也将改变。类似的软件还有 Navisworks 公司的 Timeliner。

3. BIM 在建筑工程生命周期中的应用

BIM 为真正实现 BLM 的理念提供了技术支撑。建筑工程生命周期主要包括建筑物进行设计、施工、运营使用乃至拆除的完整过程。概括地讲，BIM 是将规划、设计、施工、运营等各阶段的数据，全部逐渐累积于一个数据结构中，其中既包含着三维模型的信息，也存储着具体构件的参数数据。BIM 的数据由建筑行业软件程序产生、输入并支援，用以共享和交换项目的信息并协助建设项目过程中的整合操作基于数字化设计信息的创建，与相关技术产品接口，可以改变建设工程信息的管理过程和共享过程，从而实现 BLM。BIM 在建筑工程整个生命周期中的作用如表 12-1 所示。

表 12-1　BIM 在建筑工程生命周期中的作用

	设　计	施　工	运营使用
工作人员	建筑设计师/结构设计师 水电、暖通工程师	承建公司/合同商	物业/设备装置管理员
专业范畴	建筑学/各类工程专业	项目管理/施工管理	设备管理
数据信息	创建 BIM 模型/ 储存数据	输入建筑工程、人事物资各种 信息	利用建设中的细节信 息完善设备使用信息
过程内容	建筑/结构/MEP 设计/ 各个专业间的协同设计	协调设计方案/检测设计冲突/ 预算/时间计划/4D 模拟建造	空间管理/改建扩建/ 维护
应用软件	Revit、 AutoCAD Architecture、 ArcbiCAD、Micronstation	Innovaya、 Navisworks Primavera、 MS Project	N/A

从前期设计阶段，BIM 便开始建立一个贯穿始终的数据库档案。随着项目的展开，BIM 的数据信息跟随方案自动积累与更新，设计的方案随着计划的调整而改变。这就使得项目的前期设计工作在有限的时间得到更多的预选方案。BIM 的前期设计数据进入到概念设计阶段，将开始逐步地扩充起来。由于不同软件程序只存取同一组信息数据，设计的数据可以在项目参与者间循环，因此大大提高了数据的有效利用率。有了 BIM 共享基础，在做建筑设计的同时，建筑师就可以便捷地计算出方案的绿色指标、经济指标、概预算等数值，反过来，再影响方案的设计，进行改良。接下来，这些数据将继续在扩初设计中得以细致化、完善化。最终基于 BIM 的扩初设计，通过截取 BIM 模型，就完成了布图，使用提取工具就完成了文案的编制，呈交一套完整的产品设计。这个阶段的工作新颖之处体现在，基于 BIM 的设计产品都是 BIM 模型创作的副产品，都是从详尽的数据库中得来的，图纸输出或是文档编制并没有本质的不同，只是出于不同的目的，从不同的角度，用不同的格式来查看项目模型的数据而已。BIM 的数据传承到施工阶段，承建公司用来做工程量化、进度编排、工程造价等动工前的准备，用以安排采购、下包、后勤等工作任务。施工阶段中的 BIM 数据库也随着工作安排的展开而得以补充。如设计变更信息、实际采购信息、设备租赁信息、人力资源信息等，都会被存储到 BIM 数据库中。最终完成的工程项目实体与 BIM 模型的数据是完全对应的，每项物质零件都有其准确的电子数据信息存档备案。BIM 信息传递的最终阶段，是建筑物投入运营使用的阶段。

4. BIM 优化建设过程及参与方的受益

BIM 协助整合项目的工作内容，能够优化整个建设过程。作为设计工具，BIM 整合了设计师的各项工作。设计师绘图工作不再分图面进行，设计内容与编档内容关联映射，极大地提高了设计生产率和设计质量。作为数据载体，BIM 整合了来自各方信息的管理工作。因为减少了人们在不同软件系统上输入相同项目信息时而发生的不必要数据错误，并通过使用电脑对项目数据多次复用，所以设计信息不会在转交、传递或调整中遗漏丢失，减少了重建信息的劳动消耗。作为交流平台，BIM 整合了信息资源，支持同步共享。作为智能工具，BIM 整合了计算机科技与建筑技术的发展，实现了数字技术的高效益。

在一个完整 AEC 工程项目周期中使用 BIM 技术，可以给所有的参与者带来巨大的效益。对设计师来说，越到深层次的设计阶段，BIM 设计软件使用起来便越感觉得心应手。比如，初步设计所要求的图文档案进度，与设计工作的深度是同步的，无论是 2D 图纸还是经济指标文档，无论是 HVAC 的流量分析还是结构系统的强度报告，都是模型创建过程的副产品。只要按照所需编写简单的参数值，一切相关文档都可以被轻松地统计并编排出来。对承建方来说，BIM 对安全施工、降低无谓消耗等方面，能做出巨大的贡献。BIM 模型可以用于各系统构件的三维冲撞检测；用于联带进度图表的四维模拟建造，进行施工管理规划。由此，BIM 能够帮承建方和施工者们降低风险，减少变更，制定更完善的项目计划，提高程序的合理性与交流的便利性，还支持进度安排的方案具有可选性，使得整个项目施工过程能在最短的时间内得出最佳的成果。

更新地，还有升级了工程造价的五维概念，将工程造价的过程也通过 BIM 模型完成，进而优化施工的过程。资方能够在基于 BIM 的过程中，更容易、更直观地理解自己的项目，有更多的机会参与到设计中来，并能更有力地掌控设计方案与资金开销，满足自己的要求，减少变动调整以节省资金，花费同样的钱，收获高质量的产品和高效率的交付。

12.5　BIM 软件使用简介

1. BIM 建模的工作流程

BIM 工作流程更加强调和依赖设计团队的协作。仅仅安装 BIM 软件来取代 CAD 软件，仍然沿用现有的工作流程，所带来的帮助非常有限，甚至还会产生额外的麻烦。传统 CAD 工作流程如图 12-1 所示。

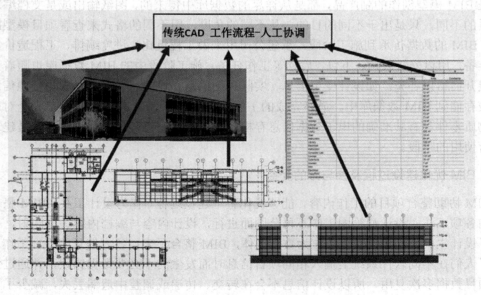

图 12-1　传统的 CAD 设计工作流程

传统流程中，设计团队各自分工绘制各种平面图、剖面图、立面图、明细表等，各种图之间需要通过人工去协调。这样做，有时会带来图纸之间的冲突，需要反复协调，工作量较大。

采用 BIM 软件的思想设计时，如图 12-2 所示，其工作流程是设计团队通过协作共同创造三维模型，通过三维模型去自动生成所需要的各种平面图、剖面图、立面图、明细表等，无须人工去协调。

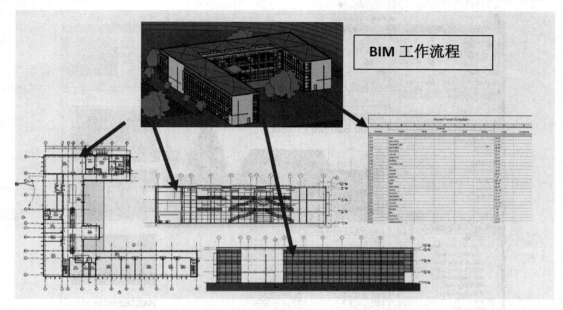

图 12-2　BIM 设计的工作流程

2. AutoDesk 公司的 Revit 软件简介

Revit 是 Autodesk 公司一套系列软件的名称。Revit 系列软件是专为建筑信息模型(BIM)构建的，可帮助建筑设计师设计、建造和维护质量更好且能效更高的建筑。

Autodesk Revit 作为一种应用程序提供，它结合了 Autodesk Revit Architecture、Autodesk Revit MEP 和 Autodesk Revit Structure 软件的功能。

Autodesk Revit Architecture 软件能够帮助我们在项目设计流程前期探究最新颖的设计概念和外观，并能在整个施工文档中忠实地传达设计理念。

Autodesk Revit Structure 软件为结构工程师和设计师提供了工具，可以更加精确地设计和建造高效的建筑结构。为支持建筑信息建模(BIM)而构建的 Revit 可帮助我们使用智能模型，通过模拟和分析深入了解项目，并在施工前预测性能。使用智能模型中固有的坐标和一致信息，提高文档设计的精确度。专为结构工程师构建的工具可帮助我们更加精确地设计和建设高效的建筑结构。

Autodesk Revit MEP 面向暖通、电气和给排水(MEP)工程师提供工具，可以设计最复杂的建筑系统。Revit 支持建筑信息建模(BIM)，可帮助导出更高效的建筑系统从概念到建筑的精确设计、分析和文档。

使用信息丰富的模型在整个建筑生命周期中支持建筑系统。为暖通、电气和给排水(MEP)

工程师构建的工具可帮助我们设计和分析高效的建筑系统，以及为这些系统编档。

(1) 用户界面。

打开 Revit 2015，显示界面如图 12-3 所示，其界面分为应用菜单、面板标题和选项卡、上下文选项卡(Contextual Tabs)、属性面板(Properties Palette)、项目浏览器(Project Browser)、视图控制栏(View Control Bar)等。

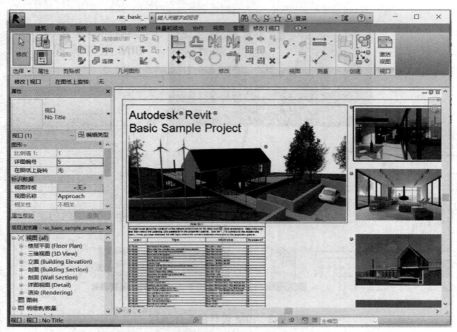

图 12-3　Revit 2015 用户界面

其中，应用菜单有新建文件、打开、保存、发布、授权、打印等功能，如图 12-4 所示。

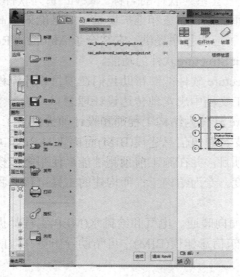

图 12-4　应用菜单

面板标题和选项卡如图 12-5 所示，面板标题主要有建筑、结构、系统、插入、注释、分析等功能，单击面板标题后，会显示其对应的选项卡。

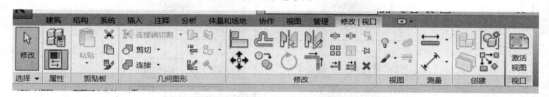

图 12-5　面板标题和选项卡

建筑、结构、系统选项卡的显示可以从"选项"对话框的"用户界面"中进行调整，如图 12-6 所示。

"选项"对话框可以从应用菜单中打开。

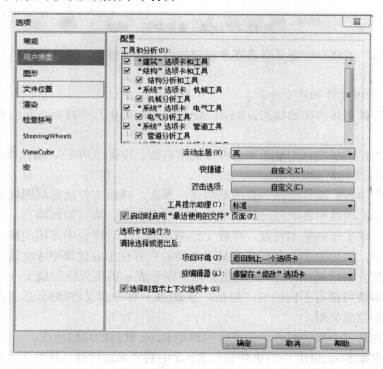

图 12-6　"选项"对话框

(2) Revit 图元。

Revit 中有三种类型的图元：基准图元、模型图元、视图专有图元。

基准图元(Datum Objects)由轴网、标高、参照平面组成，如图 12-7 所示，通过"参照平面"工具来绘制，以用做设计准则。

参照平面在创建族时是一个非常重要的部分。参照平面会出现在为项目所创建的每个新平面视图中。

轴网是可帮助整理设计的注释图元，用于协助项目中构件的定位。轴线是有限平面。可以在立面视图中拖曳其范围，使其不与标高线相交。这样，便可以确定轴线是否出现在为项目创建的每个新平面视图中。

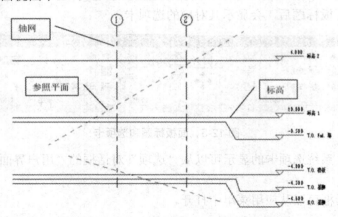

图 12-7　轴网、参照平面、标高

使用"标高"工具，可定义垂直高度或建筑内的楼层标高。要添加标高，必须处于剖面视图或立面视图中。

(3)　Revit 样板文件和族文件。

样板文件提供项目的初始状态。Revit Architecture 提供几个样板，我们也可以创建自己的样板。

基于样板的任意新项目均继承来自样板的所有族、设置(如单位、填充样式、线样式、线宽和视图比例)以及几何图形。

如果把一个 Revit 项目比作一张图纸的话，那么，样板文件就是制图规范，样板文件中规定了这个 Revit 项目中各个图元的表现形式：线有多宽、墙该如何填充、度量单位用毫米还是用英寸等，除了这些基本设置，样板文件中还包含了该样板中常用的族文件，如工业建筑的样板文件中，族里面便会包括一些吊车之类的只有在工业建筑中才会常用的族文件。

族是一个包含通用属性(称作参数)集和相关图形表示的图元组。属于一个族的不同图元的部分或全部参数可能有不同的值，但是，参数(其名称与含义)的集合是相同的。族中的这些变体称作族类型或类型。

族文件是含有多个族的组合。族文件可算是 Revit 软件的精髓所在。

初学者常常拿 SketchUP 中的组件来与 Revit 中的族来做比较，从形式上来看，两者确实有相似之处，族可以看作是一种参数化的组件，如，一个门。在 SketchUP 中的一个门组件，门的尺寸是固定的，需要不同尺寸的门，就需要再重新做一个；而 Revit 中的一个门的族，是可以对门的尺寸、材质等属性进行修改的，所以说，族可以看作是一种参数化的组件。

3. Revit 建模实例

下面以轴网和绘制结构柱模型为例，演示 Revit 2015 软件的使用。

(1)　新建一个项目。

打开 Revit 后，单击"新建项目"即可，默认情况下，会使用 Revit 自带的中国样板文件。

(2)　绘制轴网和标高。

轴网绘制方法：打开"建筑"→"轴网"，如图 12-8 所示。

选择"建筑"→"轴网"，选择直线工具，绘制第一条轴线，如图 12-9 所示。

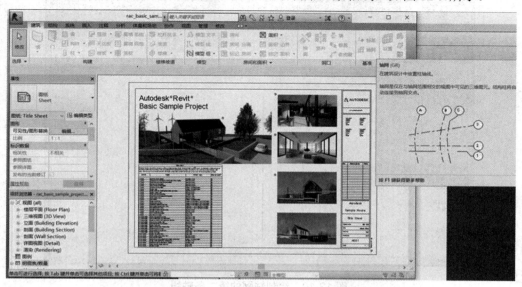

图 12-8　开始绘制轴网的操作

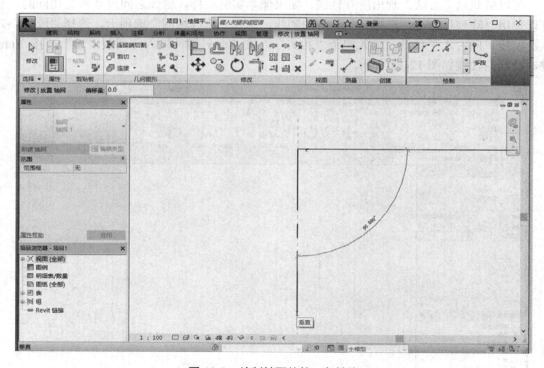

图 12-9　绘制轴网的第一条轴线

选择"建筑"→"轴网"，选择直线工具，绘制第二条轴线，假定轴网采用 3600 间距，将鼠标放在轴网一端，向右移动，出现一条水平的虚线捕捉线，然后输入数据"3600"，按 Enter 键，画出第二条轴线，如图 12-10 所示。

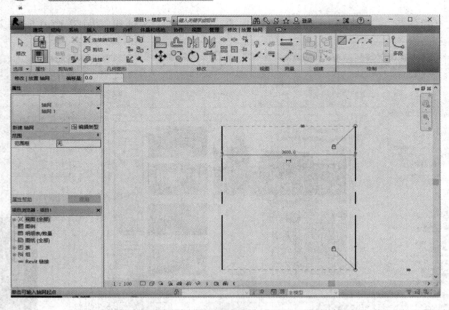

图 12-10　绘制轴网的第二条轴线

可以依照以上方法，画出所有轴线，如果像本实例一样，轴线之间尺寸都是相同的，也可以使用"阵列"命令，选择一条画好的轴线，选择"修改轴网"选项卡，选择"阵列"，点选轴线，向右水平移动，输入间距"3900"，按 Enter 键，输入阵列数"10"，按 Enter 键，绘制的轴线如图 12-11 所示。

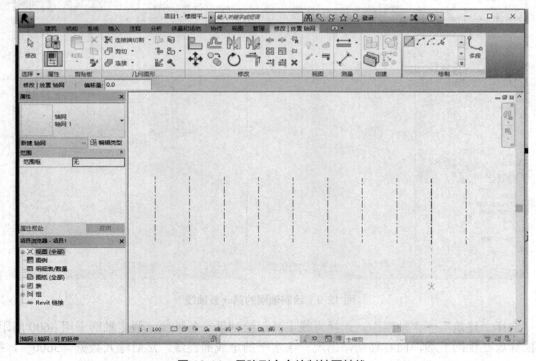

图 12-11　用阵列命令绘制轴网轴线

(3) 结构柱模型的绘制。

建筑师提供的图纸和模型可能包含轴网和建筑柱。Revit 中，柱分为结构柱和建筑柱。可通过以下方式创建结构柱：手动放置每根柱或使用"在轴网处"工具将柱添加到选定的轴网交点。可以在平面或三维视图中创建结构柱。在添加结构柱之前，设置轴网很有帮助，因为结构柱可以捕捉到轴线。

绘制柱的步骤如下。

首先，载入结构柱族。Revit 默认样板中的结构柱类型如果没有适合的，需要载入相应的族类型。

在"插入"面板，载入族，如图 12-12 所示，弹出"载入族"对话框，如图 12-13 所示。

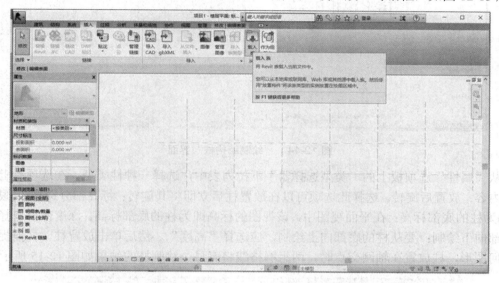

图 12-12　"载入族"界面

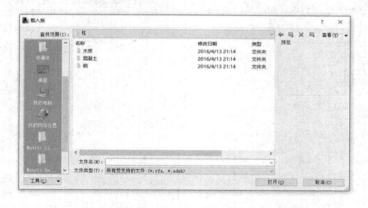

图 12-13　"载入族"对话框

窗口中出现 Revit 自带的族，选择"结构"→"柱"→"混凝土"→"矩形柱"，通过以上操作，把结构柱族调入进来。

然后，绘制结构柱。在功能区中，单击"结构"选项卡，选择"柱"，单击"建筑"选项卡，选择"构建"面板，在"柱"下拉列表中选择"结构柱"，出现"绘制结构柱"界面，如图 12-14 所示。

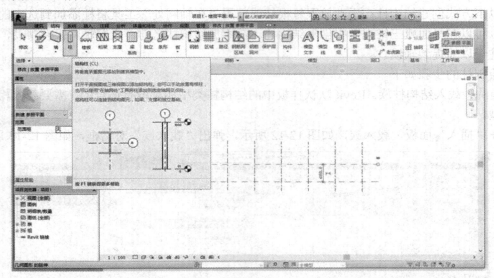

图 12-14　"绘制结构柱"界面

从"属性"选项板上的"类型选择器"下拉列表中，选择一种柱类型。在选项栏上指定下列内容：放置后旋转。选择此选项可以在放置柱后立即将其旋转；标高部分选择(仅限三维视图)为柱的底部标高；在平面视图中，该视图的标高即为柱的底部标高。深度部分选择从柱的底部向下绘制；要从柱的底部向上绘制，应选择"高度"。然后单击放置柱，柱捕捉到现有几何图形，柱放置在轴网交点时，两组网格线将亮显。绘制柱的结果如图 12-15 所示。

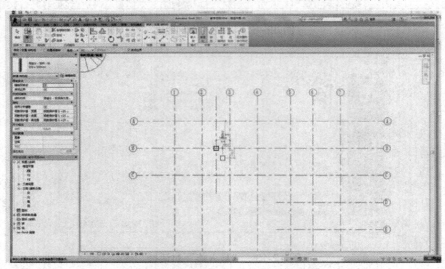

图 12-15　绘制结构柱的结果

参 考 文 献

[1] 程绪琦，王建华，刘志峰，等. AutoCAD 2010 中文版标准教程[M]. 北京：电子工业出版社，2013.

[2] 孔繁臣，黄娟. AutoCAD 2010 基础教程[M]. 北京：冶金工业出版社. 2014.

[3] 耿国强，张红松，胡仁喜. AutoCAD 2010 中文版入门与提高[M]. 北京：化学工业出版社，2015.

[4] 姜勇，王辉辉. AutoCAD 2010 中文版基础教程[M]. 北京：人民邮电出版社，2015.

[5] 王庆林，王春林. AutoCAD 2009 测绘工程专业绘图基础[M]. 北京：测绘科学出版社，2009.

[6] 周卫，宋长松. AutoCAD 地图制图与系统开发[M]. 北京：科学出版社，2008.

[7] 王婷，应宇垦，陆烨. 全国 BIM 技能培训教程：Revit 初级[M]. 北京：中国电力出版社，2015.

[8] 黄亚斌，徐钦. Autodesk Revit Structure 实例详解[M]. 北京：中国水利水电出版社，2013.

[9] 刘广文，牟培超，黄铭丰. BIM 应用基础[M]. 上海：同济大学出版社，2013.

[10] 王文波，邹清源，张斯珩. AutoCAD 2010 二次开发实例教程(ObjectARX) [M]. 北京：机械工业出版社，2013.

[11] 郭秀娟，徐勇，郑馨. AutoCAD 二次开发实用教程[M]. 北京：机械工业出版社，2014.

[12] 王文波. AutoCAD 2010 二次开发实例教程 ObjectARX[M]. 北京：机械工业出版社，2013.

[13] 何改云. AutoCAD 2010 绘图基础[M]. 天津：天津大学出版社，2013.

[14] 张云杰，张艳明. AutoCAD 2010 基础教程[M]. 北京：清华大学出版社，2010.

[15] 陈志民. AutoCAD 2010 中文版实用教程[M]. 北京：机械工业出版社，2009.

[16] 田素诚. AutoCAD 2010 基础与实例教程[M]. 北京：机械工业出版社，2011.